KB095336

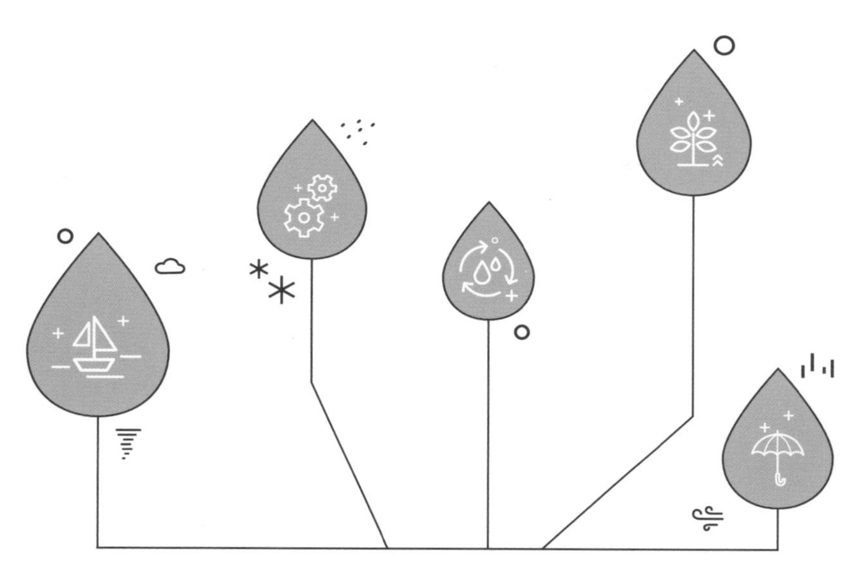

Valuing Water

물과 가치

Valuing Water

물과 가치*

2020년 세계는 정치, 사회, 경제, 문화, 보건 등 전 분야에 걸친 중대한 변화와 마주해야 했습니다. 해가 바뀌며 시작된 코로나19 팬데믹 때문입니다. 물 분야 역시 심각한 도전에 직면했습니다. 보건, 위생, 생활방역 등을 위한 깨끗한 물 사용이 강조된 가운데, 기후변화 가속화에 따른 유례없이 긴 장마와 집중호우 등으로 많은 피해가 발생했습니다.

기상이변과 자연재해, 기후행동 실패는 세계경제포럼이 2019년, 2020년 연속 선정한 글로벌 주요 위험요인입니다. OECD는 기후위기 등으로 오는 2050년까지 전 세계 GDP의 약 2%가 감소할 것으로 전망합니다. 물의 가치에 대한 새로운 인식과 더불어 효율적으로 물을 관리하려는 논의가 시급한 까닭입니다.

물의 다양한 가치를 이해하고, 이를 제대로 평가.관리하기 위한 노력은 이미 시작되었습니다. 세계경제포럼은 지난 2019년, 물의 가치 제고를 위한 원칙과 핵심 활동으로 「Valuing Water Initiative」를 공식 선포했습니다. 이어서 오는 2021년 세계 물의 날 주제로 "Valuing Water"가 선정되었습니다.

이러한 시점에 발간된 《물과 가치》에는 『2020 전문가포럼 단기공동연구』를 통해 얻어낸 다양한 결과들이 실려 있습니다. 물의 가치 인식과 효율적 활용, 사회적 형평성 측면의 개선 방향을 비롯해, "Valuing Water"의 원칙을 포괄적으로 담고 있습니다. 특히, 물의 최적 배분방식과 국내 수도시스템 효율성 분석 등 대안을 모색하고 있으며, 도시 환경문제 해소를 위한 물순환 구축방안, 유역 통합물관리와 물의 공공가치 제고를 위한 전문기관 역할 등은 우리 물 분야 발전의 이정표가 되기에 충분합니다.

이 책을 통해 독자들이 물의 가치를 새롭게 인식하는 데 도움이 될 수 있기를 바랍니다. 또한 관련 연구의 초석이 되어, 지속가능한 물의 가치 보전과 제도적 기반 마련에 마중물이 될 것이라 확신합니다. 치열하게 고민해주신 전문가 여러분께 깊이 감사드리며, 본 책자가 물이 지닌 다양한 가치 제고를 위한 방향 제시와 사회적 공감대 확산에 기여할 수 있기를 기대합니다.

K-water CEO

코로나 19 팬데믹은 언택트(Untact) 문화의 확산 등 과거와는 전혀 다른 새로운 세상을 불러왔다. 불안이나 혼란이 따르는 건 당연한 일이나, 그렇다고 해서 지속가능한 세상을 향한 발길을 멈출 수는 없다. 어려움 속에서 길을 찾는 사중득활(死中得活)의 노력이 필요하다. 현재에 대한 정확하고 냉철한 분석을 토대로, 다양한 시각과 새로운 접근법 등을 엮고 묶어, 더욱 바람직한 길로 힘차게 나아가야 한다.

〈물과 가치〉는 삶과 세상을 깊고 다양한 눈길로 바라보고자 애쓰는 물 분야 학자들이 수행한 공동 작업의 산물이다. 물의 가치에 대한 새로운 인식과 바른 이해, Valuing Water의 원칙과 방안, 이 밖의 물 관련 과제에 대한 다양한 해법을 담고 있다. 특히, 가속화되는 기후위기에 맞서 물의 회복성(Water resilience)을 높이고 유역 중심 통합물관리를 실현하기 위한 여러 대안을 제시한다. 이 책에 실려 있는 시의성 있고 유용하며 균형감 있는 메시지들이 물과 우리의 미래를 더욱 밝게 만드는 새 출발점이 되기를 희망한다.

대통령직속 국가물관리위원회 위원장 허재영

차 례

차 례

Valuing Water

물과 가치*

1장·물의 가치 인식

1. 물의 가치 인식 결정요인 연구

김 진 영 (강원대학교 일반사회교육과 교수)

2. 물의 가치 사례 연구와 국민인식 제고방안

김 정 인 (중앙대학교 경제학부 교수)

3. 물의 가치 확산과 물 거버넌스를 위한 커뮤니케이션 방안

조 성 경 (명지대학교 방목기초대학 교수)

물의 가치 인식 결정요인 연구

김 진 영 (강원대학교 일반사회교육과 교수)

초록

물의 가치를 평가하는 것은 희소한 물자원의 효율적인 배분을 위해서 매우 중요한 과제이다. 경제재는 시장에서 수요와 공급에 의해서 결정되는 가격이 바로 재화의 가치를 보여준다. 물은 일반적인 경제재의 속성이 있으면서 동시에 경제재와 다른 속성을 가지고 있기 때문에 가치를 올바로 평가하는 것이 쉽지 않다.

물이 보통의 경제재처럼 소비를 통하여 소비자의 효용을 높이는 것이라면 물에 대한 수요곡선을 추정하여 물의 소비량에 해당하는 한계가치를 측정할 수 있을 것이다. 그러나 물은 소유권을 잘 정할 수 없기 때문에 다른 경제재처럼 시장가격을 찾기 어려운 경우가 많다. 이런 경우에는 다른 환경재와 마찬가지로 비시장적 가치법인 현시선호법revealed preference method, 가상가치법contigent valuation method 등을 이용하여 소비자의 수요함수를 추정하고 물의 가치를 계산할 수 있을 것이다.

물의 가치를 측정하기 어려운 이유는 시장거래가 어렵기 때문이라기보다 물의 다양한 속성 때문에 물이 하나의 재화로 포착되지 않기 때문이라고 할 수 있다. 물은 장소, 시간, 품질, 그리고 안정성에 따라서 가치가 달라지기 때문에 가치평가 대상인 물이 하나의 물이 될 수 없어서 가치를 정하기 어렵다. 현재 공급되는 수돗물이나 농업용수의 가격은 물의 기회비용을 반영한 시장가격이 아니라 물의 공급에 필요한 관리비용과 자본비용을 더하여 추정한 비용이다.

물은 소유권이 잘 정의되지 않고, 하나의 재화로 확정되기 어렵기 때문에 가치 측정이 불가능에 가까울 정도로 어렵다. 물의 가치 측정을 더욱 어렵게 하는 것은 도덕윤리학이나 행동경제학이 지적하는 것과 같이 개인의 선호체계가 안정적이지 않거나 다양한 요인들에 의해서 선호가 영향을 받는다는 점이다. 개인의 선호체계가 안정적이어야 이를 기반으로 하는 경제주체의 가치평가가 의미를 가지는데, 선호의 기반이 되는 가치관이 변하면 개인의 선택과 재화에 대한 평가가 달라지는 불안정성의 문제가 있다. 한편 행동경제학은 선호 자체가 안정적이라 하더라도 심리적 결함이나 인지체계의 결함으로 사람들의 선택은 여전히 합리성을 담보하기 어렵다는 점을 지적하고 있다.

물의 수요나 공급관리에서 경제적 인센티브 체계뿐만 아니라 사람의 행위에 영향을 미치는 도덕적 가치나 행동경제학의 심리적 성향이나 인지원리를 이용한다면 더 좋은 결과를 얻을 수 있을 것이다.

Ⅰ. 서론

물의 가치는 물의 역할을 보면 알 수 있다. 미국의 경우 일반 가정에서 하루에 사용하는 물은 600리터 이상으로, 이 중 24%는 화장실 변기에 사용되고, 20%가 목욕과 샤워하는 데 사용된다고 한다. 19%는 취사와 설거지하는 용도로 사용되며, 17%는 세탁에, 8%는 기타 용도로 사용된다. 물 사용을 모두 합해도 88% 밖에 되지 않는 이유는 12%의 물이 취수장에서 가정이나 최종 사용지로 이동하는 과정에서 누수되기 때문이다. 수돗물의 가격이 사이다나 콜라와 비슷해지면 가정이 부담해야 하는 물 구입비용은 100배 이상 폭증하게 될 것이다.

미국에서 매일 취수되는 민물의 45%는 화력발전에, 32%는 농업용수로 이용되고 있는데 신뢰할만한 깨끗한 물이 없다면 미국 산업의 20%가 멈추게 된다고 알려져 있다.

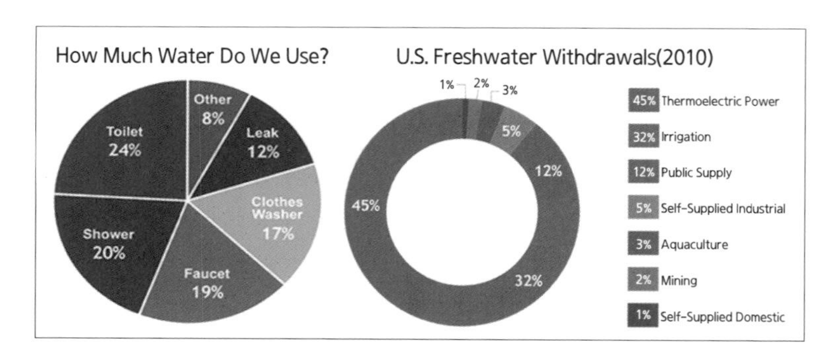

자료: Water Research Foundation, Residential End Uses of Water, version 2., 2016, 미국 환경부, https://www.epa.gov/watersense/how-we-use-water

〈그림 1〉 물의 사용량

우리 생활에서 이렇게 중요한 역할을 하는 물의 생산·소비·분배 문제는 어느 사회나 해결해야 할 중요한 과제이다. 역사적으로 보면 세계 대부분의 지역에서 식량 생산, 위생, 기타 기본적인 필요를 보장하는 물 분배제도를 가지고 있었다. 이런 물 분배제도는 구체적인 법칙이 있었던 것이 아니라 주로 전통이나 관습에 의존하고 있었다. 그러나 농업의 발달과 더불어서 수로, 저수지, 제방과 같이 물 공급시설에 대규모 시설투자가 이루어지면서 막대한 자본이 조달되어야 하고 물의 경제적 가치평가를 요구하게 되었다. 아울러서 인구증가와 더불어 다양한 용도의 물 수요가 증가하여 용도별로 적절한 물 배분 방안을 모색해야 하는 필요성이 증대되면서 역시 물의 가치평가 필요성이 대두하였다. 특히 자원고갈과 경제성장에 따라서 생태계가 파괴되면서 현세대와 미래세대 사이에 자원 배분 문제도 중요한 이슈가 되고 있다.

어느 사회든지 필요한 물을 누가 생산하고 얼마나 생산할 것인지 또 어떻게 생산할 것인가를 결정해야 하고, 또 생산된 물을 누가 얼마나 소비해야 할 것인지도 결정해야 한다. 시장경제체제에서 자원의 배분이 가격기구를 통해서 이루어지기 때문에, 재화의 가격과 가격이 결정되는 원리를 알아야 효율적인 자원 배분을 설명할 수 있다. 상품의 가격은 그 상품의 생산에 필요한 자원의 희소성을 반영하고 있어야 하고 동시에 소비자가 느끼는 만족의 크기를 반영하고 있어야 한다. 자원의 희소성과 소비자의 한계편익을 반영한 가격은 가장 저렴하게 상품을 생산할 수 있도록 유도하고 동시에 가장 큰 가치를 만들어 내는 곳에 상품이 사용되도록 유도한다.

물도 다른 상품과 마찬가지로 경제재이기 때문에 생산과 소비에서 가격의 역할이 중요하다. 그럼에도 불구하고 물의 가격을 측정하는 것은 매우 어려운 일이다. 물은 보통 상품과 같은 경제재의 속성도 있지만 다른 경제재와 구분되는 속성이나 가치를 가지고 있어서 별도의 고려가 필요하다. 예를 들어 사람이 사용하는 물의 가치는 사람들의 선호체계에 의해서 측정할 수 있지만 자연환경에 필요한 물의 가치는 직접 측정이 곤란하다. 자연에 필요한 물의 가치는 사람들이 평가하는 자연의 가치를 통해서 간접적으로 평가하는 것이 일반적이지만 자연이 인간의 평가와는 다른 별도의 가치를 가지고 있다고 볼 수도 있다.

시장체제에서는 어떤 자원의 경제적 가치는 시장가격으로 측정되고 시장가격은 그 자원을 가장 큰 가치를 창출하는 쪽으로 인도하여 최고의 경제적 결과를 도출한다고 생각할 수 있다. 따라서 어떤 재화나 자원은 시장거래가 이루어져야 고유한 가치가 시장가격에 반영될 수 있다. 공공재나 비시장재인 자연자원은 시장거래가 어렵기 때문에 시장가격이 없는 경우가 많고 한편 시장가격이 형성되는 경우에도 조세나 시장왜곡 때문에 시장가격이 자원의 가치를 제대로 반영하지 못하는 경우가 많다. 독과점 시장에서 결정되는 가격은 자원의 가치를 제대로 반영하지 못한다는 것은 경제학에서 잘 알려진 사실이다. 자원 배분과 관련된 가격에서 기회비용과 소비자의 효용이 동시에 고려되어야 하는데 시장균형 가격이 아니면 기회비용만 반영되는 경우와 소비자의 효용만 반영되는 경우가 자주 있다.

물의 가치와 가격에 대한 논쟁은 경제학의 역사와 같을 정도로 오래된 주제이다. 가치value라는 말은 두 가지 의미를 가지고 있다. 어떤 재화의 효용을 표현할 때도 가치(효용가치)라는 용어를 사용하고 재화가 가지고 있는 구매력을 의미할 때도 가치라는 말을 사용한다. 효용가치는 사용가치로 대체될 수 있고 구매력은 교환가치로 대체될 수 있다. 현실 세계에서 매우 큰 사용가치를 가지는 재화가 종종 매우 낮은 교환가치를 가지는 경우가 있다.

물만큼 사용가치가 높은데도 낮은 교환가치를 가지는 것이 없고 반대로 다이아몬드만큼 작은 사용가치를 가지면서 높은 교환가치를 가지는 것이 없다고 스미스A. Smith는 국부론에서 언급하고 있다.

그러나 가치논쟁에서 물과 다이아몬드의 가치논쟁보다 더 중요한 것은 스미스를 필두로 한 고전학파의 생산비 가치설과 한계혁명marginalist revolution을 주도한 효용학파의 효용가치설이다. 고전학파 경제학의 가치설을 흔히 생산비 가치설이라고 부르는데 노동을 포함한 생산비에 의해서 가격 혹은 가치가 결정된다는 주장이다. 그러나 19세기 말에 등장한 한계효용학파는 어떤 재화의 가치는 생산비와 상관없이 소비자의 효용의 크기에 의해서 결정된다는 점을 강조하였다. 고전학파와 한계효용학파의 논쟁은 마셜A. Marshall이 경쟁시장에서는 수요곡선과 공급곡선이 교차하는 곳에서 시장가격이 결정되기 때문에 시장가격은 생산비 가치와 효용가치를 동시에 반영한다는 것을 밝힌 후에 생산비 가치와 사용가치 사이의 논쟁은 의미가 없어졌다. 그러나 수요공급과 시장균형을 통한 가격결정으로 상품의 가치를 결정할 수 있다는 마셜의 설명은 역설적으로 시장균형이 아닌 곳에서 결정되는 가격은 소비자의 효용가치와 생산자의 생산비가치가 일치하지 않는다는 점을 알려준다고 할 수 있다. 즉 물의 가치 논쟁에서 어떤 주장들은 사용자의 효용가치만 강조하고 있고 어떤 주장들은 물의 생산비가치 혹은 기회비용만 강조하는 경우가 많다.

물의 가치에 관한 논의에서 먼저 구분해야 할 것이 가치value, 가격price, 그리고 비용cost의 관계를 분명히 할 필요가 있다. 가치는 흔히 효용이나 소비에서 얻는 만족과 같은 개념으로 사용하기도 하지만 자주 시장가격과 같은 의미로 사용하기도 한다. 가격과 비용은 비교적 분명한 관계를 가지는데 가격은 생산비용에다가 생산자의 이윤이 더해진 것으로 인식하고, 경제학에서는 비용을 기회비용으로 간주하면 비용 속에 생산자의 이윤이 포함되기 때문에 경쟁시장에서 결정되는 시장가격은 비용과 같아진다.

본 연구에서는 물의 가치나 가격을 매기는 방법의 발전을 검토한다. 이 과정에서는 하네만M. Haneman의 글을 주로 참조한다. 환경재의 가치 매김은 근본적으로 다른 경제재의 가치 매김 방법과 차이가 있다. 우선 환경재는 시장거래가 이루어지지 않는 경우가 많기 때문에 시장을 통하여 가격이 잘 형성되지 않거나 시장에서 결정된 가격이 경쟁가격이 아니어서 소비자의 한계효용이나 생산자의 한계비용을 제대로 반영하지 못하는 경우가 발생한다. 지난 수십 년에 걸친 환경경제학의 발달은 다양한 비시장적 가치법을 제시하였다.

한편 시장에서 거래되지 않기 때문에 가치를 측정하기 어려운 점과 더불어 환경재는 개인의 선호나 가치에 따라 영향을 받기 때문에 사람들의 가치판단이나 선호형성에 대한 근본적인 이해가 필요하다. 경제학의 소비자 이론은 '소비자는 일련의 선호와 가치를 가지는데 선호와 가치의 결정은 경제학의 영역 밖에 있다'고 간주한다. 소비자의 선호는 당연히 문화, 교육, 환경 그리고 개인의 취향이나 수많은 다른 요인에 의해서 영향을 받는다. 그러나 신고전학파 경제학에서는 개인의 선호는 환경의 산물이 아니고 모두가 선험적으로 가지고 있는 것으로 보고 있다.

개인의 선호가 환경이나 외부의 영향으로부터 완전히 독립된 것이 아니라는 주장들은 오래전부터 존재해왔다. 베블렌T. Veblen으로 대표되는 제도학파 경제학자들은 개인의 선호가 자신이 속한 집단이나 계층의 영향을 받아서 형성된다고 믿고 있다. 한편 경영학의 마케팅이론에서는 광고가 개인의 선호를 변화시킨다고 가정하고 있는데, 특히 광고가 개인의 상표 선호도brand preference를 변경시킨다고 보고 있다. 행동경제학이나 실험경제학의 연구들은 개인의 가치나 선택이 대상의 조합이나 선택상황에 따라서 혹은 개인의 심리적 경향성에 따라서 변한다는 것을 설득력 있게 제시하고 있다.

따라서 환경재인 물의 가치를 설명하는 과정에서는 경제학에서 주어진 것 혹은 일정하다고 가정하여 경제학의 범위 밖이라고 간주되는 선호결정에 대한 논의도 필요하다. 개인의 선호체계는 그 사람의 가치관이나 도덕에도 영향을 받고 결정된 선호가 행동으로 표출되는 과정에는 여러 가지 심리적 제약을 받는다. 행동경제학은 동일한 상품이라 하더라도 사용자의 인식에 따라서 그 가치가 달라진다는 점을 강조하고 있다. 사람들의 물에 대한 인식이나 평가는 과학적인 사실이나 객관적인 현상과 별개로 이루어질 수도 있다. 실제로 사람의 행동을 결정하는 것은 과학적인 사실보다 사람들의 인식이나 가치관이 더 큰 역할을 할 수도 있다. 따라서 사람들이 물에 대해서 어떻게 인식하고 있는가와 이런 인식에 영향을 미치는 요인들을 파악하는 것은 매우 중요한 연구 주제가 될 것이다.

이 글에서는 물의 가치 결정에 영향을 주는 요인을 검토하기 위하여 최근에 주목을 받고 있는 행동경제학이 선택이론이나 물의 가치 평가에 어떤 역할을 할 수 있는지도 검토한다.

Ⅱ. 경제학의 영역과 도덕의 영역

미국경제학회가 발행하는 계간학술지 Journal of Economic Perspectives의 편집장인 경제학자 테일러Timothy Taylor가 2014년에 경제학과 도덕이라는 흥미로운 주제로 글을 썼다. 그 글에서는 '흔히 경제학자들은 상충관계, 인센티브, 상호작용과 같은 문제를 분석하고 가치판단의 문제는 정치과정이나 사회의 다른 영역의 몫이라고 비켜가는 경향이 있다'고 진단하고 있다.

자연주의 사상가인 소로우Henry David Thoreau는 하루의 노동을 마치고 임금을 받을 때 사람들은 자괴감desperation을 느낀다고 주장한다. 아리스토텔레스 이후로 도덕철학자들은 도덕적이고 올바른 삶과 경제적 삶 사이에 분명히 선을 그어왔다. 아리스토텔레스는 돈을 버는 행위는 마지못해서 하는 일이고 부는 다른 것을 위한 수단으로 존재하는 것이기 때문에 인생에서 추구할만한 좋은 덕목이 아니라고 생각하였다. 돈을 버는 것은 의식주를 해결하기 위해서 어쩔 수 없이 해야 하는 일로서, 사랑과 우정, 예술과 음악, 시민 참여, 가난한 사람을 돕는 것과 같은 도덕적인 행동과 구분되어야 한다고 생각하였다.

그러나 로크John Locke의 사상에 근거를 두고 있는 철학사상은 경제적 삶과 도덕적 삶의 구분에 대한 아리스토텔레스의 생각과는 달리 일이나 경제활동이 우울하고 도덕에서 벗어난 일이라거나 임금을 얻기 위한 노예활동이 아니라, 개인이 자신의 주변과 관계를 맺는 방편이고 자신을 다듬는 기회라고 생각한다. 노동을 통해 생산하는 것은 단순한 재화나 상품이 아니라 스스로가 설계하고 결정한 삶을 실현해나가는 자율적인 행위의 결과이기 때문에 인간존재에 중요한 역할을 한다고 보고 있다. 부모가 일을 하고,

어린이를 양육하고, 직장동료나 이웃과 우정을 쌓고, 지역사회나 공동체에 관심을 갖고 참여하는 일상의 활동은 경제활동이면서도 도덕적 활동이라고 할 수 있다. 감자를 기르거나 스마트폰을 생산하는 활동은 경제적 삶이면서 동시에 도덕적 삶이라고 쉽게 말할 수 있지만, 장기이식을 위한 거래를 허용한다거나 지역 소득을 높이기 위하여 생태관광ecotourism이란 이름으로 높은 입장료를 받고 사슴이나 멧돼지 사냥을 허용하는 것은 경제활동이지만 도덕적인 행위로 인정받기는 쉽지 않다.

시간과 사람들의 생각이 바뀌면서 경제활동과 도덕적인 삶의 구분도 변하는 속성을 갖고 있다. 19세기 미국에서 생명보험에 가입하는 것은 생명을 관리하는 신을 대상으로 도박을 하는 것으로 간주되어 도덕적으로 용납되지 않았다. 그러나 교회가 앞서서 생명보험은 남은 가족에 대한 사랑을 실천하는 사려깊은 행위라고 설교를 시작하면서 사람들의 생각이 바뀌어, 오늘날에는 생명보험을 비롯하여 보험에 가입하는 것이 경제학적으로나 도덕적으로나 올바른 행위로 인정되고 있다. 도덕적인 행동과 경제적 행동 사이에 구분이 어려운 것 중에 징병제와 모병제 논쟁이 있다. 국가를 지키는 것은 국민의 성스러운 임무로 여겨지던 시대부터 미국의 징병제가 완전히 폐지되는 1970년대까지, 용병을 직접 고용하거나 직업군인 제도를 도입하고 생활비와 월급을 지급하는 것은 도덕적으로 옳지 못한 것으로 여겨졌다.

도덕적 규범이나 가치 체계는 개인의 선택이나 행위에 직접 영향을 미치거나 혹은 개인의 선호를 변화시켜서 간접적으로 선택이나 행동을 변화시킨다고 생각할 수 있다. 물에 대한 의사결정을 내릴 때도 현 상황에 대한 사실적인 정보 외에 무엇이 더 큰 가치를 가지는가에 관한 규범적 주장도 같이 고려되어야 한다. 홍수가 나서 댐이 붕괴될 위기에 처했을 때 더 큰 피해를 줄이기 위해서 댐 근처 주민의 피해를 감수하고 우회수로를 만들어야 한다는 주장이 가능하나, 다수를 위해서 소수를 희생하는 것은 도덕적으로 옳지 못하다는 주장 역시 인정되는 것이다. 규범적 주장을 끌어낼 수 있는 도덕 이론은 크게 공리주의 혹은 목적론적 도덕론과 존재론적 도덕론으로 나눌 수 있다. 공리주의 도덕론은 어떤 행위의 옳고 그름은 그 행위의 결과에 의해서 판단된다고 보는데, 사회구성원들의 최대행복 혹은 최대효용을 추구하는 행위는 도덕적으로 옳은 행위라고 여긴다. 행복 혹은 효용은 단순히 즐거움에서 고통을 뺀 것을 의미하는 것으로 볼 수도 있지만 아름다움이나 진리, 안전과 같은 다른 덕목들도 효용에 포함될 수 있다고 본다. 공리주의 도덕이론은 어떤 행위가 효용과 같은 비도덕적 가치를 증진시키기 때문에 도덕적인 가치를 가진다고 할 수 있다. 칸트로 대변되는 존재론적 도덕이론에서는 '어떤 행위가 도덕적인 것은 그 행위가 다른 목적에 기여해서 생기는 것이 아니라 존재 자체로서 도덕적이라고 할 수 있다'고 본다. 따라서 어떤 행위가 도덕적이기 위해서는 도덕적인 목적에 기여해야 하는데 존재 자체로 도덕적인 덕목들은 자율autonomy이 가장 유명하지만 성실fidelity, 보상reparation, 정의justice, 선행beneficence, 감사gratitude, 자기개발self-improvement, 그리고 안녕noninjury과 같은 것들이 있을 수 있다. 물을 절약하는 행위는 비용을 줄이는 경제적인 행위이면서 동시에 사회구성원을 배려하는 행위가 될 수도 있고, 동시에 사회 전체의 효용을 증대시키는 행위가 될 수도 있다. 따라서 물관리에 있어서 경제적 인센티브를 설계하는 것 못지않게 도덕적 규범이나 가치관을 갖도록 하는 것도 중요하다. 물의 가치를 결정할 때 경제적 가치뿐만 아니라 도덕적(목적론적·존재론적) 규범 역시 중요한 역할을 한다고 할 수 있다.

어려운 질문에 답을 제공하여 유명한 것이 아니라, 답하기 어려운 질문을 많이 하여 유명해진 샌델M. Sandel 교수는 도덕적 판단에 경제학이 개입되면 도덕적 행위를 위축시킨다고 주장한다. 가격이나 경제학적 인센티브가 관심caring about이라는 도덕적 시민적 덕목을 해치기 때문에, 기부자나 자선행위자의 이름을 공개하거나 세금혜택과 같은 경제학적 인센티브를 주지 말아야 한다고 주장한다. 그러나 경제학의 영역이 아니라고 아무리 울타리를 치더라도 경제학의 분석 도구나 분석기법의 도입을 막을 수는 없다. 환경을 보호하기 위하여 도덕적인 호소 외에 환경오염 행위에 조세를 비롯한 부담을 가하고 재활용이나 오염저감 행위에 보조금을 지원하는 것이 매우 효과적이라는 것은 누구도 부인하지 못한다. 기업의 오염물질 배출권 거래 허용에 대해 용인하지 않던 윤리학자들도 지금은 오염권 거래제도가 효율적으로 환경오염을 줄이는 경제적 장치라는 것을 대부분 인정하고 있다.

경제학이 도덕의 영역을 침범하는 것이 20세기에 주로 일어난 일이라면, 21세기에는 경제학자들이 일정하다고 생각했던 선호체계에 도덕적 가치나 덕목이 영향을 미친다는 사실이 심리학자나 도덕철학자들에 의해서 자주 지적되고 있다. 경제학의 선택기준은 흔히 비용편익 분석을 통해서 이루어진다. 지역에서 유흥비로 10만 원을 지출하는 것과 지역정치인에게 10만 원을 기부하는 것은 장·단기적으로 큰 차이를 초래할 수 있다. '비용과 편익을 계산할 때 어떤 기준을 적용할 것인가?' 하는 문제는 대부분 윤리적인 문제로 귀결된다. 행복, 신의, 의지 실행, 장기적 생존, 자유, 평등과 같은 가치나 기준들이 적용될 수 있다. 같은 경제학자라 하더라도 자신이 가진 가치관에 따라서 한 사람은 비용으로 보고 다른 사람은 편익으로 볼 수도 있다. 자연의 활용을 통해 시민들의 행복에 기여해야 한다고 생각하는 사람은 댐 건설을 편익으로 보지만, 자연풍광이 시민들의 행복에 기여한다고 생각하는 사람은 댐 건설을 비용이라고 생각하게 된다. 이와 같이 동일한 현상을 두고도 사람들이 가진 가치관에 따라서 다른 해석을 하고 효용에도 다른 영향을 미치게 된다.

'경제학과 도덕은 서로 대체관계에 있는 것이 아니라 보완적이 되어야 한다'는 것이 테일러의 주장이다. 테일러는 '경제학은 일상에서 경제활동을 하는 사람들에 대한 연구'지만 '모든 경제학자는 자신의 연구 분야에서 도덕적 문제의 중요성을 간과하지 말아야 한다'는 경제학원론의 저자 마셜A. Marshall의 말을 인용하고 있다. 도덕적 판단에 의한 가치판단은 경제학이 말하는 가치와 마찬가지로 대안의 가치를 비교하거나 사람들의 선택이나 의사결정에 중요한 영향을 미친다. 문제는 도덕적 가치는 사람마다 다르기 때문에 경제학에서 소비자 잉여나 생산자 잉여와 같이 가치의 크기를 비교하기 어려운 것이 문제라 할 수 있다.

Ⅲ. 환경 경제학에서 가치측정

1. 시장가격과 비시장적 가치측정

한 국가의 총 생산물의 크기를 나타내는 지표인 GDP를 계산할 때 다양한 재화의 가치를 합산하기 위하여 시장가격을 사용한다. 시장가격은 재화나 자원의 가치를 측정하는 편리한 수단이라고 할 수 있다. 그러나 시장가격이 자원의 가치를 올바로 반영하는 것은 매우 제한된 경우라는 것이 알려져 있다. GDP를 측정할 때도 시장거래가 이루어지지 않거나 쾌적함amenity 같은 속성들은 가격을 매길 수 없기 때문에 제외된다. 소유권의 부재로 인하여 시장이 형성되지 않거나 공공재의 속성을 가진 경우에는 무임승차자 문제로 시장가격이 정해지지 않는 경우가 발생하기 때문에, 상품의 가치를 측정하기 위해서 비시장적 가격 결정이 필요하다.

시장가격은 수요와 공급에 의해서 결정되고, 수요는 소비자의 선호 소득 및 다른 가격에 의해서 결정되며 공급은 생산자의 제약인 이용가능한 자원과 기술의 영향을 받는다. 시장균형은 다른 조건의 변화가 없는 한 시점에서의 가격 결정을 설명하고 있다. 시장균형의 변화는 수요나 공급의 변화에 의해서 일어난다. 공급의 변화는 자원조달 또는 기술진보를 위한 시간이 필요하고, 수요의 변화는 소득이나 관련재(보완재, 대체재 등)의 가격 및 비가격적인 요소(사람들의 예상 등) 변화를 전제로 하고 있다.

시장가격이 잘 작동할 때는 시장가격이 경제적 의사결정의 중요한 기준이지만, 시장이 기능하지 않거나 시장가격이 잘못되어 있을 때는 흔히 비용편익 분석을 한다. 비용편익 분석의 시초는 프랑스의 공학자 듀핏J. Dupit이고, 듀핏의 아이디어를 영국의 마셜A. Marshall이 경제학에

도입한 것으로 알려져 있다. 그러나 20세기 들어 도로 건설이나 댐 건설이 빈번해지고 비용편익 분석의 중요성이 더욱 커지면서, 현실적용 사례도 증가하여 비용편익 분석은 정치화되고 이와 관련된 다양한 기법들이 개발되었다.

1930년대 대공황을 벗어나기 위하여 미국에서 본격적으로 도로와 토목사업이 활발히 일어나게 되고, 특히 미군공병대U.S. Army Corps of Engineers가 공공 토목공사를 할 때 반드시 비용편익 분석을 하도록 하는 법이 만들어지면서 발전을 거듭하였다. 알려져 있다시피 비용편익 분석에서 핵심적인 고려사항은 시간의 가치와 비금전적 편익과 비용을 계량화하는 것이라 할 수 있다.

2. 재화의 가치 측정

스미스의 물의 가격과 다이아몬드 가격 논의에서 잘 드러난 것처럼 어떤 상품의 가격에 우리가 생각하는 상품의 가치를 반영하는 것은 쉽지 않다. 시장가격은 갑작스러운 공급의 변화나 수요변화를 반영하여 수시로 변한다. 가격의 빈번한 변동은 우리가 마음 속으로 평가하는 어떤 상품의 가치를 가격이 올바로 반영한다고 믿기 어렵게 만들고 있다. 주식이나 외환과 같은 금융상품의 가격은 수시로 변하지만, 주택이나 자동차의 가격은 비교적 안정적인 변화를 보이고 있다. 농산물의 가격은 농산물의 품질이나 수요와 공급에 따라서 달라지는 면이 있지만, 프랑스산 생수와 한국산 생수가 물리화학적인 면에서 별로 차이가 없음에도 불구하고 가격에서 큰 차이를 보이는 것 역시 상품의 속성이 가격을 결정한다고 생각하는 경제학에서는 수용하기가 쉽지 않다.

버클리 대학의 환경경제학 교수인 하네만W. Hanemann은 상품의 진정한 가치true value는 좀 더 기본적이고 지속적, 안정적일 것을 전제하고 있다. 그럼에도 불구하고 상품의 진정한 가치가 불변하는 것은 아니고 시대나 사람에 따라 달라지는 것은 분명하다고 생각한다.

플라톤은 '어떤 상품의 진정한 가치는 그 상품에 고유한 이상적 형태ideal form로 내재되어 있다'고 생각하고, 아리스토텔레스는 '상품의 가치는 상품이 사용되는 자연적인 목적이나 용도에 내재되어 있다'고 생각한다. 아리스토텔레스는 스미스처럼 상품의 가치를 두 가지로 나누어 설명하는데, 고유한 용도로 사용한다는 것은 사용가치를 말하는 것이고 부적절하거나 부차적 용도의 사용은 교환가치를 말하는 것으로 볼 수 있다. 예를 들어 신발은 신기 위해 사용할 수도 있고, 시장가치를 가지고 있기 때문에 교환을 위해서도 사용될 수 있다. 어떻든 신는 것과 거래를 하는 것 모두 신발의 용도이다.

교부철학자 아퀴나스T. Aquinas는 '상품의 진정한 가치는 성스러운 목적과의 관계로부터 나타나는 내부적 특성인 내부선inner goodness에 의해서 결정된다'고 주장하지만, 중세의 교부철학자들scholastics은 '어떤 상품의 내재적 가치는 그 상품의 고유한 유용성과 이성적인 판단을 가진 사람을 즐겁게 하는 속성에 의해서 결정된다'고 본다. 그러나 일부 학자들은 상품의 진정한 가치를 결정하는 과정에서 인간의 객관적인 필요objective human need보다 주관적인 선호subjective human preference를 강조한다.

인간은 행복을 추구하는 존재로서 자신들의 욕구나 필요를 충족시켜 행복도를 높이게 되는데 이런 목적에 충실하게 기여하는 상품에 가치를 부여한다고 할 수 있다. 가치는 사람들의 선호를 반영하는 데 비해서, 가격은 수요는 물론이고 희소성에 의해서 결정되는 공급의 영향도 받는다. 따라서 어떤 상품이 매우 큰 장점virtue을 가지고 있음에도 불구하고 존재량이 많기 때문에 가격이 낮아지는 것은 공급 요인의 영향을 받은 것이라 할 수 있다.

스미스의 국부론이 출간되기 이전의 시대에 가치에 대해서 단편적으로 언급되던 이런 내용들은 적어도 세 가지 내용을 보여주고 있다. 첫째, 수요는 공급과 분리되어 있다. 수요는 어떤 것들이 사람들에게 가치가 있는지를 나타내고 공급은 어떤 것들을 확보하거나 공급하는 데 필요한 비용을 나타낸다. 둘째, 시장가격은 수요와 공급의 상호작용의 결과를 의미하며, 수요나 공급과는 다른 것이다. 셋째, 사람들이 어떤 상품에 부여하는 가치 혹은 수요는 분명히 주관적인 선호를 반영한 것이다.

다시 돌아가서 스미스의 사용가치와 교환가치 중 어느 것이 더 중요한지 질문할 수 있지만, 사실 스미스는 상품의 진정한 가치를 상품의 생산비와 연관짓고 있다. 영국의 고전학파 경제학자들은 어느 한 시점의 시장가격은 수요와 공급에 의해서 결정되지만, 장기적으로는 생산비를 반영한 가격에 수렴한다고 믿고 있었다. 스미스는 이를 자연가격natural price이라고 불렀다. 스미스를 포함한 고전학파 경제학자의 생각 이면에는 장기적으로 공급곡선이 수평선이 되어서 수요변화는 가격에 영향을 미치지 못하는 것으로 판단했다고 볼 수 있다. 그러나 고전학파의 생산비 가치설은 이른바 한계혁명이 등장하면서 단편적이라는 것으로 결론이 난다.

효용이론의 한 줄기에 속하는 듀핏Dupit은 '상품 한 단위를 획득하기 위하여 각 소비자가 희생할 수 있는 최대한의 금액이 현대적인 개념의 상품 가치라고 할 수 있다'고 주장하였다. 한계효용과 가격을 동일하게 보는 듀핏의 생각은 상품에서 생기는 효용을 화폐로 전환하고 동시에 크기도 결정할 수 있는 매우 유용한 아이디어다. 한계효용이론을 집대성한 마셜Marshall도 듀핏과 유사하게 상품의 가치를 설명하고 있다. 만족의 경제적 측정을 '만족없이 지내기보다는 만족을 추구할 때 만족에 대해서 지불하고자 하는 최대한의 가격'으로 정의한다. 상품의 가치에 대한 듀핏과 마셜의 견해는 수요와 공급 사이의 구별을 분명하게 해준다. 상품의 가치는 생산하는 데 들어간 비용이 아니라 상품이 개인에게 주는 만족의 크기라고 보는 것이다. 따라서 생산비가 적은 상품이라도 사용자에게 높은 만족을 준다면 큰 가치를 가진 것으로 보고 반대로 생산비가 많이 들어간 상품이라고 하더라도 소비자에게 만족을 주지 못한다면 가치가 없다고 볼 수 있다.

현대경제학에서 상품에 대한 주관적 평가를 한계대체율MRS, Marginal Rate of Substitution로 측정한다는 것은 잘 알려져 있다. 한계대체율이라는 용어는 어렵지만, 내용은 비교적 간단하다. 효용을 일정하게 고정한 상태로 유지한 채로 상품의 가치를 다른 상품으로 측정하는 것이다. 구체적으로 어떤 사람에게 상품 X가 2단위의 Y재와 동일한 가치를 가지고 있다고 하면 MRS=2가 된다. 엄밀하게는 효용함수 U=U(X, Y)에서 효용을 일정하게 유지하면서 X재 한 단위를 얻기 위하여 포기할 수 있는 Y재의 수량으로 정의한다. 이 경우에 X재의 가치를 Y재로 표시한 것이기 때문에 가치의 척도, 즉 기준재numeraire는 Y재가 된다. 경제학에서 보통 상품의 가치를 측정하는 기준재는 화폐로 하고 있지만, 기준재가 반드시 화폐여야 할 이유는 없다. 한계대체율의 장점은 시장가격이 없더라도 다른 재화를 통하여 상품의 가치를 특정할 수 있다는 점이다.

고전학파와 한계효용학파의 논쟁은 가치와 가격의 차이뿐만 아니라 스미스와 고전학파 아이디어에서는 명시적으로 드러나 있지 않던 한계개념이 경제분석에서 본격적으로 사용되는 계기가 된다. 즉 총 혹은 평균의 개념과 한계개념을 분리하는 것이 가치논쟁을 명료하게 하는 데 중요한 역할을 한다. 총비용, 평균비용, 총효용이나 평균효용과 상관없이, 일반적인 경우에 한계효용이나 한계편익은 체감하고 한계비용은 체증하는 것으로 가정되어 있다. 사실 한계혁명의 핵심적인 내용은 상품의 효용 가치와 더불어 소비에서 한계효용체감diminishing marginal utility의 법칙이라고 할 수 있다.

사람들이 상품량을 자유로이 선택할 수 있다면 자신의 한계효용과 가격이 일치하는 수준에서 결정하기 때문에 상품의 가치는 시장가격과 일치한다는 점을 알 수 있다. 따라서 이런 경우에는 시장가격이 상품의 한계효용을 알려준다고 할 수 있다. 그런데 상품구입에 필요한 총지불 금액은 상품의 소비에서 얻는 상품의 총가치와 일치하지 않는다는 점을 분명히 알아둘 필요가 있다.

상품의 시장가격이 존재하고, 소비자의 구입량 결정이 자유롭다면 시장가격은 소비자의 한계효용을 반영하지만, 소비자의 선택에 제한이 있다면 시장가격이 소비자의 한계효용을 반영하지 못한다. 또한 시장가격이 소비자의 한계효용을 반영하더라도 총지불 금액은 상품의 총가치total value와는 잉여만큼 차이가 있다.

마셜은 수요곡선을 이용하여 상품의 가치를 논리적으로 설명하였지만 이런 설명은 소득의 한계효용이 일정constant marginal utility of income하다는 전제가 있어야 성립하는 것이었다. 따라서 효용의 기수성cardinal utility을 전제로 한 마셜의 이론은 낡은 것이 되었고, 효용의 서수성ordinal utility을 가정한 현대의 소비자 이론과 맞지 않다는 비판을 받았다.

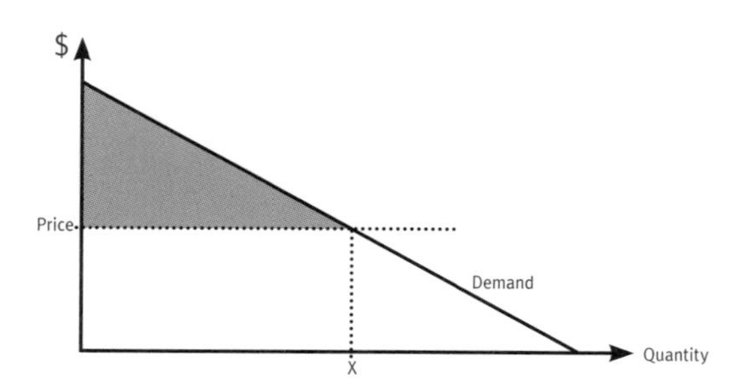

소비자가 상품을 X만큼 소비할 때, 소비자의 총지불 금액은 면적 b이고, 소비에서 얻는 총효용은 면적 a+b가 됨. 빗금 친 면적 a는 마셜이 소비자렌트(consumer rent)라고 불렀다가 1890년 경제학 원론에서 소비자잉여(consumer surplus)로 부르면서 명칭이 굳어진 소비에 따른 잉여를 나타냄.

〈그림 2〉 소비에 따른 잉여

1940년대 힉스Hicks, 핸더슨Henderson 같은 경제학자들이 소비자 이론을 발전시키는 과정에서 가치와 가격에 대한 개념을 좀 더 분명히 하였다. 출발점은 X재 1단위가 Y재 2단위와 교환되는 상황을 다시 검토해 보는 것이다. X재 1단위와 Y재 2단위의 교환은 두 가지 해석이 가능하다. 먼저 X재 1단위를 얻기 위해서 Y재 2단위를 포기할 용의가 있다는 해석이 가능하고, 두 번째는 X재 1단위를 포기하기 위해서 최소한 Y재 2단위를 받아야 한다는 해석이 가능하다. 첫 번째 해석이 이른바 가치의 척도로 최대지불의사WTP, maximum willingness to pay를 의미하고 두 번째 해석은 가치의 척도로 최소수취의사WTA, minimum willingness to accept를 나타낸다. 따라서 상품의 가격은 WTP와 WTA의 두 가지 측정방법이 있지만 마셜이나 힉스의 소비자 이론에서는 상품의 가치를 WTP로 측정할 것을 제안하고 있다. 이는 소비가 대가를 지불하고 소비대상을 획득하는 데서 출발한다는 것을 생각하면 당연한 결과라고 생각할 수 있다.

3. 비시장재의 가치측정

이상의 논의는 모두 시장에서 거래가 가능한 시장재를 전제로 한 것이었다. 그러나 가치의 경제적 개념은 시장의 바깥으로 확대될 필요가 있다. 사실 사람들이 효용을 얻을 수 있는 대상이기만 하면 굳이 시장에 거래되는 재화로 한정하여 가치나 가격을 논할 필요는 없다. 시장 바깥에서도 대상물을 비교할 수 있는 수단만 있다면 가치를 평가하는 것은 비교적 용이한 일이다. 예를 들어 건강의 가치를 평가한다고 할 때, 건강한 상태를 유지하기 위하여 얼마나 많은 Y재를 희생할 의사가 있는지 확인할 수만 있다면 건강의 가치를 측정할 수 있고, 해안가의 아름다운 일몰의 가치에 대해서도 일몰을 감상할 수 있는 경치를 유지하기 위하여 얼마나 많은 Y재를 희생할 용의가 있는가를 알 수만 있다면 가치를 측정하는 데 별 어려움이 없다. 다만 앞에서 어떤 대상을 얻기 위해서 혹은 현상의 유지를 위해서 얼마나 지불할 용의가 있는가를 측정하는 최대지불의사WTP, maximum willingness to pay와 가치있는 대상을 희생하는 대신에 필요한 최소한의 보상을 측정하는 최소수취의사WTA, minimum willingness to accept, 두 가지 방법이 있다는 점이다. 여기서 기준재인 Y가 화폐라면 WTP나 WTA를 이용한 대상물의 평가는 비시장재에도 적용될 수 있다는 것이 경제학자들에 의해서 이론적으로 증명되어 있다.

스웨덴 출신의 환경경제학자인 맬러Mahler는 자연환경의 화폐적 평가를 포함하여 비시장재의 가치측정에 큰 기여를 하였다. 경제적 가치 매김은 사람들이 관심을 가지고 있는 대상물을 화폐가치로 측정하는 노력이라고 할 수 있는데, 비시장재의 가치매김은 말 그대로 시장에서 거래되지 않는 대상물에 화폐적으로 가치를 매기는 것을 말한다. 환경으로 분야가 확대되었지만 소비자 이론을 정립한 듀핏과 마셜의 한계효용가격 결정의 원리는 여전히 유효한 이론이다.

시장에서 거래되지 않는 재화라도 그 재화로부터 얻는 만족을 경제적 척도로 개념화하는 것은 의미있는 일이다. 왜냐하면 가치가 매겨져야 교환을 통해서 획득거나 교환을 통해서 처분하는 것이 가능하기 때문이다. 고려대상이 되는 재화가 증가하거나 감소할 때 만족의 변화를 초래하고 이런 만족의 변화를 화폐로 측정하는 것이 비시장재 가치 측정의 원리다.

미국의 물관리 사업 발전과정에서 비용편익 분석의 필요성이 크게 대두되면서 비시장적 재화나 서비스의 가치 매김이 본격적으로 활용되었기 때문에, 역사적으로 미국에서 비시장적 재화의 가치매김은 물 산업과 밀접한 관련이 있다. 1900년대 초부터 미국에서는 댐 건설, 운하 건설, 제방 건설 등 다양한 물관리 사업들이 진행되는데 이 과정에서 미국 육군 공병대가 동원된다. 물 관련 토목사업들의 진행 과정에서 사업의 비용과 편익 분석이 필요성이 크게 대두된다. 당시 미국에서 대규모 프로젝트의 비용편익 분석이 요구되는 이유는 사업 자체의 타당성을 검토하기 위한 목적도 있었지만, 비용분담의 목적도 있었다. 해당 토목사업의 편익이 전국적으로 발생하면 연방정부가 비용을 부담하는 것이 타당하지만 편익이 지역에 한정하여 발생한다면 주정부나 지방정부가 사업이 비용을 부담하는 것이 타당하기 때문이다. 특히 1934년의 국가자원위원회national resources board는 물관리 사업의 비용을 배분하는 과정에서 공평한 제도를 모색하기 위하여 물관리위원회를 구성하여, 홍수 방지시설을 건설할 때는 편익이 누구에게 발생하든지 총비용을 상회하는 편익이 발생한다면 적극적으로 홍수방지시설을 건설하도록 요구하는 한편, 다른 곳에서는 홍수방지의 편익 귀착에 따른 비용분담을 요구할 것을 홍수방지법에 명시하기도 하였다. 한발 더 나아가 1950년에는 미국의 연방정부 산하기관이 토목건설 사업을 할 때 사용하도록 비용편익 분석의 절차와 방법을 정리한 그린북green book을 발간하였다.

1) 현시선호법에 의한 가치평가

1950년대에부터 비시장재에 대한 가치매김 분야가 경제학의 한 영역을 차지하기 시작하였는데 먼저 등장한 것이 여행비용법travel cost method이라고도 불리는 현시선호법revealed preference method이다. 이 방법은 국립공원의 경제적 가치평가를 모색하면서 발전하였다. 당시에 입장료가 없는 국립공원의 경제적 가치를 평가할 필요성이 있었던 미국 공원관리국National Park Service의 경제학자가 전국의 저명한 경제학자 10명에게 자문을 구한 결과 호텔링Hotelling 교수가 해결 방안을 제시하였는데, 이 방법이 교통비용을 활용하는 방안이었다. 국립공원의 입장료가 없기 때문에 사람들이 국립공원의 가치를 어떻게 평가하는지 알 수 없었다. 그러나 직접 금전적 가치를 측정할 수 없지만, 공원을 방문하는 사람들은 교통비와 숙박비, 그리고 필요한 장비를 구입하는 등 공원을 방문하기 위하여 다양한 비용을 지불하고 있다. 이런 비용은 출발지에 따라서 달라지는데 먼 지역에서 오는 사람들에게는 교통과 숙박에 더 많은 비용이 들고, 인접 지역의 사람들에게는 적은 비용이 드는 차이가 있다. 공원 이용자들이 지불하는 지출을 가격으로 하고 방문자 수를 수량으로 하여 그래프를 그리면 보통의 수요곡선처럼 공원의 수요곡선을 도출할 수 있고 이를 바탕으로 소비자의 한계효용이나 소비자 잉여를 이론적으로 계산해 낼 수 있다. 호텔링 교수의 선구적 제안을 바탕으로 여행비용을 통하여 국립공원, 놀이공원 등에 대한 수요곡선을 도출하고 가치를 찾는 방안이 1960년대에 들어서면서 이론적으로 확립되었다. 국립공원 방문에 필요한 교통비와 숙박비와 같은 여행비용을 공원 이용의 가격으로 생각한다면 경제학 원론의 지식만으로도 수요곡선을 도출하는 것은 어렵지 않다.

최초의 아이디어 도출과정에서 여행 비용이 사용되었기 때문에 여행비용법이라 불리는 가치측정 방법은 일반적으로 현시선호방법이라 불린다. 즉 사람들의 속마음에 해당하는 선호가 사람들의 행동이나 선택과정에서 관찰 가능하도록 나타나기 때문에 나타난 혹은 현시된 선호를 보고 그 이면의 선호를 짐작하는 것이 핵심적인 아이디어다. 깨끗한 물이나 환경과 같이 돈으로 살 수 없는 대상이라 하더라도, 대상의 가치를 추측하게 하는 대리변수가 되는 시장재가 존재하고 시장재가 주는 만족이나 즐거움은 비시장재에 의존한다는 관계만 존재하면 시장재에 대한 선택을 통하여 비시장재에 대한 선호를 유추할 수 있다. 이런 상황에서 시장재에 대한 수요는 비시장재에 대한 수요의 대리변수로 사용된다. 이 방법의 문제점은 비시장재의 대리변수가 될 수 있는 시장재가 항상 존재하는 것은 아니라는 점과 대리변수가 될 시장재가 존재하더라도 이 시장재가 보완관계에 있는 비시장재에 대한 선호를 모두 포착하는 데는 한계가 있다는 점이다.

2) 선택 가치option value

자연환경을 평가하는 동인과 시장재를 평가하는 동인이 서로 다르다는 점에 착안하여 현시선호이론에서 간과한 내용에 대한 지적들이 일찍부터 대두하였다. 사람들이 자연환경에 가치를 평가할 때는 자신들이 직접 사용하는 것과 관계없는 상황을 고려한다는 점이다. 와이스브로드Weisbrod는 자연환경 소비와 관련한 불확실성에 관심을 두고 선택가치option value라는 개념을 도입하였다. 핵심적인 아이디어는 국립공원에 방문하는 방법은 모르는 사람들도 자신이 미래에 방문할 수 있는 선택 대안으로 보존을 원하기 때문에 공원이 파괴되거나 회생 불가능한 피해를 입지 않도록 보호하기 위하여 돈을 지불할 용의가 있다고 생각한다는 점이다. 비슷한 맥락에서 크루틸라Krutilla는 유산가치bequest value와 존재가치existence value에 주목하고 있다. 유산가치는 사람들은 자신의 후손을 위해서 공원보호를 원하기 때문에 비용을 지불하려고 한다는 개념이고, 존재가치 혹은 비사용가치non-use value는 사람들은 자신이나 후손이 방문하거나 이용하지 않을 대상에 대해서도 비용을 지불하려는 속성이 있는데 이런 성향의 크기를 측정하는 것이다. 크루틸라나 와이스브로드는 국립공원이나 야생자연과 같은 자연환경은 직접 소비하거나 이용하지 않더라도 존재하는 것만으로도 사람들에게 만족감을 준다는 점을 강조하고 있다. 자연환경의 경우에 단순한 존재 자체가 만족을 준다는 점에 대해서 많은 사람들이 동의하기는 하지만, 교통비용과 같은 구체적인 수치로 측정되지 않았기 때문에 현실성이 떨어진다고 할 수 있다.

존재가치 혹은 유산가치를 측정할 방법이 마땅치 않기 때문에 구체적으로 가치를 매기는 방안이 필요하다. 대안으로 제시된 것이 면접을 통하여 사람들에게 직접 가치를 물어보아서 화폐적 가치를 도출하는 이른바 가상가치법CVM, contingent valuation method기법이 2차 세계대전 후에 시리어시-완트럽Ciriacy-Wantrup에 의해서 개발되어 있었다. 이 방법은 사람들이 직접 자신의 의견을 말하기 때문에 시현된 것과 대칭적으로 말한 것을 통한 가치법이라 부르기도 한다. 자연환경에 대한 사람들의 주관적인 평가를 객관적으로 표현하기 위하여 직접 사람들에게 물어보는 것은 자연적인 일이다. 사람들의 평가를 직접 물어본다는 점에서 직접평가라고 하고 여행비용과 같은 방법을 사용하여 측정하는 것을 간접적이라고 할 수 있다.

시리어시-완트럽은 토양을 보전할 때 생기는 이익은 시장을 통해서 측정할 수 없지만, 경합성이 없는 공공재의 성격을 가지기 때문에 사람들에게 보호해야 하는 토양의 양을 점진적으로 증가시켜 가면서 보호를 위해서 얼마나 지불할 용의가 있는가를 물어보아서 사회 전체의 수요곡선 혹은 평가를 유도할 수 있다는 점을 제안하였다. 사람들에게 토양보전의 편익을 직접 질문하면 비용부담을 염려하여 진정한 선호를 제대로 표명하지 않을 가능성이 있기 때문에 응답자 교육이나 질문지의 기법, 면접자의 전문성을 통하여 예상되는 편향bias을 최소화 하여야 한다는 점을 지적하였다. 사람들에게 직접 질문을 통하여 환경재의 가치를 평가하는 방법은 이론적으로 제시되었지만 직접 적용되기까지는 한 대학원생의 박사학위 논문 작성을 기다려야 했다. 데이비스Davis는 메인주의 숲 주위에서 사냥이나 여가를 즐기는 사람을 대상으로 소비자의 최대지불의사를 탐색하여 수요곡선을 유도하였다. 이후에도 여러 곳에서 질문지법 혹은 가상가치법CVM, contingent valuation method이 사용되었지만 1979년에 미국의 물자원위원회가 비시장재의 가치평가 기법으로 여행비용법과 더불어 가상가치법을 공식적으로 포함하면서 널리 인정을 받았다.

1957년에 미국 캘리포니아에서 물사업CSWP, california state water project에서 발생하는 물이 제공하는 여가 활동의 경제적 가치 측정 과정에서 비시장재 가치평가법이 처음 적용된 이후로, 수자원 관리나 치수 관련 사업에서 비시장재 가치평가는 사업의 성사여부를 결정하는 중요한 기준이 되었다. 1969년의 환경정책법NEPA, national environmental policy act 제정 이후에는 비용편익 분석과정에서 비시장재의 가치평가가 필수적인 사항으로 규정되었다. NEPA는 대규모 사업이 자연환경이나 생활환경에 초래하는 변화를 규명하고 이런 변화의 경제적 가치가 얼마가 되는지 반드시 평가하도록 요구하고 있다. 이른바 환경영향평가가 모든 공공프로젝트에서 필수적인 사항이 된 것이다. 오늘날 우리가 뉴스에서 자주 듣는 환경보호와 개발의 갈등 과정에서도 비시장재 가치법이 자주 사용된다. 역사적으로 미국 캘리포니아의 모노호수Mono Lake사건이 가장 유명하다. 캘리포니아 물과 발전부department of water and power가 모노 호수의 물을 과도하게 이용하여 호수 수위가 낮아지고 담수의 유입이 줄어들자 호수의 물이 소금물로 변해가는 것을 반대하는 환경운동가들이 나서서 자연보호의 가치를 주장하여 캘리포니아 주정부가 당초 계획보다 8% 이상 취수량을 줄이고 호수의 수위를 높이도록 하는 선에서 타협을 보았다.

환경재의 비시장적 가치평가는 다양한 변화를 거치는데 대규모 물 관련 공사의 환경에 부정적인 영향뿐만 아니라 긍정적인 효과도 비시장적 가치평가를 통해서 비교하는 것이 가능해졌다는 점이다. 미국의 경험을 보면 물을 기반으로 하는 여가활동, 환경관광, 생태계 보전의 존재가치가 보통 사람들이 예상했던 것보다 매우 크다. 환경보호의 가치가 농업용수나 도시 생활용수 공급의 가치보다 훨씬 크게 나타나고 있어서, 전통적으로 미국에서는 도시나 농업에 물을 공급하기 위해서 물길을 바꾸거나 호수의 물을 줄이는 행위가 당연하게 생각되었지만 이제는 환경보호나 환경에 미치는 영향을 동일하게 고려해야 한다는 점이 분명해졌다.

사실 이런 현상은 한국에서도 비슷하게 전개되고 있다. 1990년대 식수 확보와 홍수조절을 위해서 강원도 영월에 '동강댐' 건설이 불가피하다는 정부의 주장과 '생태계 파괴와 안전성 문제'를 강조한 환경단체와 전문가들의 주장이 서로 팽팽히 맞서고 있을 때, 시민들은 동강을 방문하지 않으면서도 동강의 자연환경과 주변의 백룡동굴, 물고기 쉬리, 조롱이, 원앙 등 천혜의 자원은 반드시 보호되어야 한다고 주장하였다. 즉 직접 방문하지 않는 사람들에게 아무런 경제적 가치를 주지 않는 것으로 여겨졌던 동강과 동강에 흐르는 물이 사람들에게는 경제적 가치와 다른 가치를 가지고 있었던 것이다.

4. 물의 가치 측정

가치의 경제적 개념에 대해서 충분히 설명했기 때문에 이런 개념을 물에 적용하는 것이 적정한지 검토할 단계이다. 그 출발점은 1992년의 더블린포럼[1]이라 할 수 있다. 포럼의 핵심적 내용은 '물은 다양한 용도를 가진 경제재[2]'라는 점이다. 식량, 옷, 주택의 수요와 공급이 경제학의 법칙을 따라야 하는 것처럼 물도 경제법칙을 따라야 한다는 점을 강조하였다. 그러나 이에 반대하여 '물은 지구에 속하고 모든 생물에 공유되어야 한다는 것'은 보편적이고 나눌 수 없는 진리라는 주장도 같이 병립한다. 후자에 따르면 물을 이익을 얻기 위해서 사고파는 거래의 대상물로 보는 것은 잘못이며 전지구적으로 물은 공유되는 공유자산이고 기본적인 인권이며 물관리는 모든 인류의 공동 책임이어야 한다. 이와 같이 물을 신성한 것으로 보고 물의 공급을 생명을 보호하는 것과 동일시 하는 문화와 물을 상품으로 보고 소유와 거래를 기업의 기본적인 권리로 인정하는 문화가 대립하고 있다. 물을 상업적 가치를 지닌 경제재로 보아야 한다는 주장과 기본적 인권, 자유와 같이 모든 사람들에게 동일한 양이 공유되어야 한다는 주장이 동시에 지지를 얻는 셈이다. 그러나 경제학적으로 생존에 필요한 물의 양은 생명의 가치와 같이 무한대의 가치를 가지지만 생존수준을 넘어서는 물에 대해서는 경제적 가치를 가진 경제재로 간주하는 것이 적절하다.

1) International Conference on Water and the Environment in Dublin.

2) Water has an economic value in all its competing uses and should be recognized as an economic good.

1) 물 : 사적재이면서 공공재

물은 주택, 식량, 의복과 같이 시장에서 수요공급의 법칙을 받는 경제재이면서도 또 다른 속성이 있는 것은 분명하다. 전화 요금이나 케이블 TV 수신료와 같은 요금은 쉽게 올려도 문제가 되지 않지만 물은 요금 혹은 가격을 올리는 것은 매우 큰 정치적 부담이 따른다. 미국이나 영국에서는 물의 공급이 민영화되었지만, 한국에서는 아직도 공공부문에서 공급하고 있다. 전기, 전화, 철도, 방송이 대부분 시장원리에 따라서 민영화되어 잘 운영되고 있지만 상수도나 하수도는 아직 민영화되지 않았다.

물은 자연 상태에서 항해, 여가활동, 생물서식지 등의 역할을 하기 때문에 공공재의 성격이 강하다. 그러나 저수지나 댐의 형태로 관리하는 경우 사적재의 성격이 분명해진다. 공공재의 시장 수요곡선은 개별 경제주체의 수요곡선을 수직으로 합한 것이 되고 사적재의 시장수요곡선은 개별 수요곡선을 수평으로 합한 것이 된다. 따라서 최적 자원배분 상태에서 사적재의 소비량은 사람마다 다르더라도 한계편익은 모든 사람에게 동일한데 비해서, 공공재의 경우에는 소비량이 모든 사람에게 동일하지만 개별 소비자의 한계편익은 경제주체 간에 상이하다.

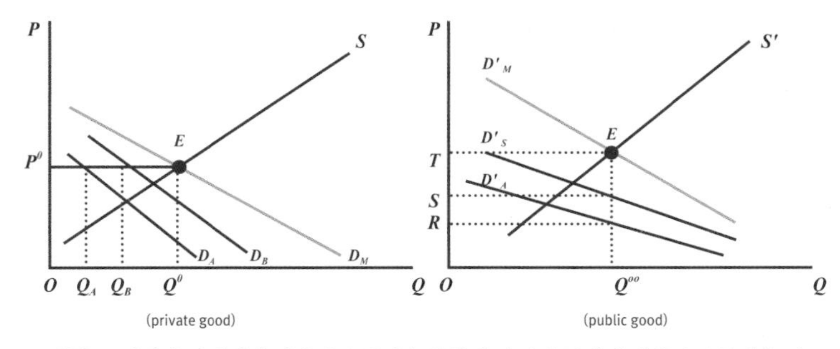

왼쪽 그림에서 사적재의 시장 수요곡선은 동일한 가격 수준에서 개별 수요곡선을 가로로 합한 것이 됨. 따라서 시장가격에서 각자의 소비량은 달라도 한계편익은 같음.

오른쪽 그림에서 공공재는 경합성이 없기 때문에 모든 소비자가 동일한 공급량을 소비하게 되고 다만 소비에서 얻는 한계편익은 개별 수요곡선 높이가 되기 때문에 사람마다 다름.

자료: http://www.tutorsglobe.com/homework-help/microeconomics/public-goods-74513.aspx

〈그림 3〉 사적재와 공공재의 효율성

따라서 사적재의 경우 개인이 한 단위의 소비에서 느끼는 한계편익이 바로 시장가치를 나타내기 때문에 시장가격이 개인이 판단하는 상품의 가치와 동일하다. 그러나 공공재의 경우에는 공공재 소비에 참여하는 모든 사람의 한계편익을 더해서 사회적 편익을 구할 수 있다. 이런 이유로 환경과 같은 공공재의 경우 개인이 생각하는 환경개발의 편익보다 환경보호의 사회적 편익이 크게 나타나는 경우가 많다. 물이 존재하는 그대로의 상태에서 공공재적 속성을 갖는다는 것은 역사적으로 항해와 관련이 있는데 이런 공공재적 속성은 물의 법적 지위에도 잘 반영되어 있다. 로마법을 발전시킨 영미의 보통법common law에서 물은 소유될 수 없고 다만 사용될 수 있는 것으로 보고 있다. 물과 토지는 밀접한 관련이 있기는 하지만 토지는 소유의 대상이 되는 데 비해서 물은 소유권의 대상이 되지 않는다는 전통이 이어져왔다.

2) 물의 이동성, 가변성과 소유권

물이 다른 재화나 자원과 구분되는 확실한 점은 이동성이다. 물은 스스로 움직이면서 흘러가고 땅 속에 스며들고 증발한다. 식물에 물을 주면 상당 부분은 땅속으로 스며들고 일부는 땅 위에서 흘러 넘친다. 가정에서 사용하거나 산업에서 사용한 물은 사용된 후에 하수로 흘러나간다. 물의 이런 속성 때문에 흐름 단계에서 순차적으로 이용하는 것이 가능하다. 사용한 수돗물은 식물에 줄 수도 있고 깨끗한 물이라면 다음 단계에서 재사용이 가능하다. 물의 이동성과 연속적인 사용 가능성은 물이 토지 등 다른 재화와 구별되는 점이다. 토지는 분할이 용이하고 고정되어 있기 때문에 울타리를 설치하고 소유권을 쉽게 정할 수 있다. 물은 흘러가고 반복해서 사용 가능하다는 점에서 다른 재화들과 구분되는데, 물의 이런 속성 때문에 물은 배제성excludability이 거의 없고 흘러가는 물에 대해서 소유권을 정하기 어렵다. 물에 대한 소유권 설정의 어려움을 해결하는 방안은 집단접근권이 될 수 있는데 이 방법은 환원수return flows의 흐름과 관련된 외부성을 내부화할 수 있는 한 가지 방안이 된다. 이런 사례는 영미법에서 말하는 인접수리권riparian water right이라 할 수 있다. 물의 흐름에 인접한 토지를 가진 사람은 다른 토지소유자의 인접수리권을 해치지 않는 범위 내에서 물의 양을 활용하는 것을 허용하는 것이다. 물의 사용에 대한 인접수리권은 고정된 양이 아니라 동일한 흐름에 인접한 모든 토지소유자와 공유된 상대적 소유권이다.

물은 흘러가는 유체, 즉 유동성을 가진 속성 외에 시간, 위치에 따라서 공급량이 달라지는 속성을 가지고 있다. 지구를 대상으로 생각하면 물은 매우 불균등하게 분포하는데 브라질, 러시아, 캐나다, 인도네시아, 중국, 그리고 콜롬비아에 민물의 절반 정도가 존재한다. 물론 국가 내에서도 지역에 따라서 매우 편중되어 분포한다. 물은 시기별로 위치에 따라서 변동성이 심하기 때문에 물 공급자는 시기별 또는 지역별로 물의 수요와 공급을 일치시키는 것이 큰 문제가 된다. 시기별 수요공급 조절은 대규모 저장시설을 필요로 하고, 지역별 차이는 유역을 변경시키는 대규모 수송을 필요로 한다. 물공급의 가변성은 물자원 관리의 공학기술에만 영향을 주는 것이 아니라 물의 사용에 관한 법적·제도적 장치에도 영향을 준다. 물 공급의 가변성은 물과 토지를 분리해야 하는 원인이 되고 동시에 물과 토지의 소유권이 다른 이유를 설명해 준다. 물과 같이 가변적인 대상에 대해서 토지와 같이 소유권을 정하는 것이 어렵다는 것은 잘 알려져 있다.

물의 공급만 가변적인 것이 아니라 물의 수요도 매우 가변적인데 특히 농업용수의 경우에는 계절적 또는 시간별로 수요량이 매우 불연속적이다. 물의 저장기술이나 운반 가능성이 높아진 20세기 이전에는 농업용수의 불연속적인 수요는 접근권을 공유하는 제도를 발전시켰다. 물이 흘러가는 과정에서 한 집단이 사용하지 않을 때는 다른 집단이 사용하게 하는 것이 그냥 흘려보내는 것보다 낫다. 농작물을 재배하는 토지나 건물이 있는 토지는 연속적으로 사용되고 동일한 토지를 여러 사람이 같이 사용할 수는 없다. 농업용수의 불연속적 수요는 개인에게 소유권을 주기보다 접근권을 집단적으로 소유하는 것이 더 적절하다. 이와 같이 물은 유체로서 흘러가고 있고 시기별 또는 장소별로 매우 가변적이기 때문에 소유권을 정하기 어렵기 때문에 많은 경우에 집단 접근권을 통하여 관리하고 있다.

3) 물관리의 기술적 특성과 독점

물은 생산과 공급에서 다른 재화나 유틸리티 서비스utility service와 다른 기술적 특성을 가지고 있다. 물은 단위 무게당 가치에 비해서 운반비용이 매우 높다. 따라서 물 운반 인프라는 석유와 같이 가치가 큰 유체에 비해서 훨씬 부족하다. 그러나 물은 전기에 비해서 운반비는 매우 많이 들지만 저장 비용은 낮기 때문에 물 부족을 해소하는 방법은 전기와 다르다. 예상하지 못한 물 부족을 해결하는 방법은 평소에 물의 저장량을 늘려서 장기적으로 물 공급 역량을 확대할 수도 있고 단기적으로는 배급제를 실시할 수 있다.

물을 공급하는 산업은 다른 제조업에 비해서 매우 자본집약적이고, 물 산업에서 시설이나 자본재의 수명은 매우 긴 특징이 있다. 대규모의 시설을 일시에 건설하여 장기간 사용하는 산업은 당연히 규모의 경제가 존재한다. 지하수 개발과 공급은 규모의 경제가 덜하지만 지표수의 경우 댐의 크기를 약간만 늘리더라도 저수용량은 획기적으로 늘어나기 때문에 규모의 경제가 크게 나타난다. 자본집약성, 긴 자본수명, 그리고 규모의 경제로 인해 물 공급과 관리에서 비용은 주로 고정비용을 의미한다. 따라서 물 공급을 위한 고정비용은 매우 높고 한계비용은 낮아, 시설투자 비용을 고려하는 물 공급의 장기한계비용과 단순히 운영비용만 반영하는 단기 한계비용 간에는 큰 차이가 있다.

자본집약성과 규모의 경제를 가진 물 공급은 특별한 경제적·사회적 함의를 가진다. 먼저 초보적인 경제학 원론 지식에서도 알 수 있듯이 큰 고정비용과 작은 한계비용은 규모의 경제를 시현하여 자연독점을 초래한다. 따라서 물 공급은 대부분의 국가에서 개별 사업자를 통하지 않고 공적 공급을 통하는 것이 일반적인 현상으로 되었다.

4) 물 가격의 속성

대부분의 물 사용자가 지불하는 가격은 물리적인 공급비용으로, 희소성에 따른 기회비용이 아니다. 마찬가지로 대부분의 국가에서 물 사용 가격은 물 공급시설의 자본비용과 운영비용으로, 물 자체에 대한 가격이 아니다.

물의 가격이 왜곡된 것은 법적으로 물은 국가의 소유로 되어 있고 국가가 국민들에게 무료로 사용할 수 있는 권한을 준 상황이기 때문이다. 물은 채굴이나 획득에 허가를 받고 일정한 비용을 징수하는 석유, 석탄 혹은 일반 광물 자원과 달리 취급되고 있다. 미국과 달리 영국, 프랑스, 독일, 네덜란드와 같은 나라에서는 물의 취수에도 비용을 징수하고 있지만 취수되는 물의 가치에 기반한 가격이 아니라 단순한 행정비용에 머무르고 있다. 따라서 물 가격이 낮은 곳은 물 자체가 풍부하거나 희소하지 않다는 의미보다는 물 인프라 관리비용이 저렴하거나 정부가 제공하는 물에 대한 보조금의 결과라고 할 수 있다.

미국에서는 농민에게 부과되는 물 가격은 도시민에게 부과되는 물 가격의 1/20 수준으로 낮게 유지되고 있다. 흔히 연방정부의 농민보조금 때문이라고 알고 있지만, 연방정부의 보조금 외에도 농업용수는 처리 비용이 낮고 시설도 이미 내구연한이 지난 경우가 많기 때문에 자본비용과 운영비용이 낮아서 생기는 현상이라고 할 수 있다. 시설의 운영비용이 아니라 대체비용을 고려하면 농업용수의 가격은 지금보다 훨씬 높아야 할 것이다.

또한 미국에서는 농업용수나 가정용수 모두 물 가격이 매우 낮게 설정되어 있는데, 이는 물관리 시스템의 비용을 산정할 때 미래의 시설 대체비용이 아니라 과거의 역사적 비용을 기준으로 물 가격을 산정하기 때문이다. 물관리 시설은 대규모 시설이고 수명이 매우 길기 때문에, 역사적 시설비용과 미래의 대체비용 간에 큰 차이가 나타난다. 아울러서 물 산업 자체가 자본집약적인 산업으로 대규모 시설을 필요로 하는데, 건설 직후에는 수요에 비해서 공급이 큰 초과공급 능력을 갖고 있어서 낮은 한계비용, 즉 관리비용만 부과하게 된다. 그러나 시간이 흘러 물의 수요가 증가하게 되었을 때는 새로운 시설이 필요하지만, 낮은 가격에 익숙한 수요자와 사회환경 요인 때문에 대체비용을 마련하기 위한 높은 가격 부과가 어렵게 된다.

이상과 같이 현재 대부분의 국가에서 물 가격이 낮게 설정되는 이유는 물의 소유권이 국가에 있어서 물의 소유자에게 지불하는 비용이 없고, 물공급시설의 자본비용과 운영비용만을 포함하기 때문이다. 자본비용은 오래전에 투자된 것이기 때문에 이미 투자비용이 대부분 회수된 상태이고 시설비용에 비해서 운영비용이 매우 작은 특성을 반영한다.

5) 물의 본질

물은 인간·동물·식물을 막론하고 모든 생명체에 필수적인 요소이다. 경제학에는 필수성essentialness이라 부르는 개념이 있는데, 필수성은 생산요소로서 필수적인 경우도 있고 소비재로서의 필수성도 있다. 생산에서 필수성은 이 요소가 없으면 상품의 생산이 불가능한 경우에 필수 생산요소라고 부르고, 최종소비재의 경우에 다른 대체재가 존재하지 않을 때 필수재라고 부를 수 있다. 물은 인간의 생명 유지에 필수적이라는 점에서 필수재로 볼 수 있으며, 농업이나 식품산업은 물론이고 다른 산업에서도 물이라는 생산요소가 없다면 생산활동이 곤란하기 때문에 산업에서도 필수 생산요소가 된다. 그러나 물의 필수성은 일정한 문턱threshold 수준을 넘어서면 생산성이나 물의 중요성에 대한 정보를 주지 못한다. 농업에서도 곡물 재배에 필요한 수준을 넘어서는 물의 가치평가는 무의미하고 생활용수에서도 매일 필요한 양을 넘어서는 물의 가치에 대한 논의는 의미가 없다. 한국을 비롯한 대부분의 선진국에서는 물의 공급량이 최소한의 문턱을 넘어서기 때문에 물의 한계적 가치는 무시될 수 있다.

그러나 도시가계에서 물의 용도는 음용수 외에 다양한 용도로 사용될 수 있다. 실제로 미국의 역사적 경험을 보면 단순히 음용수 외에 지속적으로 물의 수요는 증가하여 왔다. 최초의 사용은 마시는 물, 요리하는 물, 손 씻는 물, 제한적 목욕물이었지만, 시간이 지나고 경제가 성장함에 따라서 목욕, 수세식 화장실, 정원 가꾸기, 연못 만들기, 스프링클러 등 다양한 용도로 물의 사용이 확장되며, 1인당 물소비량도 지속적으로 증가해왔다.

선진국의 경우 생활용수가 필수성이 적용되는 문턱 근처에 있는 나라가 없기 때문에, 생활용수 공급에서 물의 가치를 평가할 때 물이 생명에 필수적이라는 사실은 물의 가치평가에 의미를 가지지 못한다. 일부 개발도상국에서도 경제성장에 따라서 1인당 물소비량은 늘어나지만 물의 공급에 제한이 없기 때문에 물의 필수성이 적용되지는 않을 것이다.

Ⅳ. 물의 다면성과 물 가격

1. 물에 대한 수요자의 인식

물의 개념이 생존에 필요한 필수적 재화로서의 최소수준을 넘어서서 다양한 용도의 사용으로 확장되면서, 물공급을 계획하고 있는 사람들은 도시의 물수요를 예측하고 분석하고 있다. 오늘날 빈곤과 물에 대한 논의를 주도하고 있는 공학적·공공보건적 접근보다는 행동적 접근behavioral approach이 필요하다. 행동학적 접근은 사람들에게 얼마나 많은 물이 필요한지가 아니라, 사람들이 얼마나 많은 양, 좋은 물에 대해서 가격을 지불할 용의가 있는지가 관심사다.

개발도상국의 경제개발을 주도하는 세계은행의 물공급 기획자들은 개발도상국에서 가계소득의 3~5% 이상을 물 서비스 구입에 지출해야 하는 경우 개도국에서 물 공급은 불가능하다고 생각했다. 그러나 세계은행에 따르면 1980년대와 1990년대 개도국에서 비위생적이고 제대로 관리되지 않은 물에 대해서도 소득의 5% 이상을 지출하고 있다는 것을 발견하였고 일부 가정에서는 수돗물보다 훨씬 비싼 가격에 물 판매기로부터 물을 구입하고 있었다. 아울러서 수도가 있는 집에서도 수돗물이 나오지 않을 때를 대비하여 추가적인 물저장 시설을 설치하고 있었고 오염된 물을 가정에서 추가로 안전한 물로 정수할 다양한 설비에 투자하고 있다는 것을 발견하였다. 뿐만 아니라 정밀하게 설계된 가상가치법을 이용한 조사에 의하면, 가정에서 수질이 개선된 물을 구입하기 위하여 가계소득의 3~5% 이상을 지불할 용의가 있다는 것이 알려졌다. 사람들은 상식적으로 생각하는 수준보다 물에 대해서 훨씬 높은 가격을 지불할 용의가 있다는 것이다.

물 자체가 필수재라는 사실이 반드시 모든 사람이 전기나 전화보다 수돗물을 더 선호하고 더 높은 가격을 지불할 용의가 있는 것은 아니다. 오히려 물이 필수재이기 때문에 가정에서는 이미 물 공급에 대한 접근 경로를 가지고 있다는 것을 의미한다. 문제는 현재보다 개선된 물공급의 가치를 어느 정도로 평가하고 있는가이다. 결과는 현재의 물 서비스가 얼마나 형편없는가와 개선된 물 서비스가 얼마나 좋은 수준이 될 것인가에 대한 기대에 달려있다. 물에 대한 소비자의 지불 용의는 예상 밖으로 높고 물의 품질 개선에 대한 지불 용의도 상당히 높다는 것을 알 수 있다.

2. 물의 다면성

물의 가치를 이야기할 때 흔히 저지르는 실수는 물을 하나의 균질화된 상품으로 상정하는 것이다. 물은 수량 말고도 다양한 차원의 속성을 가지고 있다. 장소, 시기, 품질, 안정성이 모두 물의 속성이나 경제적 가치 결정에 영향을 미치는 요인이다. 상식적으로도 장소, 시간, 품질, 그리고 안정성에 따라 물의 가치가 달라질 것이라는 것은 자명하다. 물의 속성별 특징에 따라 개별적으로 독립된 상품으로 정의할 수도 있고 이와는 달리 하나의 상품이면서 서로 다른 특징을 가진 상품으로 보고 특성접근characteristics approach 방법을 적용하여 수요를 도출할 수도 있다. 특성접근은 한 상품이 k개의 속성을 가질 경우 소비자가 k 속성을 더 많이 원하면 정해진 상품의 속성을 바꿀 수 없기 때문에, 그런 속성을 많이 가진 상품의 비율을 높이는 방법으로 수요를 옮겨갈 것이라는 결론에 도달한다. 이런 경우 효용함수 혹은 수요는 상품의 가격과 수량, 그리고 상품의 속성에 따라서 달라질 것이다.

물의 다면성은 물의 여러 속성에 따라 사용자의 지불용의 가치가 달라진다는 것을 보여준다. 다면성은 장소, 시간, 품질, 그리고 신뢰성 외에 물이 공급되는 방식 역시 사람들의 관심이나 선호결정에 중요한 요소가 된다는 것이다. 물에 관해서는 사람들은 분배나 가격지불 면에서 흔히 절차적 정의라고 불리는 공정성에 대해서도 관심이 많다. 공정성 역시 물을 원천별로 달리 구분하는 요인이 된다. 따라서 물에 대한 심리적·사회적 태도도 수요함수 혹은 물의 가치 매김에 중요한 역할을 할 수 있다.

1) 물의 외부성과 편익의 계산

물에 대한 접근권이 증가할 때 물을 직접 사용하는 사람은 물론이고 다른 사람에게도 수많은 편익이 발생한다. 농업생산과 산업생산에서 물 사용, 수력발전과 항해, 생활용수, 홍수조절, 물기반 여가활동, 수생태계 조성 등 물은 다양한 곳에서 사용되고 물의 가치를 측정하기 위하여 경제학자들은 물 사용의 편익을 정식화하려고 다양한 기법을 동원한다. 편익들을 정식화할 때 사용하는 것이 생산함수다. 생산함수는 최종산출물과 생산요소 간에 존재하는 실증적 인과관계이다. 농업이나 제조업에서 물을 비롯한 투입요소와 산출물 간의 관계를 표현하는 데 자주 등장한다. 생태환경 생산함수는 여러 투입요소와 자원 존재량과 건강한 생태계라는 산출물 간의 관계를 나타낸다.

생산함수는 물의 투입과 산출물 간에 존재하는 관계를 이해하고 생각을 정리하는 데는 편리하지만 실증분석에 사용하기는 쉽지 않다. 생산공장과 같이 미시적인 영역에 생산함수를 적용하여 실증분석하는 것은 용이하지만, 지역경제의 생산함수와 같이 넓은 지역을 대상으로 분석할 때는 실증분석이 용이하지 않고 지나치게 현상을 단순화한다는 문제를 가지고 있다. 지역을 대상으로 생산함수를 측정하는 것도 어렵지만, 물의 이용과 관련된 구체적 편익의 증가를 측정하는 것은 매우 어렵다.

생산함수를 이용하더라도 직접 물의 한계생산물 가치를 계산하는 방법이 있고 생산물 가치에서 모든 투입요소의 가치를 제외한 잔여가치를 물의 가치로 판단하는 잔여가치법도 있다. 이 밖에도 농업에서 물을 가진 토지의 가격과 물이 없는 토지의 가격을 비교하는 헤도닉가격hedonic pricing기법 등이 있다.

일반적으로 물공급은 경제성장이나 발전에 기여하며, 세계적으로 중요한 큰 도시들이 대부분 수운의 활용이 용이한 해안이나 강가에 자리잡고 있다는 것은 잘 알려진 사실이다. 그러나 이용 가능한 물의 증가가 경제활동 증가에 바로 기여하고 또 기여의 크기가 얼마나 되는가를 측정하는 것은 쉽지 않다. 미국의 경험에서 보면 중요한 물 프로젝트의 추진 근거는 지역경제발전 기여도지만, 물이 지역 경제발전에 기여하는 정도를 측정한 실증결과는 불분명하거나 때로는 부의 효과를 초래하는 것으로 나타나고 있다. 이런 결과가 자주 나타나는 것은 어떤 요소는 필수적이기는 하지만 충분조건이 아닐 수 있는데, 물의 편익분석에서 이런 속성을 간과하고 있기 때문이라고 해석할 수 있다. 물은 경제성장에 필요조건 혹은 제약조건으로서 작용하기 때문에, 물의 공급가능성 자체가 경제성장을 보장하지는 않지만 물이 없으면 경제성장 자체가 이루어질 수 없다.

따라서 물의 속성을 모두 반영하여 물의 가치를 측정하는 만족할만한 방법은 아직 개발되지 않았다고 할 수 있다. 대부분의 물가치 평가법들은 매우 많은 데이터를 요구하고 있고 불확실성이 크며 사용되는 가정에 매우 민감하게 변하는 속성을 가지고 있다.

Ⅴ. 행동경제학과 물의 가치

1. 신고전학파 경제학과 경제인

신고전학파 경제학의 핵심에 경제인homo economicus이라는 가정이 있다. 경제인은 현상에 대한 완전한 지식과 정보를 가지고 있고 이용 가능한 대안을 비교하여 자신의 만족이나 이익을 극대화하는 가상적인 경제주체이다. 경제학 원론에서 공부하는 소비자나 생산자는 모두 경제인의 범주에 속한다. 우선 본인에게 선택 가능한 대안을 모두 확인할 수 있고 대안의 선택에 필요한 효용과 비용을 확인하여 계산할 수 있으며, 자신의 행동 목적인 효용이나 이윤을 극대화하는 선택이 무엇인지 바로 확인이 가능한 사람이다. 또한 경제인의 선호에 대해 다음과 같은 속성을 가진다고 가정한다.

① 개인은 내적으로 일관적이고 구조화된 선호체계를 가지고 있는데, 구체적으로 이행성, 반사성, 완전성 그리고 연속성을 만족한다.

② 개인들은 결과나 최종 상품에 대한 선호로 판단할 뿐이고 절차나 과정에는 영향을 받지 않는다.

③ 개인의 선호는 고정되어 있고 경제학 분석의 대상 밖이다.

④ 사람들은 선택이나 의사결정 대상에 대해서 완전한 정보를 가지고 있다.

그러나 신고전학파의 경제인은 다양한 방향에서 비판을 받고 있다. 먼저 자신의 이익만 고려하는 이기적 개인에 대한 비판이 존재한다. 자선 행위나 자연재해를 당한 사람을 동정하는 것은 직접 개인의 효용을 높이는 행위가 아니고 범죄인을 신고하는 것 역시 자신에게 편익이 발생하는 행위가 아니다. 그러나 자선 행위나 범죄인을 신고하는 행위가 이기적인 행위가 아니고 이타적인 행위라는 주장과 자선 행위도 여전히 이기적인 행위라는 주장이 공존한다. 사람들이 만족을 느끼는 행위가 물질적인 부족을 충족하는 데서만 발생하는 것이 아니라, 추구하는 가치나 도덕적인 덕목을 충족했을 때도 발생하기 때문에, 다른 사람을 돕는 행위를 본인의 만족을 위한 이기적인 행위로 설명하기도 한다.

경제인에 대한 두 번째 비판은 인간은 어떤 선택의 고통과 즐거움, 비용과 편익을 순식간에 계산하여 최선의 선택을 한다는 최적화 행위능력에 대한 것이다. 정보과학자 사이몬H. Simon은 인지능력이나 계산능력의 한계 때문에 사람들은 경제학에서 가정하는 완전한 합리성을 가진 존재가 아니고 제한적 합리성bounded rationality을 가진 존재라고 주장하였다. 사람들은 인지능력의 한계 때문에 의사결정에 필요한 모든 정보를 모을 수도 없고 또 설령 이런 정보를 모두 모으더라도 계산능력의 한계 때문에 컴퓨터와 같이 정확한 계산을 할 수도 없다. 정보를 수집하고 처리하는 능력의 사람들의 지식과 경험에 크게 의존하고 지식과 경험은 항상 한계를 가질 수밖에 없다고 생각한다. 문화, 감정, 모방 역시 개인의 합리성을 제약하는 요인이 된다. 이런 제한성 때문에 합리성을 충족하는 최선의 선택을 하는 것이 아니라 만족할만한 수준의 선택을 하는 존재로 가정하고 경제학의 모델을 구축해야 한다고 주장한다.

아울러서 경제인은 모든 세상사나 재화에 대해서 선호를 가지고 있어야 한다. 극단적으로 말하면 비비추와 원추리를 구분하고 어느 식물을 더 선호하는지 선호를 표명할 수 있어야 하고, 볼리비아에 있는 티티카카 호수의 물이 더 귀중한지 아니면 러시아의 바이칼 호수의 물이 더 귀중한지도 판단할 수 있어야 한다고 가정한다. 경제인 가정에서 가장 많은 비판을 받은 가정이 선호의 외생성 혹은 독립성이라고 할 수 있다. 사람의 선호체계는 다른 사람의 영향을 받지도 않고 선택의 대상에 의해서도 영향을 받지 않는 것으로 가정되어 있다.

2. 행동경제학의 비판

신고전학파의 경제인에 대한 비판은 제도학파 경제학에서 가장 먼저 등장하였다. 사실 신고전학파라는 명칭도 제도학파가 시간과 장소를 초월하여 합리적인 선택을 한다는 비현실적 경제인 가정을 비판하면서 등장한 것이다. 베블렌T. Veblen을 비롯한 제도학파 경제학자들은 사람들의 의사결정이나 선택은 자신이 속한 사회의 문화나 관습, 그리고 동료의 영향을 많이 받는다고 주장하고 있다. 실제로 제도학파의 과시적 소비는 사람들의 선택이 대상이 되는 재화 자체가 주는 만족뿐만 아니라 자신이 속한 집단 구성원의 평가에도 많은 영향을 받는 것으로 보고 있다. 수돗물 마시기를 거부하면서 생수를 선호하는 것이나 생수의 품질 차이가 거의 없는데도 특정 브랜드의 생수를 더 선호하는 행동은 모두 사람들의 선택이 해당 상품의 가격이나 품질 외의 다른 요인에 영향을 받는다는 사실을 보여준다고 할 수 있다.

신고전학파의 합리적 선택이론에 대한 제도학파의 비판은 제한적인 지지를 받았지만, 인지과학과 심리학의 지원을 받는 행동경제학은 많은 사람들의 지지를 받고 있다. 특히 카네만Kahneman과 트베르스키Tversky의 휴리스틱스heuristics와 편향biases은 사람들의 선택이 합리적이지 않다는 것을 설명하는 데 자주 언급된다. 사람들은 정확한 평가를 할 수 있는 자료나 정보가 있음에도 불구하고 이런 정보를 완전히 이용하지 않고 간편셈 혹은 어림짐작을 통하여 의사결정 하는 현상을 자주 노출하는데, 이런 현상은 신고전학파 이론으로는 설명이 어렵다.

행동경제학에서 주장하는 바와 같이 사람들이 물의 가치를 평가하거나 선택할 때 다양한 편향성이 존재할 수도 있고 신중한 계산과정을 거치는 것이 아니라 어림짐작으로 평가하여 결론을 내릴 수도 있다. 휴리스틱스 개념에 따르면 사람들의 판단은 이용 가능한 정보의 개인적 관련성이나 최신성에 많은 비중을 두는 것으로 알려져 있기 때문에 최근에 물과 관련하여 좋지 않은 기사나 사건이 있는 경우에는 부정적인 의사결정을 내릴 수도 있고 수자원 고갈 기사가 최근의 이슈였다면 반대로 물의 가치를 높게 평가할 수도 있다.

제도학파 경제학이나 행동경제학의 비판처럼 사람들의 선호가 외부와 독립적으로 고정되어 있지 않고 선호 자체가 선택대상이나 개인이 속한 집단의 영향을 받는다면, 신고전학파의 이론이 예측하는 바와 같은 정확한 수요곡선을 도출하기 어렵다. 재화에 대한 수요곡선을 도출 할 수 없다면 한계효용에 의한 가치 매김이 곤란해진다.

알레비J. Alevy와 공동연구자들은 비시장적 가치매김에서 대상이 되는 재화나 자연환경이 단독으로 제시되는 경우와 다른 재화와 같이 제시되는 경우, 그리고 상황을 달리하여 제시될 때 사람들의 평가가 극단적으로 달라지는 현상을 발견하여 이를 선호역전preference reversals라고 불렀다. 영국의 모슬리Moseley와 밸러틴Valatin의 연구 역시 알레비 등의 연구와 마찬가지로 대안이 제시되는 상황이나 과정에 따라서 가치매김이 크게 달라진다는 사실을 밝히고 있다. 구체적으로 자연환경의 가치를 평가하는 대상자를 지칭할 때 시민citizen이라고 하면 개인individual이라고 부를 때보다 자연환경의 가치를 훨씬 높게 평가한다고 알려져 있다. 개인은 비용평가에 더 큰 비중을 두는 대신에 시민은 권리나 의무에 더 큰 가치를 두는 것으로 생각할 수 있다. 또 자연환경의 가치에 대해서 표로 제시할 때보다 문장으로 제시하면 훨씬 더 높은 가치를 부여하고 조사 시점에 따라서도 평가가치의 크기가 달라진다는 점도 밝히고 있다.

자연환경과 마찬가지로 물에 대해서도 사람들의 가치매김은 단순한 대상물의 가치가 아니라 대상이 제시되는 상황, 가치를 평가하는 사람들의 사전지식, 그리고 대상이 제시되는 환경에 따라서 매우 결과가 달라진다는 사실을 알 수 있다.

비시장재의 가치매김이 어려운 것은 주로 평가대상이 가진 속성 때문이라는 것은 잘 알려진 사실이다. 그러나 평가대상의 속성이 아니라 평가자인 사람의 선호체계, 도덕적 규범, 그리고 사람의 심리적 상황에 따라서 다른 평가를 매긴다는 사실은 비교적 덜 알려져 있다. 제도학파 경제학이나 행동경제학의 연구 결과들은 거래가 빈번하고 속성이 잘 알려져 있는 시장재에 대해서도 사람들은 다양한 평가편향을 가지고 있다는 점을 보여주고 있다. 이런 상황을 보면 시장거래가 곤란한 비시장재의 가치매김은 불가능에 가깝다고 할 수 있다. 물은 다양한 속성을 가지고 있어서 진정한 가치를 평가하기가 어렵고 이런 속성을 충분히 감안한 경우에도 사람들의 인식체계나 가치관의 문제로 정확한 평가가 곤란하다.

그렇지만 합리적 경제인 가정을 완화하더라도 사람들의 선호나 행동에는 일관성이 있기 때문에 이런점을 고려하여 물의 가치를 산정하는 작업은 계속되어야 한다. 물의 가치를 반영하는 가격이 있어야 물관리정책을 수립할 수 있기 때문이다. 도덕적 가치나 심리적 경향성으로 인하여 가치가 불안정하여 경제학의 인센티브와 가격기구가 역할을 할 수 없는 것이 아니라 적절한 수정을 가하면 여전히 신호의 기능과 배급기능을 할 수 있다.

Ⅵ. 요약 및 제언

물의 가치를 정확히 평가하고 정확한 가치가 물 가격으로 반영될 때 가격기구를 통한 효율적인 물의 배분이 가능하다. 보통의 경제재는 시장을 통하여 거래가 이루어지고 시장에서 형성된 가격이 수요자와 공급자에게 적절한 신호를 보내서 자원 배분이 이루어진다. 그러나 물의 시장거래는 매우 제한적이다. 사회적 관행이나 정치적 판단에 의해서 물의 공급과 배분이 이루어지는 경우가 많다.

물이 시장을 통해서 배분되든 정치적 의사결정을 통하여 배분되든 물의 가치를 올바로 판단하는 것은 매우 중요한 일이다. 물의 가치판단 기저에는 물에 대한 소비자의 효용함수가 중요한 역할을 한다. 물이 시장에서 거래된다면 최대지불의사WTP, maximum willingness to pay나 최소수취의사WTA, minimum willingness to accep가 물의 가치를 결정하는 기준이 될 수 있고 시장 거래가 되지 않을 경우에는 시장에서 거래되는 물의 대리변수를 찾아서 이 대리변수를 통하여 시현된 물의 선호를 바탕으로 수요곡선을 도출하여 간접적으로 물의 가치를 판단할 수 있다. 그러나 물이 시장에서 거래되지 않고 적절한 대리변수를 찾을 수 없을 때는 직접 물의 가치를 사람들에게 물어볼 수밖에 없다. 환경재의 가치평가에는 가상적인 소비자인 사람들에게 대상이 되는 재화의 가치를 직접 질문하여 추정하는 가상가치법CVM, contingent valuation method이 많이 사용된다.

환경재 혹은 물에 대한 이상의 가치 평가법은 사람들의 선호가 외부와 독립적으로 주어진 것을 전제로 한다.

그러나 사람들의 선호 혹은 효용은 사전적으로 주어진 것이 아니라 사람들이 가지고 있는 도덕적 가치관, 사회적 관계, 그리고 심리적 경향성 등 다양한 요인에 의해 영향을 받는다는 것이 제도학파나 행동경제학의 주장이다. 물론, 도덕 이론은 사람들의 의사결정에서 덕목이나 가치관, 이기심 등 독립된 요인이 중요한 역할을 한다고 주장하고 있다. 사람들의 의사결정은 비용과 편익을 비교하여 차이를 크게 하는 경제적 선택을 할 수도 있지만, 비용과 편익의 차이를 일부 줄이더라도 다른 사람에 대한 배려를 통하여 더 큰 만족이나 성과를 거둘 수도 있다. 또한 사람들이 표출하는 선호는 진정한 선호와는 차이가 있을 수 있는데 이는 휴리스틱스나 제한적 합리성 때문일 수도 있다.

이유가 무엇이든지 개인의 선호가 도덕적 가치, 문화, 동료에 대한 배려 등 외부 요인에 영향을 받는다면 사람들의 행동 역시 합리성만 가지고 설명하는 데는 한계가 있다.

따라서 물에 대한 가치 매김이나 이런 가치 매김에 근거한 인센티브 메커니즘을 적용할 때는 시장가격이나 비용 이외의 요인들도 같이 고려해야 물의 배분이나 관리에서 원하는 목적을 달성할 수 있을 것이다.

참고문헌

미국 환경처(EPA), How We Use Water, https://www.epa.gov/watersense/how-we-use-water

Barnes, T. J., 1988. "Rationality and Relativism in Economic Geography: An Interpretive Review of the Homo Economicus Assumption." Progress in Human Geography 12(4): 473-496.

Barnett, W.A. and Serletis, A., 2008. "Consumer preferences and demand systems" Online at, http://mpra.ub.uni-muenchen.de/8413/MPRA Paper No. 8413.

CFI, 2020. Valuation Methods:The main methods used to value a business https://corporatefinanceinstitute.com/resources/knowledge/valuation/valuation-methods/

Ciriacy-Wantrup, 1947. "Capital Returns from Soil Conservation Practices", Journal of Farms Economics, 29, 1180-1190.

Davis, R.K., 1963. "Recreation planning as an economic problem". *Natural Resources Journal*, 3(2): 239-249.

Garrick, D. E., M. Hanemann, C. Hepburn., 2020. "Rethinking the economics of water: an assessment", Oxford Review of Economic Policy, 36(1), 1-23, https://doi.org/10.1093/oxrep/grz035

Hanemann, W.M., 2006. "The Economic Conception of Water" in Water Crisis: Myth or Reality? edited by P. P. Rogers, M. R. Llamas, L. Cortina. Taylor & Francis

Henderson, A., 1941. "Consumer's Surplus and the Compensating Variation," Review of Economic Studies, Oxford University Press, vol. 8(2), pages 117-121.

Hicks, S.R., 2020. "Ethics and Economics", https://www.econlib.org/library/Enc/EthicsandEconomics.html

Krutilla, J., 1967. "Conservation Reconsidered" American Economic Review 57, 777-786.

Lange, Glenn-Marie, 2020. Valuation of Water Resources, http://mdgs.un.org/unsd/envaccounting/workshops/seeawtraining/Valuation.ppt

Maler, K. M., 1971. "A Method of Estimating Social Benefits from Pollution Control", The Swedish Journal of Economics 73(1):121-133. DOI: 10.2307/3439138.

Millerd, F. W., 1984."The Role of Pricing in Managing the Demand for Water", Canadian Water Resources Journal, 9:3, 7-16, DOI: 10.4296/cwrj 0903007.

Morgan, A. J. and Orr, S., 2015. "The value of water: A framework for understanding water valuation, risk and stewardship", discussion draft, August 2015, WWF International and IFC.

Moseley, D. and G. Valatin, 2013. Insights from behavioural economics for ecosystem services valuation and sustainability, Research Report, Forestry Commission: Edinburgh. https://www.forestresearch.gov.uk/documents/219/FCRP022_J8UEAyj.pdf

Taylor, T., 2014. "Economics and Morality" Finance & Development, Vol. 51, No. 2

Tobler, P., 2009. "The role of moral utility in decision making: An interdisciplinary framework" Cognitive Affective & Behavioral Neuroscience 8(4):390-401.

Urbina, D. A. Villaverde, A. R., 2019. "A Critical Review of Homo Economicus from Five Approaches" http://doi.org/10.1111/ajes.12258: 2

Weisbrod, B. A., 1964. "Collective-Consumption Services of Individual-Consumption Goods. Quarterly Journal of Economics 78, 471-478.

Alevy, J., List, J. and Adamowicz, V., 2010. "How Can Behavioral Economics Inform Non-Market Valuation? An Example from the Preference Reversal Literature", NBER Working Paper No. 16036.

물의 가치 사례 연구와 국민 인식 제고 방안
: Value Chain 기반 접근

김 정 인 (중앙대학교 경제학부 교수)
최 종 석 (한국환경정책·평가연구원 연구원)

초록

본 연구에서는 기존 문헌연구 사례를 통해 자연자원인 물의 가치에 대한 기초적인 이해를 돕고자하며, 이를 기반으로 본격적인 물의 비시장 가치 심층 분석을 위한 토대를 마련하고자 한다.

Value chain에 근거한 물의 가치는 물의 형태 또는 사용 용도에 따라 빗물, 하천, 지하, 농업용 저수지 등의 가치로 나눌 수 있으며, 물의 가치 추정 연구 사례 분석을 통해 부문별 물의 가치에 대해 정리하였다. 먼저 빗물은 수자원의 근본이 되는 기초자원으로 수자원 확보와 대기 정화, 산불 예방, 수질 개선, 열대야 완화 등 환경적 측면에 기여하며, 용도별로 생활, 공업, 산업, 농업 등 각종 용수로 활용되는 점을 반영하여 경제적 가치 측정을 고려할 수 있다.

수자원시설은 다목적댐, 발전전용댐, 생·공용수전용댐, 하구둑, 담수호, 농업용 저수지, 다기능보, 홍수전용댐·조절지 등의 시설별로 저수량 및 물 공급 능력이 다르며, 이에 따른 경제적 가치 또한 상이하게 나타난다. 예를 들어, 수력발전댐의 '전력 생산' 가치의 추정은 수력발전을 통한 전력 생산량을 기준으로 하여 경제적 가치를 추정할 수 있을 것으로 보이며, 최근에는 댐의 휴양가치, 습지조성을 통한 보전가치, 서식지 등 생태계 조성, 원수 수질 개선 등과 관련하여 가치 추정 사례를 참고할 필요가 있다. 또한 농업용 저수지를 통해 공급받은 농업용수로 혜택을 받는 면적은 농업용 저수지의 가치 요소로 고려될 수 있을 것이며, 최근에는 재해·재난 예방 등 기능이 중요해진 만큼 이러한 가치를 고려하여 가치 산정이 필요할 것이다.

본 연구에서는 국내 물의 경제적 가치를 value chain에 따라 총 5개 부문의 경제적 가치에 대한 선행연구 사례를 기반으로 분석하였으나, 전체 물의 총 가치를 추정하는 데는 한계를 가지고 있다. 우선 각 수자원 분야별 가치 추정 연구가 다양하게 이루어지지 않아 대표적인 경제적 가치라고 보기 어렵고, 각 연구의 진행시기가 다르기 때문에 새롭게 분야별 경제적 가치를 추정해야 하는 한계가 있다. 또한 전체 수자원에 대한 value chain별 경제적 가치를 추정하지 않아 해석에 유의할 필요가 있다. 물의 진정한 가치평가를 위해서는 빗물, 유역, 정수 및 수질, 그리고 최종적으로 국민이 체감하는 가치의 선상에서 종합적 평가가 필요하며, 물이 지닌 다양한 가치 추정을 통해 통합물관리 관점에서의 국민 인식 제고가 가능할 것으로 보인다.

Ⅰ. 서론

1. 연구의 목적 및 구성

경제성장이 이루어지며 과거에는 공공재였던 자원이 사적재로 전환하며 경제적 가치가 높아지는 현상이 점차 증가하고 있다. 특히 산림, 논 등 자연자원인 비시장 재화의 가치에 대한 연구가 OECD를 중심으로 나타나며 최근에는 생태적 가치의 인식이 높아지고 있다.

그러나 다양한 환경 재화 중에서도 수자원은 한국에서 가치가 낮게 평가되고 있으며, value chain에 근거한 물의 가치 연구가 드물고, 산발적으로 이루어지고 있다. 물은 흘러가면서 다양한 용도(가치 창조)로 변하고 있으므로 물과 관련된 value chain에 근거한 기초적인 사례 연구의 정리는 물의 가치 정립을 위한 기초 자료로 이용된다는 점에서 시기적으로 적절한 시작이라고 할 수 있다.

본 연구는 물의 가치에 대한 국내 기존 문헌연구 사례 정리를 통하여 자연자원인 물의 가치에 대한 기초적인 이해를 목적으로 하며, 이를 기반으로 본격적인 물의 비시장 가치를 심층 분석하기 위한 토대를 마련하는 데 목적이 있다.

Value chain에 근거한 물의 가치 정리를 위해서 본 연구에서는 국내외 기존 문헌 조사를 한 후에 경제적 가치를 중심으로 시사점을 도출하였다. 구체적으로 물의 형태 또는 사용 용도에 따라 빗물의 가치, 하천의 가치,

지하수의 가치, 농업용 저수지의 가치, 댐의 가치, 폐수의 가치 등 물 관련 가치 추정 연구 사례의 분석을 통해 value chain에 근거한 부문별 물의 가치에 대해 정리하고자 하였다. 그러나 아직 충분한 연구가 안 된 부분이 대부분이라서 자료의 한계를 고려하여 접근 가능한 수준에서의 내용을 정리하였다. 추후 물의 가치에 포함되어야 하는 부문을 고려한 보완 필요성을 제시하면서 물의 가치 인식 제고를 위한 토대를 마련하고자 하였다.

2. 자연자원과 가치 및 추정의 필요성

기존 경제성장 모델에 대한 자원의 고갈과 환경오염으로 인한 지속가능성의 우려가 제기되며 경제와 환경을 아우르는 지속가능한 발전의 개념이 1990년대 초에 등장하기 시작한다.

이를 측정하기 위한 도구로서, 환경과 경제적 측면을 통합적으로 평가할 수 있는 환경경제계정SEEA, System of Environmental-Economic Accounting이 국제적으로 개발되어 발전하고 있다. 환경경제계정SEEA은 국민계정SNA, System of National Accounts의 위성계정 중 하나로 경제활동에 대한 환경적 비용을 추계하고, 경제와 환경 간의 상호관계를 분석하기 위하여 작성된다.

환경의 피해를 화폐가치로 평가해 반영하여 환경과 경제 간의 상호 관계를 보여주고, 경제활동에 따른 자원고갈, 오염, 환경파괴 등의 환경 영향을 측정하여 국민계정SNA의 단점을 보완한다.

환경경제계정SEEA은 유엔통계국UNSD, United Nations Statistics Division 에서 2012년 제43차 정례회의 이후 환경경제계정 중심체계SEEA-CF, System of Environmental-Economic Accounting Central Framework를 국제통계표준[1)]으로

1) UN(2012),「System of Environmental-Economics Accounting for Water」.

채택하여 각 국가에 작성을 권고하고 있다. 국제통제표준에는 SEEA에 관한 세계적 합의 기준, 내용, 정의, 분류, 계정의 작성방법, 경제 관련성 및 환경통계 등이 포함된다. OECD, Eurostat 등 회원국을 중심으로 SEEA 자료 관리 및 공표를 권고하고 운영 실태를 관리하고 있어, 향후 국제 기준에 부합한 SEEA의 작성을 우리나라에도 점차 요구할 것으로 보인다.

우리나라는 지난 2001년부터 환경부를 통해 SEEA 개발을 시작하여, 일부 계정을 대상으로 시험·작성하고 있다. 현재는 향후 매체별 접근을 위하여 관련 분야의 기초자료, 작성방법, 집계방법에 대한 단계적 개발이 요구되는 시점이다. 자연 혹은 환경 자원의 가치를 측정하는 방법이 개발되면서 개발과 보존의 결정에 중요한 역할을 하게 되었으며 환경 가치 기법도 점점 진화하는 단계에 들어 간다.

이외에 전통적인 환경 경제학에서는 경제학적으로 재화의 가치는 크게 사용가치use value와 비사용가치non-use value(passive use value)로 구분될 수 있고 따라서 재화가 주는 총가치total value는 사용가치와 비사용가치의 합이 된다. 여기서 사용가치란 개인이 재화를 물리적으로 이용하는 것에 부여 하는 가치이며 사용가치는 다시 직접사용가치direct use value와 간접사용가치indirect use value로 분류될 수 있다.

직접사용가치는 상업적 이용이나 재화 자체의 소비와 관련된 가치이고 재화를 통한 감정적, 정신적 만족 등과 관련된 가치가 간접사용가치이다. 비사용가치는 사용가치 이외의 가치를 통칭하는 것으로 개인이 물리적으로 재화를 이용하지 않음에도 불구하고 재화에 부여하는 가치로, 선택가치option value, 존재가치existence value, 유산가치bequest value, 대체가치vicarious value로 세분될 수 있다.

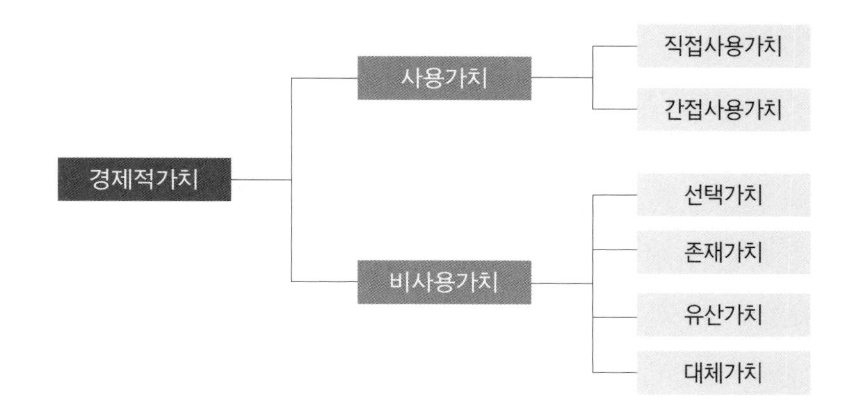

〈그림 1〉 경제적 가치의 종류

선택가치는 사용가치로 분류되기도 하며, 현재는 직접적으로 이용하지 않지만 미래에 이용가능성이 있는 경우 그 재화가 가지고 있는 가치를 의미한다. 예를 들어 현재는 사용되지 않는 어떤 환경재가 미래에 사용될 가능성이 있다고 판단되는 경우 그 환경을 지금 훼손하게 되면 미래의 선택 폭이 감소하게 되고 따라서 그 만큼의 편익을 미래에 상실할 수 있다. 선택가치는 주로 환경의 개발과 관련된 의사 결정 단계에서 중요시되고 있다. 존재가치는 비록 재화를 직접 이용하지 않거나 혹은 직접적인 편익을 얻는 것이 없다 하더라도 그것이 존재한다는 것을 단지 아는 것과 관련된 가치를 의미한다. 즉, 존재가치는 제공되는 효용이 대상 자원과의 어떠한 직접적·간접적인 상호작용에도 연결되지 않음을 전제한다. 유산가치는 미래세대를 위하여 재화를 보존하는 것 자체에 부여하는 가치를 말한다. 그리고 대체가치란 자신은 사용하지 않지만 타인이 사용할 수 있음으로써 얻는 만족감과 관련된 가치이다.

경제학적으로 재화나 서비스의 편익(또는 가치)은 시장에서 관찰할 수 있는지와 시장에서 그 재화의 가치를 직접 측정할 수 있는지 여부에 따라 다음과 같이 네 가지 방법을 통해 측정이 가능하다.

첫 번째로 재화나 서비스가 시장에서 거래되어 직접 그 가치를 관찰할 수 있는 경우에는 재화나 서비스의 가격이 재화의 가치가 된다. 비시장재 또는 비시장재 개선의 편익은 관측이 가능한 시장에서의 거래자료를 이용해 추정될 수 있다.

예를 들어 시장적 방법을 적용하는 경우 환경개선에 따라 발생하는 두 가지 변화를 분석하여 가치를 측정할 수 있다. 첫 번째 변화는 투입요소인 환경의 개선으로 인해 발생하는 농산물이나 최종산출물의 공급량 변화이다. 이 변화는 피해함수damage function나 생산함수production function를 추정하여 분석된다. 두 번째 변화는 환경개선으로 인해 시장재의 생산성이 달라지면 이에 따라 생산자 및 소비자의 선택까지도 변화되고 따라서 시장균형 자체가 달라질 수 있다. 그러나 비시장재가 제공하는 재화나 서비스의 시장이 존재하는 경우는 매우 드물고 거래자료 또한 없는 것이 일반적이어서 시장접근법이 사용될 수 있는 경우는 매우 제한되어 있다.

한편 이 방법은 토양이나 수질 등과 같이 비시장재가 주로 다른 시장재를 생산하는 데 필요한 투입요소로 사용될 경우에 적용된다. 비시장재가 개선될 경우 비시장재를 투입요소로 사용하는 산업의 생산성 향상이나 비용절감이 발생할 것이므로 이를 추정하여 비시장재 개선의 편익으로 본다. 비시장재의 개선으로 인해 높아진 생산성의 가치는 시장에서 거래되는 산출물의 가격을 이용해 평가될 수 있기 때문에 시장적 방법이라 불리며, 비시장재와 시장재 생산량 사이의 물리적 관계를 분석하는 것이 가능한 경우에 사용될 수 있다.

다음으로 대상재화의 가치를 직접 알 수 없지만 관련 재화의 가치를 통해 대상재화의 가치를 간접적으로 유추하는, 즉 현실시장에서 간접적으로 측정하는 방법을 사용할 수 있다. 예를 들어 깨끗한 환경의 편익을 측정하고자 할 때 사람들이 공기 좋은 곳에서 살고 싶어 하다 보니 다른 조건이 같다면 공기 좋은 곳의 부동산 값은 공기가 나쁜 곳의 부동산 값에 비해서 비싸진다는 사실을 이용할 수 있다. 즉, 깨끗한 환경의 가치가 땅이나 집의 가격에 포함되므로, 깨끗한 환경의 가치를 직접 알 수는 없지만 깨끗한 환경 여부에 따른 가격의 차이가 깨끗한 환경의 가치가 된다고 보는 것이다. 이와 관련된 대표적인 방법론은 헤도닉 가격모형HPM, hedonic price model과 여행비용 접근법TCM, travel cost method이다.

세 번째는 대상재화나 서비스의 거래가 시장에서 이루어진다고 가상시장을 설정하여 그 재화의 가치를 사람들에게 직접 물어보는 직접적 측정방법이다. 이와 관련된 대표적인 방법론은 조건부가치측정법CVM, contingent valuation method이 있다.

네 번째는 대상재화에 대한 가상의 시장을 설정하고 사람들에게 다양한 대안을 제시하여 사람들이 여러 대안들 중 하나를 선택하거나 순위를 매김으로써 간접적으로 대상재화에 대한 가치를 유추하는 방법이다. 이와 관련된 대표적인 방법론은 컨조인트 분석법conjoint analysis이 있다.

〈표 1〉 경제적 가치측정 방법론

구 분	현실시장을 관찰하는 방법	가상시장을 이용하는 방법
직접적인 측정법	시장에서의 거래 가격	조건부 가치측정법
간접적인 측정법	헤도닉 가격모형, 여행비용 접근법	컨조인트 분석법

3. 물의 가치와 국민의 인식 전환 필요성

앞에서 살펴본 바와 같이, 자연자원 중 물의 가치를 추정함으로써 물관리의 의사결정에 필요한 정보를 제공할 수 있다. 수자원을 경제자산과 마찬가지로 재화와 서비스의 생산에 활용되는 자산으로 취급하고, 물 순환 과정을 정량화하여 관련 각종 지표를 산출하고, 수자원 고갈이나 오염에 따른 사회적 환경 손실을 화폐 가치로 평가하는 형태를 고려한다면, 물 공급[2), 수요, 분배, 접근성 및 사용의 현재 상태 및 추세에 관한 접근법을 포함하여, 과학적 관리, 거버넌스 및 개발 결과를 지원하기 위해 정량적 분석 및 보고 역할을 수행할 수 있을 것이다.

수자원의 효율적 관리와 합리적 이용은 국가 및 지역의 성장과 복지의 핵심 여건으로 대두하여 물 복지 지표의 작성도 추진하는 경우가 있다. 우리나라의 수자원은 지역적으로 수요가 편재되어 있으며 이로 인한 수자원 사용의 갈등 및 분쟁이 발생하고 있으며, 가속화되고 있는 기후변화의 영향으로 인한 가뭄의 발생이 점차 빈번해지고 있어 한정적인 수자원을 효율적으로 관리하기 위한 방안 모색이 시급하다.

선진국에서는 지역별 물분쟁에 대응하여 국가 물관리 일환으로 물계정을 적극적으로 개입하여 효율적으로 관리하고 있다. 호주는 지난 2007년 'Water Act 2007'에 의하여 '국가 물 계정 개발 위원회'를 설립하고 2008년 호주 기상청을 총괄로 지정하였으며, 2010년 '물 계정 기준서'를 배포하고 2014년부터 물 계정 보고서를 제출하도록 하고 있다.

2) UN(2012),「System of Environmental-Economics Accounting for Water」.

지난 24년 간 수량-수질 등 이원화되었던 물관리 체계가 2018년 일원화(정부조직법 개편)되고, 2019년 물관리 기본법이 시행되며 그간 정책갈등과 비효율성이 점차 개선될 수 있을 것으로 기대되는 바, 물 관련 정보의 통합적 축적을 통한 관리 대안의 마련이 필요하다. 한국도 물관리 일원화가 추진되어 환경부와 국토부의 기능 중 수질과 수량이 일원화되고 있다.

물의 가치를 측정하여 국민의 인식 제고와 지역 간, 주체 간 상충되는 물 분배 문제를 해결하고, 가뭄 및 비상사태에 대비하여 물관리의 지속가능한 발전 방향을 모색할 수 있는 초석으로 활용할 수 있을 것이다.[3)]

〈표 2〉 물의 가치 흐름 모식도

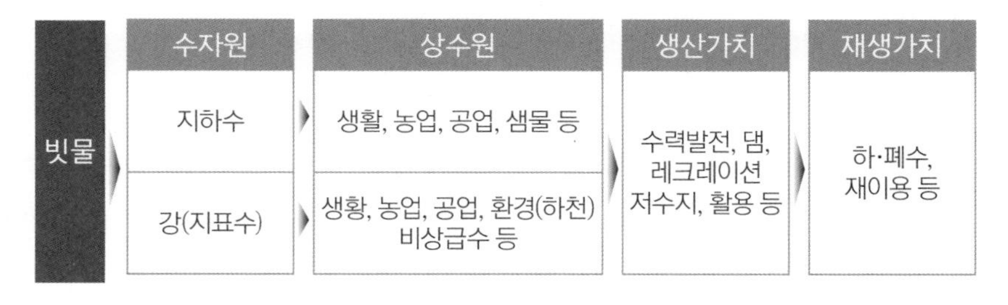

3) FAO(2018), 「Water Accounting for Water Governance and Sustainable Development」.

Ⅱ. Value Chain별 문헌연구 사례를 통한 물의 가치 추정[4]

1. 빗물의 가치

1) 우리나라 강수량 및 수자원 특성[5]

근대적 기상관측이 시작된 1905년[6] 이래 연평균 강수량과 변동폭이 점진적으로 증가하고 있다. 연 강수량은 최저 754㎜(1939)에서 최고 1,756㎜(2003)로 변화폭이 크며 극한 가뭄과 홍수 발생 빈도가 증가하는 경향을 보인다. 또한, 홍수기(6~9월)에 연 강수량의 약 68%[7]가 편중되고 지역과 유역별 강수량 편차가 심해 물이용 및 홍수관리에 취약한 여건이다. 국토의 65%가 산악지형이고 하천의 경사가 급하여 홍수가 일시에 유출되고 갈수기에는 유출량이 매우 적은 특성을 가지고 있다.

우리나라의 연평균 이용가능한 수자원량은 760억㎥으로 수자원 총량 1,323억㎥의 57%이며, 나머지는 증발산 등으로 손실된다. 이용가능한 수자원량은 강수량을 이용하여 산정된 유출량(1986~2015)이며, 손실량은 수자원 총량에서 이용가능한 수자원량을 제외한 것이다.

우리나라의 1인당 이용가능한 수자원량은 1,488㎥이며, 1인당 가용 수자원량 최소치는 815㎥로 분석되었으며, 권역별로 살펴보면 인구가 밀집된 한강권역과 낙동강권역의 1인당 수자원량이 상대적으로 적은 수준이다.[8]

---

4) 본 절에서 정리하는 다양한 물의 가치는 해당 문헌연구에 제시된 수치를 물가로 보정하지 않고 그대로 정리하여 가치별로 기준시점에 따른 차이가 있음을 밝혀둠.

5) 국토교통부(2016),「수자원장기종합계획(2001~2020) 제3차 수정계획」.

6) 우리나라 근대적 강수량 관측(기상청 자료 기준)은 1905년부터 시작함.

7) '86~'15년 홍수기(6~9월)의 강수량을 연 강수량으로 나눈 값.

8) 국토교통부(2016),「수자원장기종합계획(2001~2020) 제3차 수정계획」.

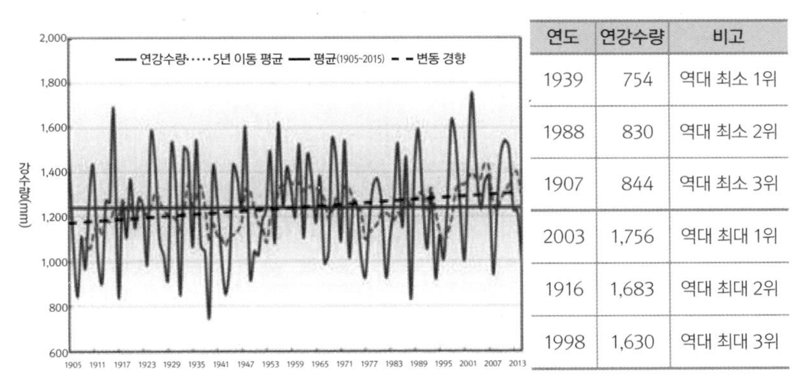

연도	연강수량	비고
1939	754	역대 최소 1위
1988	830	역대 최소 2위
1907	844	역대 최소 3위
2003	1,756	역대 최대 1위
1916	1,683	역대 최대 2위
1998	1,630	역대 최대 3위

〈그림 2〉 우리나라 연강수량(1905~2015년) 추이

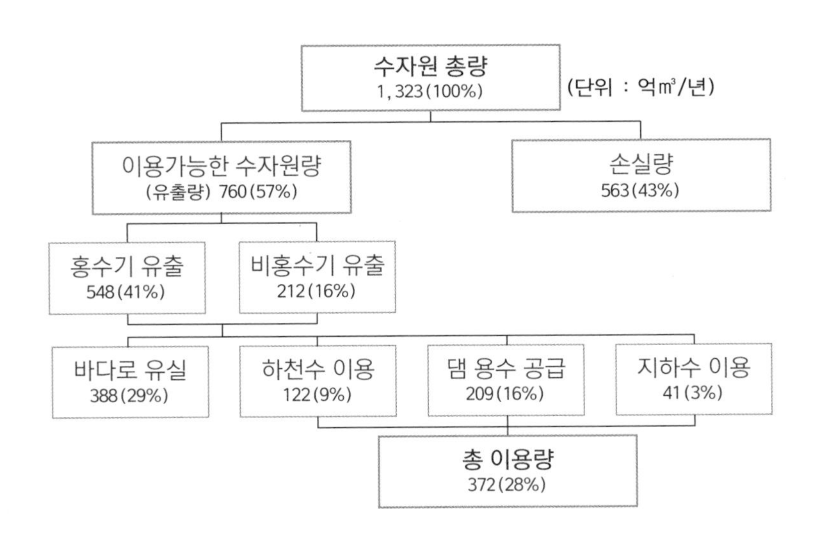

자료: 국토교통부(2016), 「수자원장기종합계획(2001~2020) 제3차 수정계획」.

〈그림 3〉 우리나라 수자원 이용현황

2) 빗물의 기능과 가치 요소

빗물의 가치를 정리하기 위해 빗물이 가진 기능과 가치 요소를 검토하였다. 빗물은 생활, 산업, 공업용수 등 수자원 확보에 기여하며, 빗물을 용수로 활용하는 수자원 확보 측면에서의 경제적 가치가 높다.

기상청(2011)에서 우리나라의 최근 30년간(1979~2008) 강수량 자료를 분석한 결과, 연평균 총 강수량은 1,343㎜으로 측정되어 빗물을 통한 수자원 확보가 다수 이루어지고 있다. 단, 빗물의 대부분은 대기로 증발하거나 바다로 흘러가고, 전체 빗물 중 약 25%가 댐이나 지하수를 통해 재활용이 되고 있으므로, 이를 효과적으로 관리할 필요가 있다.

빗물은 대기 정화, 산불 예방, 수질 개선, 열대야 완화 등 환경적 측면에 기여한다. 빗물은 공기 중에 떠 있는 먼지와 분진, 중금속 등의 오염물질을 제거하여 미세먼지의 농도를 낮추는 효과가 있어 대기질 개선에 효과적인데, 특히 장마 기간 중 대기 오염물질의 농도가 급격히 떨어지는 등의 효과가 있다. 또한 빗물은 강수로 인하여 대기 중 습도를 올려 산불을 예방할 수 있으며, 빗물을 통하여 확보된 수자원은 하천, 댐 등 다양한 물환경 인프라에 유입되어 수질을 개선시킨다. 열대야 완화 측면에서도 장마의 발생으로 인해 여름철 도시의 열섬현상을 완화하는 데 도움을 준다.

아래에서는 빗물의 기능과 가치 요소를 고려하여 빗물의 가치와 관련해 국내에서 연구된 사례를 검토하였다. 수자원 확보 등 경제적 가치 환산이 가능한 부문을 중점적으로 다루었으나, 부가적으로 환경적 측면 등을 고려하여 평가된 사례가 있는지 검토하고자 하였다.

3) 빗물의 가치 측정 사례

기상청(2011)은 장마의 기후학적 특성과 변동성 등을 감안하고, 경제, 생활, 수자원, 농업, 환경 부문 등의 사회·경제적 영향을 고려하여 빗물[9]의 이점을 검토하고 추정한 바 있다.[10]

우리나라의 연평균 강수량은 최근 30년(1979~2008) 동안 1,343㎜ 이며, 이를 생활, 공업, 농업 용수 활용 등의 경제적 가치로 환산하면 약 9,097억 원에 해당하고, 특히 여름철 장마기간에 집중되는 평균 강수량이 354㎜으로 약 2,470억 원에 달한다고 평가하였다. 특히 장마기간 중 온라인 쇼핑몰, 홈쇼핑 등의 매출이 평상시보다 상승하고 강수 등 기상정보를 제공하는 관련 산업의 발전으로 인한 경제적 이익은 다양해지고 있다. 빗물로 인하여 대기정화효과, 산불예방, 수질개선, 도시 열섬현상을 낮추는 냉방효과 등 환경적 이점을 언급하고 있으나, 이를 경제적 가치로 환산하지는 않는다. 빗물은 우리나라에서 다양하게 경작되고 있는 농작물에 사용하는 지하수층에 물을 공급하여 가뭄을 해소하고, 농작물을 성장시키는 데 중요한 역할을 한다.

4) 빗물의 가치 측정 연구의 특성 및 향후 고려사항

빗물의 가치 측정에 있어 연평균 총 강수량을 기준으로 경제적 가치를 책정하고 있으나, 유출량 및 손실량을 고려하여 경제적 가치 측정이 이루어진다면 현재 사용 가능한 수자원의 경제적 가치 파악이 가능하다. 향후 다양한 형태의 빗물 저장 시설 적용을 통하여 손실량을 줄이게 된다면 총 강수량에 가까운 수준으로 수자원을 확보할 수 있어 경제적 가치 향상에 기여할 수 있을 것이다.

9) '장마'를 중심으로 언급하고 있으나, 내용적으로 검토한 바 빗물 전반에 포함되는 내용임.
10) 기상청(2011), 「장마백서 2011」.

현재 경제적 가치로 측정된 부문은 수자원 확보 측면에 집중되어 있으나, 대기 정화, 산불 예방, 수질 개선, 열대야 완화 등 환경적 측면 또한 고려하여 가치를 측정해야 할 것이다.

2. 지하수의 가치

1) 지하수의 경제적 가치 평가방법

지하수의 경제적 가치는 토양과 마찬가지로 농촌이나 공장 등에서 직접 사용하는 기능을 존재하는 시장 가격으로 환산하여 평가할 수 있다. 직접적인 용수의 사용은 시장 가격을 통하여 그 가치를 손쉽게 산정할 수 있으나 이는 직접적인 사용가치 중에서 특정 부분만을 반영한 가격이므로 다른 기능이 갖고 있는 경제적 가치를 반영해야 한다.

비사용가치 등을 종합하여 지하수의 경제적 가치를 추정한 기존의 연구에서는 회피 비용법ABM, averting behavior method과 조건부가치측정법CVM, contigent valuation method에 의해 경제가치를 추정하고 있다.

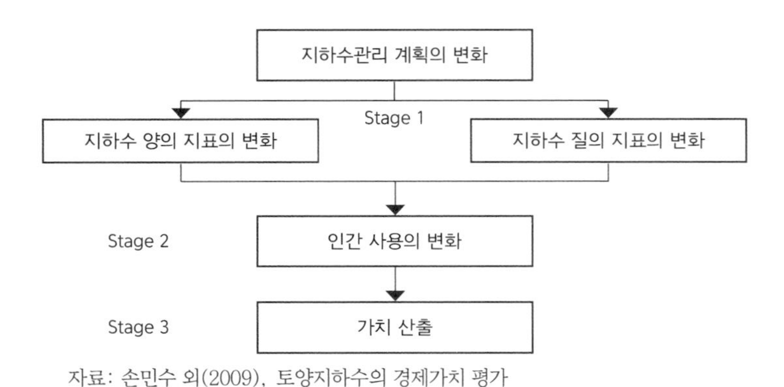

자료: 손민수 외(2009), 토양지하수의 경제가치 평가

〈그림 4〉 지하수 가치평가를 위한 Conceptual framework

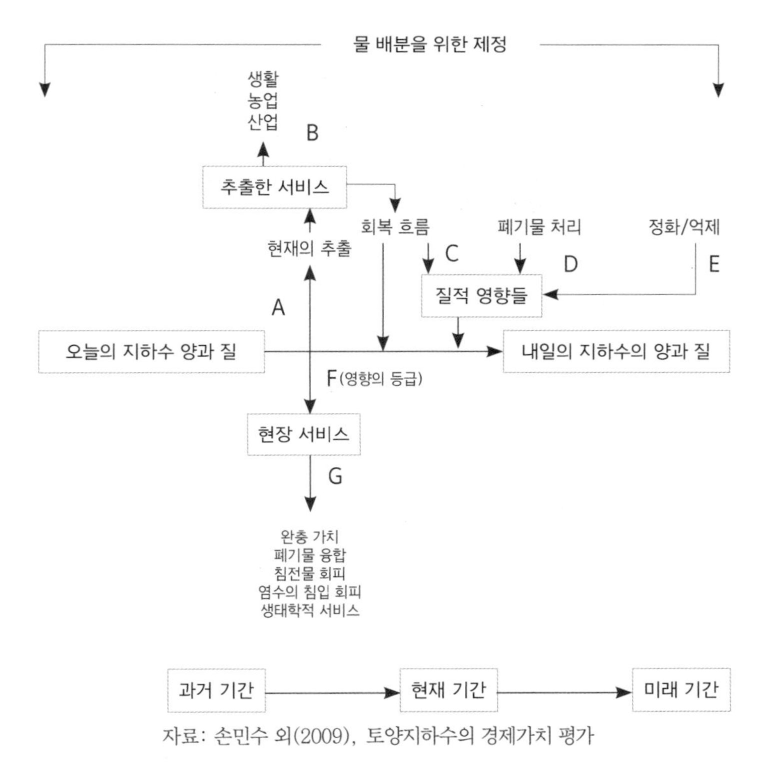

자료: 손민수 외(2009), 토양지하수의 경제가치 평가

〈그림 5〉 Groundwater Service

특히 토양과 다르게 지하수의 경우 오염에 의한 위해도가 무엇보다 중요한 경제적 요소가 될 수 있는데, 지하수 오염에 대한 회피비용으로 수질정화장치 이외에, 해당 지역에서 판매되는 생수의 가격과 판매량 등 다른 변수도 고려해야 한다. 그러나 자세한 자료를 구하기가 어려워, 회피비용으로 간주하는 수질정화장치, 생수판매량 등이 오직 지하수 오염에 대한 회피 비용이라는 가정은 현실성이 떨어진다. 따라서 조건부가치측정법이 현실적으로 가장 유용한 방법이라고 판단되며, 기존의 연구에서도 주를 이루고 있다.

〈표 3〉 지하수의 기능과 적용 가능한 가치평가방법

지하수 기능/서비스 흐름		적용가능한 가치평가 방법
사용가치	도시 사용 (식수)	-
	건강-질병률	Contingent Valuation
	건강-사망률	Averting behavior Contingent Valuation
	농촌 사용	Derived demand/production cost
	공장 사용	Derived demand/production cost
비사용 가치	생태학적 가치	Production Set techniques Contingent Valuation
	존재 가치	Contingent Valuation
	유산 가치	Contingent Valuation

자료: 손민수 외(2009), 토양지하수의 경제가치 평가

2) 지하수의 산출가치 요소

지하수의 직접 사용에 대한 가치평가는 수자원(생활용, 공업용, 농업용, 기타)으로 가장 많이 활용되므로 실제 상수도의 사용가치를 산출하여 대체재인 지하수의 가치를 산출하며, 비사용부분은 시민의 지불의사금액 Willingness to Pay을 이용하여 산출한다. 지하수의 사용가치는 상수원으로써 사용가치를 감안하여 지하수의 대체비용을 상수도 요금으로 선택하며, 유사한 용도별 요금을 평균단가로 산출한다. 또한 지하수의 용도별 사용량과 상수도의 평균단가를 곱하여 지하수의 사용가치를 산출한다.

국내 지하수의 가뭄에 대비한 수자원 확보의 기능에 대한 가치산출은 황영순 외(1999)의 연구를 바탕으로 하며, 손민수 외(2009)의 연구가 가장 최근이다. 가뭄에 따른 단수 방지를 위한 비상급수용 저수지의 지불의사가 비상시 수량 확보를 위한 지하수 자원의 가치에 해당한다는 가정 하에, 지하수 확보에 대한 응답자들의 지불의사금액을 구하여 지하수의 가뭄에

대비한 수자원 확보의 기능가치로 산출한다. 분석에 사용된 방법론은 조건부 가치측정법으로, 분석 모형은 1994년 카메론Cameron과 퀴이긴Quiggin이 제시한 이변량 모형을 활용하였다. 손민수 외(2009)의 연구에서 사용된 변수는 다음과 같다.

〈표 4〉 지하수의 가치 추정 지불의사모형의 변수설명

변 수	설 명
age	나이
sex	남자=0, 여자=1
mar	미혼=0, 기혼=1
edu1 교육수준(설문당사자)	무학=0, 초등학교졸=1, 중·고등학교 졸=2, 대학교재학=3, 대학교 졸=4, 대학원졸(박사과정포함)=5
edu2 교육수준(세대주)	무학=0, 초등학교졸=1, 중·고등학교 졸=2, 대학교재학=3, 대학교 졸=4, 대학원졸(박사과정포함)=5
income 소득수준	100만원 이하=0, 100만원~200만원=1,200만원~300만원=2, 300만원~400만원=3,400만원~500만원=4, 500만원~600만원=5, 600만원~700만원=6

자료: 손민수 외(2009), 토양지하수의 경제가치 평가 황영순 외(1999)의 연구에 의하면, 시민의 지하수 자원 확보에 대한 지불가치는 가구당 월 3,570원으로 산출되었으며, 손민수 외(2009)의 연구에서는 지하수가 가구당 월 5,654원이 추정되었으며, 전국 총가구로 환산하였을 경우 지하수가 월 903 억 원의 유산가치를 가지는 것으로 나타남

〈표 5〉 지하수의 비사용가치

대 상	평균지불의사금액	95% 신뢰구간	
		하위금액	상위금액
비사용가치	월 903억 원	월 610억 원	월 1,197억 원

자료: 손민수 외(2009), 토양지하수의 경제가치 평가

3) 지하수의 총 경제적 가치

앞에서 살펴본 지하수의 사용부분, 비사용부분을 구분하여 가치평가를 한 결과 지하수의 가치는 약 5조로 산출되었다.

〈표 6〉 지하수의 기능에 따른 산출 가치

(단위:백만원)

구 분	생활용	농업용	공업용	기 타
상수원가치	1,375,266	721,310	62,302	678,504
존재가치	1,042,086			
유산가치	1,083,600			
지하수의 가치	4,963,068			

자료: 손민수 외(2009), 토양지하수의 경제가치 평가

이 금액은 토양 및 지하수의 간접산출 방식으로 사용가치와 유산가치의 일부분을 가치화한 가격으로 이외 부분의 경제가치와 합산하면 더욱 큰 가치가 산출될 것으로 판단된다. 또한 비사용가치 부분에서의 가상시장 가치에 대한 보다 정확한 가치 산출이 필요하다.

과거보다 미래에 사용자들이 환경에 대한 가치를 더욱 소중하게 생각하는 사회여건을 감안하면 더욱 가치가 크게 산출될 것으로 판단된다. 지하수의 특성상 장기간에 걸쳐 환경에 영향을 미치기 때문에, 위해도에 따라 사람 및 동식물의 인생가치를 고려한 토양 지하수의 가치는 더욱 커질 것으로 생각된다.

3. 하천(강)의 가치

우리나라 하천의 가치는 KEI의 연구를 통해서 지속적으로 추정한 바 있다. 그간 안소은 외(2011), 곽소윤 외(2013), 안소은 외(2017) 등 선행 연구에서는

수질개선에 따른 하천의 가치를 측정한 바 있다.

최근 연구인 안소은(2017)은 수질개선 정도에 대한 등급 변수와 성비, 나이, 소득 등과 같은 인구통계학적 특성을 포함하였다. 또한 가치추정치는 총소비자물가지수CPI를 활용하여 2005년에서 2015년 불변가격으로 전환하였으며, 메타회귀분석을 이용하여 하천의 수질개선에 따른 가치를 측정하였다. 수질의 경제적 가치추정과 관련된 총 51개의 논문 및 학술문헌을 확보하였으며, 이로부터 총 139개의 가치추정치를 추출하였다. 동일한 연구의 동일한 대상이라 할지라도 가치를 추정하는 방법이 다를 경우 독립된 추정치로 간주하였다. 이 중 분석에 필요한 정보가 누락되었거나 분석에 적합하지 않다고 판단된 선행연구를 제외한 결과 30개의 연구가 남았고 이 중 72개의 추정치를 사용하였다.

총 분석에 포함된 30개의 선행연구와 각 연구로부터 추출한 가치추정치 개수, 조사대상 유역, 추정기법을 요약하면 〈표 7〉과 같다. 〈표 7〉의 '수질개선 수준'은 각 연구의 가상 상황 설계 시 제시한 현재 수질수준status quo으로부터의 개선 정도를 등급으로 표시한 것이다. 메타회귀분석을 통해 제시된 유역별 계수 추정치와 각 권역별 표본 평균값 및 중위값을 이용하여 수질을 한 등급 개선할 경우의 한계지불의사액을 도출하여 전체 강에 대한 경제적 가치를 제시하였다.

유역별 표본 평균값은 가구당 한강 5,861원/월, 낙동강 3,055원/월, 금강 3,251원 /월이며 중위값은 각각 5,484원/월, 3,133원/월, 3,046원/월이다.

표본의 평균값에 따라 추정된 유역별 한계지불의사액MWTP은 가구당 한강 4,738, 낙동강 2,946, 금강 2,028원/월이며, 중위값에 따라 추정된 한계지불의사액MWTP은 각각 4,433원/월, 3,021원/월, 1,900원/월으로 추정되었다.

〈표 7〉 강의 경제적 가치추정 선행연구 요약

연구자	조사시기	추정치	수질개선수준	조사유역	추정기법
김도영	1993	4	1	한강유역	조건부가치측정법
신영철	1996	1	1	한강유역	조건부가치측정법
엄영숙	2000	4	1~2	금강유역	조건부가치측정법
이충선	2000	1	2	한강유역	조건부가치측정법
정민욱	2000	3	2	한강유역	조건부가치측정법
전철현	2000	1	2	한강유역	조건부가치측정법
박용치	2001	1	2	한강유역	조건부가치측정법
김기환	2001	1	1	낙동강유역	조건부가치측정법
김봉구	2001	1	2	한강유역	조건부가치측정법
이승복	2001	1	1	한강유역	조건부가치측정법
여준호	2003	1	1	한강유역	조건부가치측정법
유승훈	2003	4	2	한강유역	조건부가치측정법
이정인	2003	2	2	한강유역	조건부가치측정법
김재홍	2004	1	2	낙동강유역	조건부가치측정법
김재홍	2004	1	1	낙동강유역	조건부가치측정법
조승국	2004	2	1	한강유역	선택실험법
이주석	2006	2	2	낙동강유역	조건부가치측정법
유승훈	2006	2	2	한강유역	조건부가치측정법
이주석	2006	2	2	낙동강유역	조건부가치측정법
신효중	2007	6	1	한강유역	조건부가치측정법
정은성	2007	9	1~2	한강유역	선택실험법
박동진	2007	1	2	한강유역	조건부가치측정법
김재홍	2008	4	1	낙동강유역	조건부가치측정법
안송엽	2008	1	2	금강유역	조건부가치측정법
추재욱	2009	8	2	낙동강유역	조건부가치측정법
곽소윤	2010	1	1	낙동강유역	조건부가치측정법
이주석	2012	2	1	금강유역	조건부가치측정법
이희찬	2014	2	1	한강유역	선택실험법
강재완	2015	2	1	금강유역	선택실험법
이희찬	2015	1	1	금강유역	선택실험법

자료: 안소은(2017), 환경·경제 통합분석을 위한 환경가치 종합연구

이상치outlier에 따라 값이 과대 혹은 과소 추정될 수 있음을 보완하기 위하여 평균값과 함께 중위값에 근거한 한계지불의사액MWTP 값을 제시하였다. 연간 한계지불의사액 값은 중위값을 통해 도출된 월별 한계지불의사액 값을 기준으로 계산하였다. 한강유역의 경우 12배와 5.9[11)]배를 적용한 연간 편익은 각각 약 5,582억 원, 2,744억 원으로 산출되었으며, 낙동강유역은 각각 약 1,850억 원, 910억 원, 금강은 각각 약 514억 원, 253억 원으로 집계되었음을 알 수 있다.

〈표 8〉 한계지불의사액(MWTP)에 근거한 권역별 연간 수질개선 편익 추정 결과

대권역	MWTP(A) (*12:원/년·가구)	MWTP(B) (*5.9:원/년·가구)	가구 수(C)	연간 편익 (A×C: 백만원)	연간 편익 (B×C: 백만원)
한강	53,198	26,156	10,492,756	558,196	274,446
낙동강	36,255	17,825	5,102,347	184,984	90,950
금강	22,805	11,213	2,252,630	51,372	25,258

주: 연간가치 도출을 위하여 원단위 WTP(원/월·가구)를 연간가치로 전환하여 사용함; 전환계수로는 환경가치DB(EVIS)로부터 도출된 WTP(원/년·가구)/WTP(원/월·가구) 비율 5.9를 적용함. 5.9는 환경가치 DB(EVIS)로부터의 경험적 수치이며 이론적 근거를 갖는 수치는 아님을 밝혀둠(안소은 외(2015)).

자료: 통계청, 인구총조사, 안소은(2017), 환경·경제 통합분석을 위한 환경가치 종합연구 재인용

11) 월 단위 가치를 연간가치로 도출하는데 적용된 전환계수이며, 이 수치는 환경가치 DB(EVIS)로 부터 도출된 WTP(원/년·가구)를 WTP(원/월·가구)로 나눈 비율임.

4. 수력발전댐 및 농업용 저수지의 가치

1) 우리나라 수자원 시설 공급 특성[12)]

우리나라의 수자원 이용을 위한 댐, 저수지, 보 등 주요 수자원 시설의 용수공급량은 총 209억㎥/년이다. 다목적댐, 발전 전용댐, 생공용수전용댐, 하구둑, 담수호, 농업용 저수지, 다기능보, 홍수 전용댐·조절지 등의 수자원시설이 있으며 시설별로 저수량 및 물공급능력이 다르며, 이에 따른 경제적 가치 또한 상이하게 나타난다.

〈표 9〉 댐, 저수지 등 주요 수자원시설 용수공급량

구 분	총 저수량 (백 만㎥)	유효저수용량 (백만㎥)	물 공급능력[2)] (백 만㎥/년)	비 고
총 계	23,113.7	14,629.7	20,922.3	-
다목적댐[1)]	12,923.0	9,111.0	11,220.2	소양강댐 등 21개
발전용댐	1,844.0	992.8	1,335.0	화천댐 등 15개
생공용수전용댐	609.0	536.3	880.5	광동댐 등 54개
하구둑, 담수호	1,259.3	807.1	2,930.0	아산호 등 12개
농업용 저수지[3)]	3,142.4	3,009.1	4,093.0	성주호 등 17,401개
다기능보	626.3	173.4[1)]	463.6	16개 보
홍수전용댐·조절지	2,709.7	-	-	-

주: 1) '15년 말 기준 자료이며, 다목적댐에는 영주댐('16년 준공), 안동-임하 연결효과 (23.7백 만㎥/년) 포함

2) 댐 기본계획 고시물량 또는 유효저수용량 등 기준

3) 농업생산기반정비 통계연보, 2015 기준

4) 보 관리 수위와 지하수 제약수위 사이의 저수용량

자료: 국토교통부(2016), 「수자원장기종합계획(2001~2020) 제3차 수정계획」.

12) 국토교통부(2016), 「수자원장기종합계획(2001~2020) 제3차 수정계획」.

본 절의 대상이 되는 수력발전댐(발전전용댐)과 농업용 저수지의 물공급 능력은 각각 1,335백 만㎥/년, 4,093백 만㎥/년이다.[13)]

2) 수력발전댐의 기능과 가치 요소

수력발전댐은 물이 가지고 있는 위치에너지를 수차를 이용하여 기계에너지로 변환하고, 이를 다시 전기에너지로 변환하여 전력을 생산하는 발전방식을 적용한 댐으로 '전력 생산' 기능을 담당하고 있다. 현재 우리나라의 수력발전댐은 28기로 총 설비용량은 603.56㎿이다.

〈표 10〉 수력발전댐 설비 현황

구 분	설비용량(MW)	저수량(백 만㎥)	시설년도(년)
화 천	108.0 (4기)	1,018	1944
춘 천	62.3 (2기)	150	1965
의 암	48.0 (2기)	80	1967
청 평	140.1 (4기)	185.5	1943(2011)
팔 당	120.0 (4기)	244	1972
칠 보	35.4 (3기)	438	1945(1965)
보성강	4.5 (2기)	5.7	1937
괴 산	2.8 (2기)	15.3	1957
강 림	0.5 (3기)	0.07	1978
강 릉	82.0 (2기)	51.4	1990

자료: 한국수력원자력 홈페이지, http://www.khnp.co.kr/

13) 댐 기본계획의 고시물량 또는 유효저수용량 등의 기준을 토대로 수자원장기종합계획 상에서 산정한 기준임.

수력발전은 물을 이용하여 전력을 생산하는 무공해 청정에너지로, 발전연료 수입의 대체효과를 가지며 양질의 전력 공급에 기여하고, 기동과 정지, 출력 조정 시간이 원자력 및 화력 등 기타 전력설비에 비해 빨라 부하변동에 대한 적응성이 우수하여 첨두부하를 담당하여 양질의 전력공급에 기여한다.[14] 최근에는 수력발전 등의 단일 용도로 댐을 활용하기보다는, 기후변화에 대비하여 가뭄이나 홍수 발생시 물 이용과 홍수 조절에 제한적으로 활용되고 있기도 하나, 아래에서는 수력발전댐의 주요 기능인 '전력 생산량'을 기반으로 하여 가치를 추정하는 것이 적정할 것이다.

3) 수력발전댐(댐 전반)의 가치 측정 사례

수력발전댐의 '전력 생산' 가치 추정은 수력발전을 통한 전력 생산량을 기준으로 하여 경제적 가치를 추정할 수 있을 것으로 보인다. 한국전력공사(2020)에 따르면 지난 2019년 국내 수력발전댐의 전력생산량은 6,247 GWh이며 판매단가는 108.66원/㎾h으로 나타나 이를 고려하여 산정할 수 있을 것이다.[15]

우리나라에서는 댐과 관련하여 휴양가치, 습지 등의 조성을 통한 보전가치, 서식지 등 생태계 조성, 원수 수질 개선 등과 관련하여 가치 추정을 한 연구가 있다. 권오상(2006)은 댐호수의 휴양가치가 댐 특성 변화에 따라 어떻게 달라지는지를 추정하고자 선택실험을 실시하여 수질과 수량 및 기타 특성변수의 경제적 가치를 도출하고자 하였으며, 선택실험자료를 이용한 추정결과[16]를 10개 주요 댐호수의 선택문제에 적용하여 다양한 시나리오별

14) 한국수력원자력 홈페이지, http://www.khnp.co.kr/

15) 한국전력공사(2020), 제89호(2019년) 한국전력통계

16) 권오상(2006), "선택실험법을 이용한 댐호수의 특성별 휴양가치 분석. 자원·환경경제연구", 15(3), 555-574.

특성변화의 경제적 가치를 도출하였다.

댐건설의 편익분석에 있어 인공호수가 제공하는 휴양가치를 호수의 다양한 특성별 가치로 구분하여 평가하고자 하였다. 선택실험에서 선택된 댐호수의 속성은 아래 표와 같이 호수 규모, 수질, 거주지로부터의 소요시간, 혼잡도, 유람선, 낚시, 차량 진입, 주변 관광지, 전시관, 강변 숙박시설 및 음식점 등의 속성을 설정하여 제시하였다.

분석결과 특히 수질이 민감하게 휴양가치에 영향을 미치는 것으로 나타났고, 수질이나 환경에 부의 영향을 줄 수 있는 대규모 댐 건설이나 유람선 운행 등을 할 경우 오히려 휴양가치가 감소할 수도 있음이 보여진다.

〈표 11〉 권오상(2006) 설문지의 댐 속성변수

속 성	속성별 수준
호수 규모 (총저수량)	대형(25억㎥) 중형(8억㎥) 소형(4억㎥)
수 질	Ⅰ급(식수) Ⅱ급(수영) Ⅲ급(낚시) Ⅳ급(뱃놀이)
거주지로부터의 소요시간	30분 1시간 2시간 4시간
혼잡도 (1일방문객)	100명 500명 1,000명
유람선	있다 없다
낚 시	가능 불가능
차량 진입	가능 불가능
주변 관광지	있다 없다
전시관	있다 없다
강변 숙박시설	있다 없다
강변 음식점	있다 없다

자료: 권오상(2006), "선택실험법을 이용한 댐호수의 특성별 휴양가치 분석. 자원·환경 경제연구", 15(3), 555-574.

또한, 모든 댐의 수질이 한 등급 개선될 경우 휴양객들은 자신이 댐 1회 방문을 위해 평균적으로 지불하는 비용 이상의 편익을 추가로 얻는 것으로 나타났으며, 댐과 관련된 교육홍보관 운영, 댐 인근 및 댐호수 지역의 여타 레크리에이션 기회의 증가도 통계적으로 의미있는 정도로 휴양편익 증가에 기여하는 것으로 나타났다. 김덕길 외(2012)는 댐의 습지 기능을 고려하여 용담댐 습지에 대해 조건부가치측정법CVM을 사용하여 수행하였다.[17]

〈표 12〉 김덕길 외(2012) 설문지의 구성요소 및 내용

구성요소	내 용
태도 및 지식	응답자 선호 영향에 영향 미칠 수 있는 요인, 응답자들의 습지 등 환경재화에 대한 일반적 인식수준
사 용	습지 및 댐 방문경험
CV 시나리오와 가상시장 설정	시나리오 : 습지생태공원 조성전·후 시각자료 지불수단 : 기금 지불의사유도방식 : 이해하기 용이한 최대 WTP로 질문, 양분선택형 질문, 지불의사 질의 전 대체재 및 예산제약 언급 후속질문 : CV문항 진술 응답의 타당성과 동기 이해, 잠재적 지불 거부의사 파악
응답자 사회경제적 특성	CV 타당성 검증 위해, 응답자들의 WTP 영향 미칠 수 있는 요인 파악 (나이, 성별, 가족수, 소득수준, 교육수준 등)

주: 김덕길 외(2012)의 내용을 재구성함.
자료: 김덕길 외(2012), "조건부가치측정법을 이용한 용담댐습지의 가치평가 연구", 한국습지학회지, 14(1), 147-158.

17) 김덕길 외(2012), "조건부가치측정법을 이용한 용담댐습지의 가치평가 연구", 한국습지학회지, 14(1), 147-158.

〈표 13〉 국내 댐 관련 연구의 평가대상별 가치추정치

부 문 (단 위)	가 치	평 가 대 상	가치추정치	
			논문제시값	2015년 기준
댐호수 휴양가치 (원/년·인)	휴 양· 레 저· 경관미	혼잡도 100인 감소시	15,920	20,295
		댐 상부 차량 진입 허용할 때	15,862	20,221
		수질 1단계 개선할 때	153,625	195,840
		조망 가능 숙박시설 설치	45,668	58,217
		조망 가능 음식점 설치	24,038	30,644
		교육홍보관 설치	19,436	24,777
		낚시 행위 허용	21,752	27,729
		댐 저수량 유지	50,956	64,958
용담댐 습지 (원/년·가구)	보전가치	습지생태공원 조성	3,697	3,903
		습지생태공원 조성	4,818	5,087
영월댐 건설 (원/월·가구)	보전가치	산림 1그루 증가	0.11	0.15
	서식처 제 공	동물종 1종 증가	3.83	5.38
		식물종 1종 증가	4.15	5.83
	문화유산	문화유적지 1수준 증가	254	357
영주 송리원 다목적댐 (원/월·가구)	원수수질 개선 편익	연평균 방류	21,848	25,381
		수질악화기 최대 방류	52,984	61,553

주: 위 내용은 자료의 내용을 토대로 구축한 '환경가치종합시스템(EVIS)'의 내용을 재구성하여 정리한 것이며, 자료의 출처는 부문별 순서대로 나열하였음.

자료: 권오상(2006), "선택실험법을 이용한 댐호수의 특성별 휴양가치 분석", 자원·환경경제연구, 15(3), 555-574., 김덕길 외(2012), "조건부가치측정법을 이용한 용담댐습지의 가치평가 연구", 한국습지학회지, 14(1), 147-158. 곽승준 외(2003), "댐 건설로 인한 환경영향의 독성별 가치평가-조건부 선택법을 적용하여", 경제학연구, 51(2), 239-259., 여규동 외(2009), "지불의사를 이용한 상수도 원수수질개선 편익 산정", 대한토목학회논문집 B, 29(5B), 419-427.

설문지는 습지생태계의 특성 관련 분야의 다양한 전문가들과 토론, 검토를 병행하여 마련하고, 사전조사 등을 통하여 제시금액을 설계하였으며, 서울시를 비롯한 6대 광역시(울산광역시 제외)를 대상으로 일대일 면접을 통한 설문을 시행하였다.

〈표 14〉 댐 건설에 의한 환경영향들의 속성 및 수준

속 성	설 명	수 준
산 림 (Forest)	댐 건설시 옮겨 심어지는 산림의 수 (그루)	Level 1[2] · 1,000 Level 2 · 3,000 Level 3 · 6,000 Level 4 · 1,000
동물종 (Fauna)	댐 건설시 동물관 조성과 서식지 보호 등으로 보호받는 동물종의 수(종)	Level 1[2] · 20 Level 2 · 35 Level 3 · 60 Level 4 · 100
식물종 (Flora)	댐 건설시 식물관 조성과 서식지 보호 등으로 보호받는 식물종의 수(종)	Level 1[2] · 30 Level 2 · 50 Level 3 · 90 Level 4 · 140
문화유적지 및 유물 (Remains)	댐 건설시 훼손 우려가 있는 문화유적지 및 유물에 대한 보호수준(수준)	Level 1[2] · 이동 가능한 유물 Level 2 · Level 1 + 선사유적 Level 3 · Level 2 + 동굴 Level 4 · Level 3 + 계곡
가격[1] (Price)	가구당 월 수도요금의 인상을 통한 지불의사액(원)	Level 1[2] · 500 Level 2 · 1,000 Level 3 · 1,500 Level 4 · 2,000

주: 1) 가격 속성의 현재 수준은 0원임.
2) 각 속성의 현재 수준을 의미함.

자료: 곽승준 외(2003), "댐 건설로 인한 환경영향의 속성별 가치평가-조건부 선택법을 적용하여", 경제학연구, 51(2), 239-259.

용담댐 습지의 경제적 가치평가는 댐습지 생태공원 조성에 따른 훼손된 습지의 보호, 희귀생물종의 보호, 휴양 및 여가기능 제공 등을 주요인으로 제시하여 분석한 결과, 이에 대한 지불의사액은 가구당 최대 4,818원이었으며 총 가치는 연간 41,910백만 원으로 나타난다. 곽승준 외(2003)는 조건부 선택법을 이용하여 국내 댐 건설로 인한 환경 영향의 속성별 경제적 가치를 측정하였다.[18]

전문가 면담을 통하여 설정한 4개의 환경속성과 지불수단인 가격속성을 선정하여 제시하였는데, 산림으로서 댐 건설 시 옮겨 심어지는 산림의 수, 동물관 조성과 서식지 보호 등으로 보호받는 동물종 수, 식물관 조성과 서식지 보호 등으로 보호받는 식물종의 수, 문화유적지 및 유물로서 댐 건설 시 훼손 우려가 있는 역사적 문화유적지 및 유물에 대한 보호수준 등으로 설정하고, 지불수단은 국내 물공급서비스를 위한 재원 조달방법으로 활용되는 수도 요금을 기준으로 하여 가구당 월 수도요금의 추가적 지불금액으로 결정한다.

분석 결과 댐 건설에 의한 개별 환경영향을 1에서 4수준으로 완화하기 위한 가구당 월 평균 지불의사액은 2,542원이며, 이에 따른 댐 건설에 의한 환경영향의 연평균 경제적 가치는 평균적으로 약 2,099억 원에 달한다.

여규동 외(2009)는 낙동강수계의 내성천 지방2급 하천 구간에 계획된 송리원 다목적댐을 개선된 수질의 수자원 확보를 위해 개발할 경우 발생하는 편익에 대한 지불의사를 설문조사하여 가치를 평가하였다.[19] 수자원개발사업 시 상수도 원수 수질개선에 대한 편익/비용분석에 적용할 수 있는 편익산정

18) 곽승준 외(2003), "댐 건설로 인한 환경영향의 독성별 가치평가-조건부 선택법을 적용하여", 경제학연구, 51(2), 239-259.

19) 여규동 외(2009), "지불의사를 이용한 상수도 원수수질개선 편익 산정", 대한토목학회 논문집 B, 29(5B), 419-427.

방법론을 제시하기 위해 수도권을 대상으로 용수를 사용하는 소비자의 BOD[20] 개선정도별 지불의사WTP를 설문 조사하고, 결과를 통해 수질개선-지불의사 관계식을 도출하였다. 사례연구로 낙동강수계의 내성천 지방2급 하천 구간에 계획된 송리원 다목적댐을 대상으로 적용한다.

조사 결과, 연평균계획방류량(4.79㎥/s) 방류 시 5,980백만 원, 풍수기(7~10월)를 제외한 기간의 계획방류량(7.22㎥/s) 방류 시 8,663백만 원, 수질악화기 계획방류량(10.72㎥/s) 방류 시 11,905백만 원, 최대계획 방류량(13.54㎥/s) 방류 시 14,502백만 원으로 산정된다.

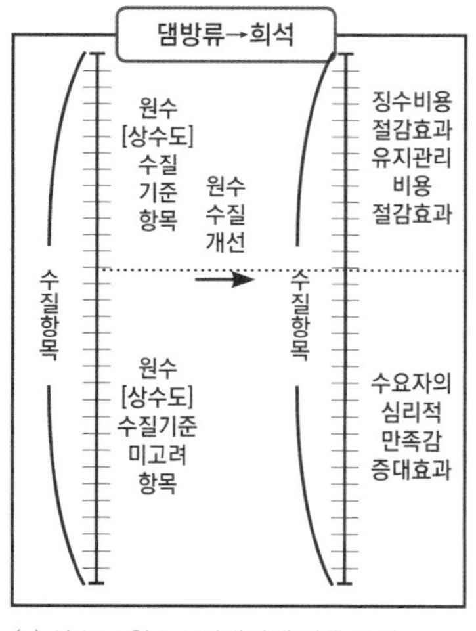

(a) 상수도 원수수질개선에 따른 효과

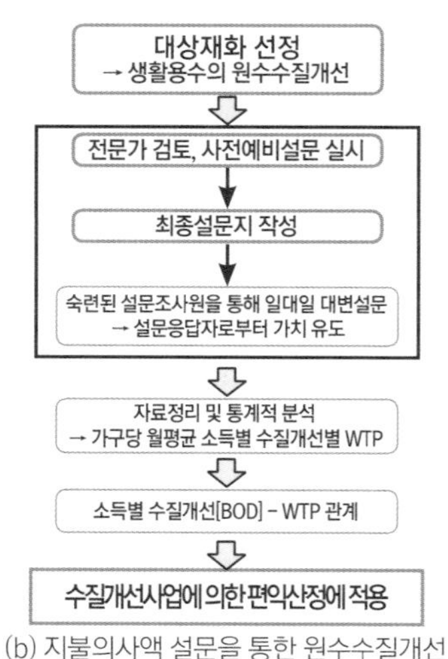

(b) 지불의사액 설문을 통한 원수수질개선 편익산정 방법론

주: 1) 가격 속성의 현재 수준은 0원임.
2) 각 속성의 현재 수준을 의미함.
자료: 여규동 외(2009), "지불의사를 이용한 상수도 원수수질개선 편익 산정", 대한토목학회논문집 B, 29(5B), 419-427.

〈그림 6〉 여규동 외(2009)의 연구방법론

20) Biological Oxygen Demand, 생물학적 산소요구량으로 유기물질에 의한 오염도를 측정하여 나타냄.

4) 농업용 저수지의 기능과 가치 요소

저수지는 하천의 계곡에 댐을 축조하여 저수하는 시설로 물의 저류, 조정, 조절 등을 하기 위한 인공적인 연못을 말하며, 저수지, 양수장, 배수장, 양·배수장, 보, 집수암거, 관정 등의 수원공[21]을 통하여 농업용수를 공급하고 있다.[22]

일반적으로 대규모 및 다목적인 경우에는 댐으로 불리고, 상대적으로 작은 규모의 용수를 공급하는 경우에 저수지로 불리며[23], 농업용수로 공급하는 경우 농업용 저수지로 불린다.

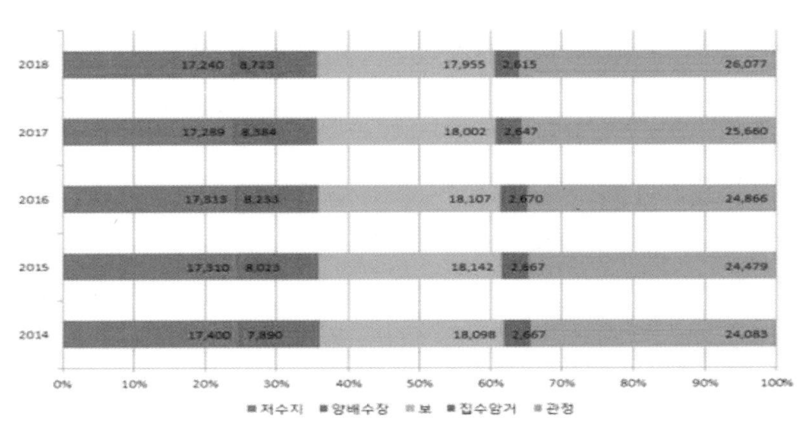

자료: 농림축산식품부·한국농어촌공사(2019), 2018년 농업생산기반정비 통계연보.

〈그림 7〉 연도별 농업수리시설 개소수 추이

21) 일정한 수혜구역 내에 농업용수를 공급하기 위하여 인위적으로 물을 집수, 도수 또는 배수하는 시설.

22) 농림축산식품부·한국농어촌공사(2019), 2018년 농업생산기반정비 통계연보.

23) 농어촌알리미, 농업수리시설물의 정의, https://www.alimi.or.kr/

〈표 15〉 농업용 저수지 제원현황 추이

연 도	개소수	총저수량(千㎥)	유효저수량[1](千㎥)	수혜면적[2](ha)	만수면적(ha)
2013	17,427	3,126,649	2,954,363	451,188.90	57,283.80
2014	17,401	3,142,374	3,009,097	437,144.80	57,596.90
2015	17,310	3,169,082	3,038,927	435,086.30	58,874.30
2016	17,313	3,222,333	3,086,998	436,718.80	58,980.70
2017	17,289	3,954,425	3,818,704	428,705.50	59,665.50
2018	17,240	3,254,648	3,138,812	423,314.50	59,467.70

주: 1) 이용할 수 있는 저수용량. 즉, 총저수량에서 수면증발 등의 저수지 내 손실수량을 공제 후 남은 양.
2) 농업생산기반시설로부터 혜택을 받는 면적

자료: 농림축산식품부·한국농어촌공사(2019), 2018년 농업생산기반정비 통계연보.

지난 2018년 기준으로 농업용 저수지는 17,240개소이며, 최근 5년간 농업생산기반 수리시설물 추이로 보면 점차 감소 추세에 있다.

농업용 저수지의 제원현황을 살펴보면 지난 2018년을 기준으로 유효저수량은 3,138,812천㎥이며, 이로 인한 수혜면적은 423,314.50㏊이다. 농업용수를 통해 혜택을 받는 면적은 농업용 저수지의 기능 및 가치 요소로 고려될 수 있을 것이다.

5) 농업용 저수지의 가치 측정 사례

농림축산식품부·한국농어촌공사(2019)에 따르면 지난 2018년 국내 농업용 저수지를 통한 수혜면적은 423,314.50ha이므로, 농업 생산량 및 생산매출액 등을 고려하여 가치를 측정하는 것이 적정할 것이다.

박성경 외(2018)에서는 재해·재난 예방을 위해 유용하게 활용되고 있는 저수지의 개보수사업에 대한 경제적 효과를 계량적으로 분석하였으며[24], 특히

24) 박성경 외(2018),「재해재난 예방을 위한 저수지개보수사업의 지불의사금액 추정」, 농업생명과학연구, 52(6) pp.139-153.

저수지의 개보수로 볼 수 있는 효과로서 기존에 단순히 농업용수의 공급에만 국한되던 기능뿐만 아니라 자연재해 예방 등에 대비하는 기능으로서의 경제적 가치를 산정하였다. 저수지 개보수사업의 목적을 자연재해에 대비한 안정적인 농업용수 공급과 시설 노후에 따른 붕괴 예방으로 나누어 효과를 각각 측정하고, 저수지 개보수사업에 대한 효과 측정은 저수지 일대 거주 주민을 대상으로 지불의사와 금액을 조건부가치평가법CVM을 이용하여 추정한다. 표본지역은 8개도에 속해있는 156개 시·군을 도시, 논 농업, 시설재배 지역 등 3개 지역 유형으로 나눈 후 인구 수, 논 경지면적, 시설원예 재배면적과 개보수사업 여부 및 사업비 규모를 고려하여 도별로 지역을 설정하였다. 설문의 구성은 저수지의 다원적 기능에 대한 인지도 및 중요성, 저수지 개보수사업에 대한 필요성, 전반적인 만족도 등 제반사항과 농가 여부, 학력, 기혼여부 등과 같은 응답자 정보를 독립변수로 선정하여, 자연재해 및 재난예방 관련 저수지 개보수사업에 대한 지불의사에 영향을 미치는 요인을 파악하고자 하였다. 또한 재해 및 재난 예방 관련 지불의사 및 총기대가치를 산출하기 위해 금액을 제시하고 사업에 대한 지불의향을 묻는 항목을 포함하여, 제시가격은 최저 1천원에서 최고 10만원으로 설정하였다. 저수지 개보수사업에 대한 목적은 자연재해 예방과 재난예방으로 나누어 각 경우에 대한 지불의사 차이를 확인하고자 하였으며, 지역의 특성을 도시, 논 농업, 시설재배 등의 세 가지 유형으로 나누어 최우추정법을 이용하여 로짓모델로 분석한다.

분석 결과 자연재해와 재난 예방 관련 지불의사금액의 분포가 유사하며, 표본지역 주민의 66%가 개보수사업 지불 의향이 있다. 자연재해 예방 관련 지불의사금액은 가구 평균 32,250~46,147원이고, 재난 예방 관련 지불의사금액은 가구 평균 28,427~47,308원으로 나타난다. 부가적으로,

지역의 저수지 개보수사업에 대한 총 기대가치를 산출한 결과 논 농업 지역과 시설재배 지역의 총 기대가치가 실제 사업비 규모에 비해 상당히 높게 나타났는데, 이는 주민들이 자연재해 및 재난 예방을 위한 저수지 개보수사업의 중요성을 인지하며, 추가적인 비용을 부담할 용의가 있음을 시사한다고 보인다.

〈표 16〉 저수지 개보수사업의 재난 및 자연재해 예방 지불의사 금액

(단위: 원/년/가구)

부 문	지 역	구 분	가치추정치	
			논문제시값	2015년 기준
재난 예방 (저수지 붕괴)	시설재배지역	중앙값	40,951	39,785
		평 균	49,427	48,020
	논 농업 지역	중앙값	28,356	27,549
		평 균	60,874	59,141
	도시 지역	중앙값	14,611	14,195
		평 균	26,207	25,461
	표본 전체	중앙값	28,427	27,618
		평 균	47,308	45,961
자연재해 예방 (홍수 및 가뭄)	시설재배지역	중앙값	47,284	45,938
		평 균	57,428	55,793
	논 농업 지역	중앙값	28,414	27,605
		평 균	60,528	58,805
	도시 지역	중앙값	14,611	14,195
		평 균	26,207	25,461
	표본 전체	중앙값	30,023	29,168
		평 균	50,311	48,879

주: 위 내용은 자료의 내용을 토대로 구축한 '환경가치종합시스템(EVIS)' 의 내용을 재구성하여 정리한 것임.

자료: 박성경 외(2018), "재해재난 예방을 위한 저수지 개보수사업의 지불의사금액 추정", 농업생명과학연구, 52(6) pp. 139-153.

5. 하·폐수 재이용의 가치

1) 하·폐수의 재이용 가치

물을 필요로 하는 대부분의 인간 활동은 결국 하·폐수를 배출하게 되며, 물 수요가 증가할수록 하·폐수량 역시 늘어나고 이에 따른 오염부하가 증가된다. 일부 선진국을 제외하고 대다수의 국가에서는 적절한 처리 과정을 거치지 않고 자연환경에 하·폐수를 그대로 흘려보내 자연 및 인간, 경제적 생산성, 수자원, 생태계에 치명적인 피해를 입히고 있다. 전 세계적으로 물 수요가 증가함에 따라 하·폐수는 대안 자원으로서 새로운 모멘텀을 맞고 있으며, 하·폐수 처리의 기조가 '처리 및 폐기'에서 '재사용, 재활용 및 자원회수'로 패러다임이 바뀌고 있다. 일반적으로 폐수는 99%의 물과 1%의 부유물질, 콜로이드 및 용해물질로 이루어져 있다.

2) 하수처리시설의 가치

하수처리시설의 하수관로와 하수처리장 건설에 따른 편익을 통해 살펴볼 수 있다. 하수관로 설치에 따른 편익은 신설이냐 교체냐에 따라 달라지는데, 하수관로의 주기능은 오수 및 우수의 배제이므로 하수관로의 편익은 오수 및 우수를 배제하지 않았을 때 발생되는 피해로부터 추정할 수 있다. 오수를 배제하지 않았을 때는 악취 등으로 생활 및 보건위생상의 문제를 발생시킬 뿐만 아니라 토양 오염도 발생시킬 수 있다. 우수를 배제하지 않았을 때 발생할 수 있는 가장 큰 피해는 침수로 인한 피해이다.

따라서 하수관로의 신설에 따른 편익은 오수 및 우수의 배제로 인한 생활 및 보건위생상의 개선, 침수범람 방지에 따른 피해의 감소를 들 수 있다.

〈표 17〉 하수처리시설의 편익

시 설		편 익
하수관로	합류식	•하수처리장 운영비 감소 및 처리비용의 감소(교체) •하수처리장 증설 억제(교체) •오수배제로 인한 생활 및 보건위생상의 개선(신설, 교체) •우수배제로 침수 범람 방지에 따른 피해의 감소(신설) •수질 개선(신설, 교체)
	분류식	•하수처리장 운영비 감소 및 리비용의 감소(교체) •하수처리장 증설 억제(교체) •정화조 설치/관리비용 절감(신설) •분노처리비용 및 건설비 절감(신설) •오수배제로 인한 생활 및 건위생상의 개선(신설, 교체) •우수배제로 침수 범람 방지에 따른 피해의 감소(신설) •우수 시에도 정화에 따른 수질 보전(신설) •수질 개선(신설, 교체)
하수처리장		•정화조 설치비용 절감 •정화조 관리비용 절감 •분뇨처리비용 및 건설비 절감 •처리수 재이용으로 인한 상수사용량 절감 •수질 개선

자료: KDI(2011), 환경분야 편익산정방안에 관한 연구

하수처리장의 가장 큰 편익은 수질 개선에 따른 편익이며, 수질 개선에 따른 편익은 여러 형태로 구체화 할 수 있다. 수질 개선에 따라 직접 사용가치로 환산될 수 있는 편익에는 물의 소비와 관련된 부분과 여가 관련 다양한 수상 활동들이 가능해지는 점을 고려할 수 있다. 수질 개선에 따라 간접사용가치로 환산될 수 있는 편익으로는 생태계 보존 및 경관 개선에서 발생하는 편익을 들 수 있다. 수질 개선에 따른 편익에는 이외에도 일반 국민들이 수질 개선으로부터 누릴 수 있는 편익과 후세들이 누릴 수 있는 존재가치 역시 고려되어야 한다.

3) 하수처리시설의 가치 추정방법

하수처리시설의 편익은 대체 비용으로 계량화가 가능한 편익과 계량화가 어려운 비화폐적 가치의 편익이 존재한다.

(1) 대체비용으로 계량화 가능한 편익

하수관로 설치에 따른 편익은 합류식이냐 분류식이냐에 따라 다소 상이하다. 합류식 하수관로 설치 시에는 하수처리장 운영비 감소 및 하수처리장 증설 억제에 따른 편익이 발생하며, 이는 하수관로 정비 전후의 유입하수량을 비교하여 유입하수량 감소량을 산정한 후 단위하수량당 처리비와 하수종말처리장 단위건설비를 곱하여 계산 가능하다. 분류식 하수관로 설치 시에는 합류식 하수관로 설치에 따른 편익에 정화조 설치비용 및 운영비용 절감, 분뇨처리시설 건설비 및 운영비용 절감, 우수 시 수질 보전에 따른 편익이 추가된다.

정화조와 분뇨처리장의 설치비용 및 운영비용 절감에 따른 편익은 정화조 설치비용 및 운영비용, 분뇨처리시설 건설비 및 운영비용 등에 대한 자료를 구할 수 있으므로 이를 이용하여 산정할 수 있다. 하수처리장 설치에 따른 편익에는 정화조 설치비용 및 관리비용 절감, 분뇨처리장 건설비 및 운영비용 절감, 하수 처리수 재이용, 수질 개선 등이 포함된다. 이중 수질 개선 항목을 제외한 나머지 편익은 하수관로 설치에 따른 편익 계산에서와 같이 건설비와 관리비용 등에 대한 자료를 이용하여 산정할 수 있다. 이와 같이 계량화가 가능한 편익은 대체 시설의 비용을 적용하여 산정 가능하다.

하수 처리수 재이용 편익은 재이용수 용도에 따라 달리 산정될 수 있는데, 환경부는 재이용수의 용도를 4개 분야(범용, 인체 비접촉, 고도 환경용수, 공업용수), 9개 용도로 세분화하고 있다.

처리수의 재이용은 용도에 따라 권고수질기준이 정해지고 이에 따라 별도의 처리공정이 필요할 수 있으며, 공공수역으로 배출되는 오염부하량이 감소함에 따른 수질개선 편익과 상수사용량 절감 편익이 있다. 수질개선 편익은 계량화가 어려우나 상수사용량 절감 편익은 계량화가 가능하다.

상수사용량 절감 편익은 재이용수가 생산된 만큼 기존에 쓰던 상수 사용량이 감소할 것이므로 처리수 재이용량에 해당 지자체의 상수도 요금 등을 곱하여 산정 가능하다. 비용 항목으로는 재이용 수질 달성을 위한 추가시설 설치비(재처리시설, 저장시설, 펌프장시설, 송수관 및 사용시설 등), 운영비, 송수관비, 용지비 등이 포함되며, 비용의 크기는 수질 기준에 따라 달라질 수 있다.

(2) 비화폐적 가치의 편익

하수관로 정비 및 하수처리장 건설에 따른 수질개선, 오수배제로 인한 생활 및 보건위생상의 개선, 우수배제로 인한 침수 피해의 감소 등으로부터 발생하는 편익은 계량화가 어려운 비화폐적 가치의 편익이라고 볼 수 있다.

수질개선으로 인한 편익은 여러 측면에서 발생하는데 수질개선에 따라 경관 감상, 낚시, 수영, 배타기 등이 가능해져 휴양기회의 증가를 통해 나타날 수도 있고 생태계 보존에 따른 편익의 증대 형태로 나타나는 것도 가능하다. 전자의 경우는 사용가치로부터 오는 편익인 데 반해, 후자는 주로 존재가치로부터 오는 편익으로 구성된다. 존재가치까지 포함한 편익을 추정하기 위해서는 조건부 가치측정법CVM을 사용할 수 있는데, 이를 통해 편익을 추정한 관련 연구들이 충분하다면 메타회귀분석을 통해 지불의사 금액을 추정할 수도 있을 것이라 판단된다.

침수 범람 방지로부터 발생하는 편익도 회피행위접근법 등과 같은 대체시장을 통해 추정하는 것이 적합하지 않기 때문에 이 또한 조건부가치측정법CVM을 통해 편익을 추정할 수밖에 없을 것으로 보여진다. 우수 시 수질보전에 따른 편익은 마땅한 대체시장 접근법이 없기 때문에 이 역시 조건부가치측정법CVM을 통해 추정될 수밖에 없을 것이라 판단된다. 수질개선에 따른 편익, 오수배제로 인한 생활 및 보건위생상의 개선, 우수배제로 인한 침수 피해의 감소, 우수 시 수질 보전 등은 이로부터 예상되는 편익에 대해 일일이 설명한 뒤 일괄적으로 이에 대한 지불의사를 묻고 이를 통해 편익을 추정하는 것이 바람직하다.

4) 하수처리시설의 가치 추정 사례

KDI(2011)의 연구에서는 기존 KDI(2007)의 환경분야 민간투자 사업 적격성 조사지침 연구에서 부족했던 하수처리사업과 폐기물처리 사업에 대한 편익산정 방법을 개선하여 제시하였다. 하수처리수 재이용시설 편익을 용수공급 서비스비용 절감 편익, 기존 생산시설 비용 절감 편익, 질적 자원가용화 비용 절감 편익(물이용부담금 절감편익), 수환경 개선편익으로 구분하여 산정하였다.

(1) 용수공급 서비스비용 절감편익

① 용수 공급 편익

재이용수를 용수로 공급함에 따라 발생되는 편익으로, 재이용수를 공급하지 않았을 때와 비교하여 재이용수를 공급함으로써 충족시킨 신규 수요량에 대한 편익항목으로 산정하는데 이는 서비스(공급)비용 절감편익이라 할 수 있다. 기존수요가 재이용수 사용으로 대체되고 기존 설비가 다른 수요를 충족시키도록 전환된 '전환수요'에 대해서도 동일하게 산정한다.

신규수요 및 전환수요량에 대한 편익은 용수의 가격(공급단가)으로 산정한다. 단, 비용이 현실화되지 않은 공업용수 혹은 상수 공급단가로 인해 재이용수 공급의 사회적 편익이 과소평가되는 문제를 해소하기 위해서는 용수공급 원가를 사용하는 것이 바람직하다.

② 상수도 생산비 절감 편익

용수부족은 상수도시설의 추가 설치를 가져오는데 재이용수를 활용할 경우 상수도시설의 추가 설치가 불필요해지므로, 댐 건설비 및 주변지역 지원비 등을 포함한 상수도 생산원가를 절감할 수 있다. 이는 자원의 양적 가용화 비용으로서 용수 공급 편익과 중복된다.

(2) 기존 생산시설 비용절감 편익

① 용수 유지관리비 절감 편익

재이용수를 사용함으로써 기존에 공급받던 용수를 생산하기 위해 요구되는 운영비를 절감할 수 있으므로 절감량에 따른 절감금액을 편익으로 산정한다. 재이용수를 사용함으로써 기존에 공급받던 용수를 생산하기 위해 요구되는 운영비 절감금액은 절감량에 따라 다르다. 절감량은 '이전수요량' 및 '전환수요량'으로서, 전환수요의 경우 전환 시점 이전의 기간에 대해서 산정한다.

② 취수시설 유지관리비 절감 편익

재이용수 공급이 없다면 원수를 사업자가 직접 하천에서 취수해야 하는 경우를 고려하여 편익으로 적용한다. 즉, 재이용수 공급으로 취수시설에 대한 유지관리비가 감소함으로써 발생하는 편익이다. 재이용수 공급으로 취수시설에 대한 유지관리비가 불필요하게 되므로 재이용수 공급량에 기존 취수시설의 단위의 유지관리비를 곱하여 산정한다.

③ 공업용수 수질개선 편익(자체 처리시설 유지관리비 절감 편익)

하수재이용 사업이 시행되면 수질이 일정 수준 이상으로 유지될 수 있으므로 사업자가 자체시설을 갖추어 용수를 재처리할 필요가 없어짐에 따라 재처리 시설 투자비 및 유지관리비가 절감되거나, 수질 악화로 인한 피해가 절감된다. 재이용수와 기존 공업용수 사이의 수질 차이에 의한 편익 발생, 즉 제조시설에서 제품을 생산하는데 필요한 양질의 수질을 얻기 위해 기존 공업용수(원수, 침전수, 정수)를 공급받아 재처리하는 데 소요되는 비용이 절감된다. 편의상 재처리시설을 갖춰 수질 악화로 인한 피해를 방지하는 데 소요되는 비용과 재처리시설을 갖추지 못해 발생하는 피해의 크기가 같다고 가정한다.

하수재이용 사업으로 인한 수질개선 편익은 기존의 용수공급체계와 비교해서 자체 재처리비용 절감 효과와 수질개선 효과로 나눌 수 있다. 그러나 전체 용수량에 대한 수질로 인한 피해 절감 및 공정상 긍정적인 효과는 현실적인 계량화가 어려운 상황을 고려하여, 각 산단 업체가 공급받은 용수를 별도의 재처리 없이 사용함으로써 사업 수요에 대하여 투자비 및 유지관리비 절감효과가 발생할 수도 있다면 이와 같은 수질개선효과를 '재처리시설의 투자비 및 유지관리비 절감 효과'로써 계량화가 가능한다. 다만, 사업을 통해 발생하는 공업용수 수질개선 효과(투자비 및 유지관리비 절감)는 사용자가 요구하는 수질의 정도에 따라 달라질 수 있다. 즉, 사용자가 요구하는 수질을 만족시킬만한 공정이 서로 다르므로 추가적인 공정에 따른 비용을 반영하는 것이 바람직하다. 실제로 공공투자관리센터PIMAC[25]의 사업제안서 검토 결과에 따르면 사업제안과 동일하게 활성탄 여과기로 재처리시설을 가정한 대안과 사업제안과 동등한 수질을 만족하도록 정밀여과막 재처리시설을 가정한 대안간 비교 시 정밀여과막을 적용한 대안에서 비용이 크기 때문에, 이 사업의 B/C율이 다소 증가하는 경향을 보인 바 있다. 이러한 결과를 감안하여 PIMAC은 사업제안서 시설을 그대로 투자할 경우 편익이 과대 산정될 수 있는 문제를 제기하면서 상황에 따라 기존의 업체들이 공급받던 용수와 제안된 사업을 통하여 공급되는 용수의 중간 정도 수질로 용수를 공급하기 위하여 요구되는 재처리시설의 투자비 및 운영비 절감비용으로 계량화하여 편익을 산정하였다. 그러나, 동 연구에서는 재이용사업이 양질의 용수 공급 수요를 충족시킨다는 점에서 하수처리수 재이용 사업 추진 시 계획하는 수질에 적합한 공정을 기초로 편익을 산정하였다. 공업용수 수질개선을 위한 재처리 비용절감 편익은 수질이 개선되어 기존의 재처리시설이 필요가 없을 경우, 재처리시설 유지관리비용을 편익항목으로 선정한다. 이 때 편익은 기존 공업용수 시설의 잔존가치기간 동안의 회피비용으로 산정한다. 재처리시설이 필요할 경우는 기존시설의 운영이 회피되지 않으므로 비용절감편익이 발생하지 않는다. 따라서 기존의 재처리시설이 존재하지 않고 하수처리수 이용으로 인해 재처리시설이 필요하게 된 경우는 부(-) 편익(추가비용)으로 고려한다.

(3) 질적 자원가용화 비용 절감편익(물이용부담금 절감 편익)

물이용부담금은 상수원지역의 주민지원과 수질개선사업의 촉진을 위해

25) Public and Private Infrastructure Investment Management Center의 약자로 사회기반시설에 대한 투자 검토, 사업타당성 분석, 사업계획의 평가 등의 자원업무를 종합적으로 수행하기 위해 설립된 KDI(한국개발연구원)의 산하기관, 이하 PIMAC

부과하는 부담금으로, 재이용수의 사용에 따라 상수도 사용량이 줄어들면 상수도 사용량에 따라 부과되는 물이용부담금이 절감될 수 있다.

물이용부담금의 부과 목적은 "상수원 상류지역에서의 수질개선 및 주민지원사업을 효율적으로 추진하고, 수자원과 오염원을 적정하게 관리하여 수계의 수질 개선을 위한 소요재원 마련이다."

PIMAC은 물이용부담금이 공익적인 목적으로 징수되고 관리된다는 점에서 민간부문에서 공공부문으로의 이전지출transfer payment로 파악하고 있다. 그러나 징수된 물이용부담금이 상수원 수질보호를 위한 비용보전에 사용되는 것이라고 본다면, 이는 실제 발생하는 비용으로 볼 수 있다. 물이용부담금은 상수원 수질보호서비스에 대한 지불체계로 재이용수 이용은 상수이용을 절감시킴으로써 상수원 보전·관리 비용 및 주민지원 절감 효과가 있다.

(4) 수환경개선 편익(환경비용절감 편익, 처리수 방류 회피 비용)

수환경개선 편익은 재이용수를 활용함으로써 수질개선 등의 효과로 생활환경이 개선됨에 따라 발생하는 편익, 또는 기존에 처리를 거쳐 하천으로 방류되던 하수방류수·폐수방류수가 재이용수 원수로 사용됨에 따라 방류하천의 오염물질 저감 효과로 인한 편익이다. 그러나 수질개선에 따른 생활환경개선의 정도를 정확히 측정할 수 없으므로 수질 측면에서, 방류하수 내의 오염물질 저감에 따른 오염총량 저감을 편익항목으로 선정하는 것이 바람직하다. 즉, 수환경개선 편익은 물 재이용시설을 설치하지 않을 경우 방류되는 오염물질을 물 재이용시설을 설치 시 줄어드는 수준으로 처리하기 위해 요구되는 비용으로부터 산정할 수 있다.

현재 징수되고 있는 수질 배출부과금이나 오염 총량초과부과금은 이러한 오염처리비용의 대체적 성격을 지닌다고 볼 수 있다. 두 제도 모두 오염자 부담원칙과 시장가격 기구를 이용한 환경정책 수단으로, 배출자가 오염물질을 초과 배출함으로써 지출하지 않게 된 수질오염물질 처리 비용을 부과하여 오염원의 초과배출 유인을 가지지 않도록 하기 위한 목적에서 도입되었다. 따라서 두 제도 모두 초과 배출된 오염물질의 처리비용에 상당하는 금액을 기준으로 처리부과금을 부담토록 한다는 점에서 유사하나, 오염 총량초과부과금은 할당된 오염부하량 또는 지정된 배출량을 초과하여 배출하는 경우에 부과되고, 수질 배출부과금은 방류수 수질기준 및 배출허용 농도기준을 초과하는 경우에 부과되어 농도규제 준수를 위한 벌과금적 요소를 지니고 있다. 이렇게 수질 배출부과금이 배출허용기준에 따라 나눠지는 것은 오염 농도기준(배출허용기준)의 준수가 일정수준의 수질을 담보하지 못하기 때문이다. 따라서 농도기준 방식보다는 사회적 오염 수준을 미리 정하고 할당된 양을 초과할 때, 오염비용을 부담하게 하는 총량 규제에 따른 처리비용을 적용하는 것이 한계비용적 접근에서 보다 바람직하다.

재이용시설을 통해 하수방류수를 원수로 사용함에 따라 하천 하수 방류수에 포함되어 있던 오염물질(BOD, COD, SS, T-N, T-P 등)을 저감 시키기 위한 처리비용으로부터 수질환경개선 편익을 산정한다.

하수처리시설의 편익 분석을 위한 기본 가정 및 인자 값은 〈표 18〉과 같다. 하수처리 시설에 따른 연간 총 편익은 아래와 같다. 전환수요의 경우, 잉여 수량이 실제 활용되는 시점에 따라 용수 공급 편익이 달라질 수 있다.

〈표 18〉 편익 분석을 위한 기본 가정 및 인자 값

시 설		값	근 거(출처)
시설 가동일수(일/년)		365	하수재이용시설
유로 환율(원/유로)		1532.9	2010년 평균 환율(외환은행)
달러 환율(원/달러)		1156.3	
신규수요량(㎥/일)		50,000	재이용수 사업 추진 7개 시설 평균
전환수요량(㎥/일)			시점별 분석(가상 시나리오)
오염물질저감량(㎏/일)		5,000	가정치
취수부과금(원/㎥)		102.32	OECD(2010), Strosser(2010)
용수 공급 비용 (원/㎥)	광역상수 총괄원가*	347.4	한국수자원공사, 광역상수도 요금 원가정보 (경영공시 자료)
	광역상수 운영비	277.8	
	지방상수 생산원가**	721.0	행정안전부, 「2009년 지방공기업 결산 및 경영분석」, 「2010 상수도통계」
	지방상수 운영비	617.6	
총량 초과 부과금	BOD(원/㎏)	5,800	2011년 환경부 고시 기준
	T-P(원/㎏)	25,000	
물이용 분담금	한 강	160	한국수자원공사 홈페이지
	낙동강	150	
	영산강/섬진강	170	
	금 강	160	

주: * 총괄원가 : 영업비 + 공정보수
- 영업비 = 감가상각비 및 제세
- 공정보수 = 요금기저 x 보수율

** 생산원가는 원·취수비, 정수비, 급·배수비를 포함

자료: KDI(2011), 환경분야 편익산정방안에 관한 연구

다음은 시설 설치 후 20년 내구연한을 기준으로 할 때, 전환 스케줄에 따라 용수 편익이 달라짐을 보여준다. 특히 광역상수의 경우, 자체시설 유무에 따라 편익의 크기가 달라짐을 확인할 수 있다. 이러한 전환 시점에 따른 편익 변화는 물가상승률과 연동한 상수도 생산 원가와 운영비용, 추가처리시설 설치비용 차이에 따라 달라질 수 있다. 연간 신규수요, 이전수요, 전환수요에 따른 총 편익은 약 2,330억 원인 것으로 분석되었다.[26)]

〈표 19〉 하수재이용시설 운영에 따른 절감편익

(단위 : 백만원/년)

구 분	신규수요	이전수요	전환수요*
용수공급서비스절감편익	13,158		6,023
기존 생산시설 절감편익	11,271	11,271	10,144
자원가용화비용 절감편익	2,920	2,920	2,920
수환경 개선편익	56,210	56,210	56,210
수자원 절약편익	1,867	1,867	1,867
총 편익	83,559	72,269	77,164

26) <표 19>의 수요 합산 금액임.

6. Value Chain별 물의 총가치 정리

본 연구에서는 국내 물의 경제적 가치에 대한 판단을 위하여 물 분야의 value chain에 따라 총 5개 부문의 경제적 가치에 대한 선행연구 검토를 진행하였다.

본 연구에서 검토한 총 경제적 가치는 빗물, 지하수, 강, 댐 및 저수지, 하·폐수 재이용 등이며, 이들을 통해 전체 물의 총가치는 연간 7조 3,843억 원에서 7조 7,882억 원 사이인 것으로 검토되었다.[27]

다만 본 연구에서 추정한 총가치는 value chain에 따라 구분한 각 물 분야의 기초적인 연구를 단순 취합하여 정리하였기 때문에, 국내 총 수자원의 가치로 보기에는 많은 한계가 존재한다. 우선 각 수자원 분야별 가치 추정 연구가 다양하게 이루어지지 않아 대표적인 경제적 가치라고 보기 어렵고, 각 연구가 진행된 시기가 다르기 때문에 새롭게 분야별 경제적 가치를 추정해야 한다.

또한 저수지의 경우 경제적 가치를 산정한 사례가 있으나, 원단위 형태로 구성되어 있어 전체 가치를 적용하기에는 한계가 있어 제외하였다. 추가적으로 변화된 요소에 대한 직접적인 반영이 이루어지지 않았으며, 전체 수자원에 대한 value chain별 경제적 가치를 추정하지 않았다는 한계가 존재한다. 추후에는 수자원 전체에 대하여 value chain별로 다양한 가치를 감안한 경제적 추정이 이루어져야 할 것이다. 그러나 이러한 한계점에도 불구하고, 국내 수자원이 가지는 경제적 가치는 그 규모 면에서 막대하다고 볼 수 있으며 이러한 수자원의 보전 및 개발의 중요함에도 불구하고 아직까지

27) <표 20> 참조. 총 가치에 반영된 각 단계별 물의 가치는 기준년도가 각각 다르므로 이를 고려한 해석이 필요함.

물의 가치에 대한 국내 인식은 많이 떨어지는 것이 현실이다.

〈표 20〉 물순환 value chain에 따른 경제적 가치 추정

물순환 전과정	경제적 가치 추정
1단계 빗물의 가치	· 9,097억 원 (기상청, 2011)[28]
2단계 수자원의 가치 (지하수+강)	· 지하수의 가치 : 2조 1,250억 원 (손민수 외, 2009)[29] · 강의 가치 : 3,906억 원~7,945억 원 (안소은, 2017)[30]
3단계 상수원의 가치 (농업+생활+산업+환경)	· 농업용수의 가치 : 7,213억 원 · 생활용수의 가치 : 1조 3,752억 원 · 공업용수의 가치 : 623억 원 · 기타용수의 가치 : 6,785억 원 (손민수 외, 2009)[31]
4단계 생산 가치 (댐 발전 및 휴양)	· 댐 발전에 따른 생산가치 : 6,788억 원 · 댐 건설에 따른 환경가치 : 2,099억 원(곽승준, 2003)[32] · 저수지 활용에 따른 가치 : 미반영
5단계 하·폐수 및 재생 가치	· 하폐수 재이용 가치 : 2,330억 원 (KDI, 2011)[33]

28) Page. 65

29) page.70 <표 6>의 존재가치+유산가치의 합

30) page.p.73 <표8>의 한강, 낙동강, 금강의 편익 합으로 전국의 강 가치가 포함되지 않음

31) page.70 <표 6>의 상수원의 가치 활용

32) page.76, 81

33) page.98 <표 19>의 수요의 합

Ⅲ. 시사점 도출 및 결론

경제성장이 이루어지며 과거에는 공공재였던 자원이 사적재로 전환하며 가치가 높아지고 있는 현상이 점차 증가하고 있으나, 다양한 재화 중에서도 수자원은 한국에서 가치가 낮게 평가되고 있으며, value chain에 근거한 물가치의 연구가 드물고, 산발적으로 이루어지고 있다. 국민들에게 수자원의 가치를 묻는다면 일반적인 물의 가치로 인식하는 경우가 다수일 것으로 보이는데, 수자원 가치가 평가절하되어 온 근본적인 원인은 댐 운영 등 수자원시설의 운영을 통한 경제적 가치생산 및 지원수준으로만 한정되어 왔기 때문이다.

수자원은 비의 형태로 유역에 떨어진 물이 순환하면서 취수·도수-정수-송수-배수-급수과정을 거쳐 그 가치를 발휘하게 된다. 이러한 물의 흐름 속에 각 가치들이 정제·상승되어 최종적으로 국민들이 혜택을 보는 것이라 할 수 있다.

즉, 수자원의 가치는 시설('점'적인 가치)에서 벗어나 유역('면'적인 가치)으로부터 시작하여 시공간적인 네트워크('다차원'적인 가치) 상에서의 가치로 발생되는 것을 이해하고, 정량화하여야 진정한 가치 산정이 가능하다. 따라서 본 연구에서는 물의 가치에 대한 기존 문헌 연구 사례 정리를 통하여 자연자원인 물의 가치의 기초적인 이해를 목적으로 하며, 이를 기반으로 본격적인 물의 비시장 가치의 심층 분석을 위한 토대를 마련하고자 하였다.

기존 경제성장 모델에 대한 자원의 고갈과 환경오염으로 인한 지속가능성의 우려가 제기되며 경제와 환경을 아우르는 지속가능한 발전의 개념이 1990년대 초에 등장하기 시작하였다. 환경과 경제적 측면을 통합적으로 평가할 수 있는 환경경제계정SEEA, System of Environmental-Economic

Accounting이 국제적으로 개발되어 발전하여 자연자원과 가치 추정의 필요성이 증가하고 있다.

물을 경제재와 마찬가지로 재화와 서비스의 생산의 투입요소로 취급하고, 물 순환 value chain별 물의 가치·정량화와 수자원 고갈·오염에 따른 사회적 환경 손실의 경제적 가치평가를 종합적으로 고려할 필요가 있다. 이때, 물 공급, 수요, 분배, 접근성 및 사용의 현재 상태와 추세에 관한 접근법을 포함한 정량적 분석이 가능할 것이다.

Value chain에 근거한 물의 가치는 물의 형태 또는 사용 용도에 따라 빗물의 가치, 하천의 가치, 지하수의 가치, 농업용 저수지의 가치 등 물 관련 가치 추정 연구 사례의 분석을 통해 부문별 물의 가치에 대해 정리하였다. 우리나라 수자원은 근대적 기상관측이 시작된 1905년[34] 이래 연평균 강수량과 변동폭이 점진적으로 증가하고 있으며, 지역과 유역별 강수량 편차가 심해 물이용 및 홍수관리에 취약한 특성을 가지고 있다. 먼저 빗물은 수자원의 근본이 되는 자원으로 수자원 확보 측면, 대기 정화, 산불 예방, 수질개선 열대야 완화 등의 환경적 측면에 기여하며, 생활, 공업, 산업, 농업 등의 각종 용수 활용 등을 감안하여 경제적 가치 측정을 고려할 수 있다.

수자원시설은 다목적댐, 발전전용댐, 생공용수전용댐, 하구둑, 담수호, 농업용 저수지, 다기능보, 홍수전용댐·조절지 등의 수자원시설이 있으며 시설별로 저수량 및 물공급능력이 다르고, 이에 따른 경제적 가치 또한 상이하게 나타난다. 수력발전댐의 '전력 생산' 가치의 추정은 수력발전을 통한 전력 생산량을 기준으로 하여 경제적 가치를 추정할 수 있으며, 이외에 휴양가치, 습지 등의 조성을 통한 보전가치, 서식지 등 생태계 조성, 원수 수질

34) 우리나라 근대적 강수량 관측(기상청 자료 기준)은 1905년부터 시작함.

개선 등과 관련된 가치 추정 사례도 참고하여 정리하였다.

농업용 저수지를 통하여 농업용수 공급 등 혜택을 받는 면적은 농업용 저수지의 기능 및 가치 요소로 고려될 수 있을 것이며, 최근에는 재해·재난 예방 등의 기능을 하고 있는 만큼 이러한 가치를 고려하여 가치 산정이 필요할 것이다.

본 연구에서는 국내 물의 경제적 가치를 value chain에 따라 총 5개 부문의 경제적 가치에 대한 선행연구 검토를 기반으로 학술지나 공신력 있는 보고서를 종합적으로 분석하여 작성하였으나, 전체 물의 총 가치를 추정하는 데는 한계를 가지고 있다. 우선 value chain에 근거하여 추정 가능한 수자원을 빗물, 지하수, 강, 댐 및 저수지, 하·폐수 재이용 등으로 분류하였으며, 개별 가치를 합한 전체 물의 총가치는 연간 7조 3,843억 원에서 7조 7,882억 원 사이인 것으로 검토되었다. 다만 본 연구에서 추정한 총 가치는 value chain에 따라 구분한 각 물 분야의 기초적인 연구를 단순 취합하여 정리하였기 때문에, 국내 총 수자원의 가치로 보기에는 매우 과소 평가된 수치라고 할 수 있으며 해석에 유의할 필요가 있다.

또한 각 물순환 value chain별 가치 추정 연구가 다양하게 이루어지지 않아 대표적인 경제적 가치라고 보기 어렵고, 각 연구의 진행시기가 다르기 때문에 물의 전체 가치로 추정하기에는 한계가 있다. 추가적으로 변화된 요소에 대한 직접적인 반영이 이루어지지 않았으며, 물순환 value chain별로 다양한 가치를 감안한 경제적 추정이 이루어져야 할 것이다. 그러나 이런 가치 추정의 경우에도 단계별로 가치 사슬에 따른 방안을 고려하면서 진행해야 할 것이다.

물의 진정한 가치평가를 위해서는 빗물, 유역, 정수 및 수질, 그리고 최종적으로 국민이 체감하는 가치의 선상에서 종합적 평가가 필요하다. 물이 지닌 다양한 가치 추정을 통해 개인 → 유역 → 네트워크 등 통합물관리 관점에서의 국민 인식 제고가 가능할 것으로 보인다.

참고문헌

[국내문헌]

곽승준 외, 2003. “댐 건설로 인한 환경영향의 속성별 가치평가-조건부 선택법을 적용하여. 경제학연구”, 51(2), 239-259.

국토교통부, 2016.「수자원장기종합계획(2001~2020) 제3차 수정계획」.

권오상, 2006. “선택실험법을 이용한 댐호수의 특성별 휴양가치 분석”, 자원·환경경제연구, 15(3), 555-574.

기상청, 2011.「장마백서 2011」.

김덕길 외, 2012. “조건부가치측정법을 이용한 용담댐습지의 가치평가 연구”, 한국습지학회지, 14(1), 147-158.

농림축산식품부·한국농어촌공사, 2019.「2018년 농업생산기반정비 통계연보」.

박성경 외, 2018. “재해재난 예방을 위한 저수지개보수사업의 지불의사금액 추정”, 농업생명과학연구, 52(6) pp.139-153.

손민수, 2009.「토양·지하수의 경제가치 평가」.

안소은, 2017.「환경·경제 통합분석을 위한 환경가치 종합연구」, 한국환경정책·평가연구원.

여규동 외, 2009. “지불의사를 이용한 상수도 원수수질개선 편익 산정”, 대한토목학회논문집 B, 29(5B), 419-427.

통계청, 인구총조사.

한국전력공사, 2020.「제89호(2019년) 한국전력통계」.

KDI, 2011.「환경분야 편익산정방안에 관한 연구」.

[국외문헌]

UN, 2012. 「System of Environmental-Economics Accounting for Water」.

FAO, 2018. 「Water Accounting for Water Governance and Sustainable Development」.

[온라인 자료]

한국수력원자력 홈페이지, http://www.khnp.co.kr/

농어촌알리미, 농업수리시설물의 정의, https://www.alimi.or.kr/

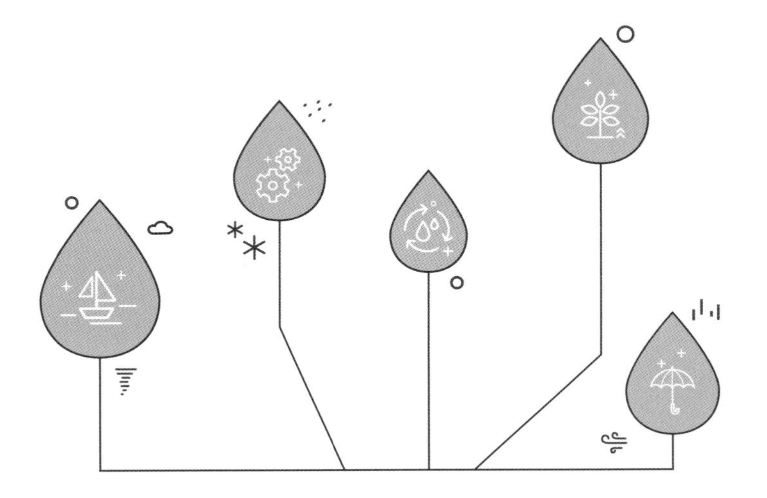

기후변화 시대, 물의 가치의 확산과 물 거버넌스를 위한 커뮤니케이션 방안

조 성 경 (명지대학교 방목기초대학 교수)

Ⅰ. 기후변화 시대 물의 영향력과 가치

Ⅱ. 물의 가치와 물 위험에 대한 인식

Ⅲ. 물의 가치 실현과 확산을 위한 거버넌스 구축

Ⅳ. 결론 및 시사점

초록

기후변화의 영향력 증가로 인해 사람들은 자연여건에 대해 관심을 갖기 시작했다. 사람들이 물에 대해 어떤 생각을 갖고 있는지 탐색하기 위해 1,000명을 대상으로 설문조사를 실시하였다. 그 결과 사람들은 삶의 필수요소로서 물의 중요성을 가장 높게 인식하고 있는 것으로 나타났다. 또한, 사람들은 물 부족에 대해서도 높은 위험인식을 갖고 있으나 그보다는 오염 문제에 대해 민감한 것으로 나타났다. 따라서 물관리가 어떻게 이루어지고 있는지에 대한 정보공유가 반드시 필요하다.

한편, 물의 본질적 가치에 대한 공감을 토대로 사람들은 인류의 건강과 생태계 유지 차원에서의 가치를 가장 높게 평가하고 있다. 반면, 문화적, 정서적 차원의 물의 가치에 대해서는 상대적으로 아직 큰 의미를 부여하지 않는다. 식수사용 차원보다 에너지공급 차원에서 물의 가치를 더 높게 인식하고 있으며, 수돗물에 대한 음용 거부감 등을 고려할 때 수돗물의 위생관리에 대한 현실적인 정보공유의 필요성이 확인된다.

기후변화에 팬데믹 상황이 더해지면서 물의 위험에 대한 관심은 향후 더욱 높아질 것으로 보인다. 물 위험은 물의 가치를 훼손하는 데 직접적인 영향을 미친다. 따라서 물 환경의 오염이나 물 부족 등의 위험을 통제하는 것은 물의 가치를 실현하기 위한 핵심 요건에 해당한다. 이를 위해서는 물 거버넌스의 실질적인 운영이 중요하다. 물 거버넌스의 목적은 물 위험을 효과적으로 통제하고 물의 가치를 확산하는 데 있다. 물 거버넌스의 두 축은 정보공유와 참여이다. 특히 사람들이 다른 어떤 것보다 자신이 갖고 있는 정보와 지식을 신뢰하는 상황에서 공공커뮤니케이션은 더욱 중요하다. 만약 커뮤니케이션의 오류가 발생할 경우 정책과 서비스에 대한 부정적 태도가 형성될 뿐 아니라 신뢰가 무너지는 상황이 일어날 수 있다.

물 거버넌스를 구축하고 커뮤니케이션을 실행하는 것은 반드시 필요하다. 그러나 그에 앞서 거버넌스에 참여하는 주체, 공공커뮤니케이션의 주체에 대한 이해와 존중, 그리고 인정이 전제되어야 하며, 주체 모두가 커뮤니케이션과 참여에 대한 책임을 공유하는 준비가 우선되어야 한다.

Ⅰ. 기후변화 시대, 물의 영향력과 가치

1. 기후변화로 인한 물 위험과 영향

기후변화는 전 세계에 걸쳐 사회, 경제, 환경 그리고 우리의 일상에 대한 가장 심각한 위협 중 하나다. 기후변화에 따른 가장 일반적인 물리적 위험은 강수량의 변화로, 그 영향은 물 순환의 변화를 통해 가장 두드러지게 나타난다.[1] 지표면의 71%가 물로 덮여 있지만, 이 중 2%만이 사람이 이용할 수 있다.[2] 사용할 수 있는 담수 중 70~80%는 식품 생산과 농업에 사용되며, 10~20%는 공업에 사용되고 있다.[3] 한편, 이미 아프리카에서는 일반 국민이 하루에 사용할 수 있는 물의 양이 20리터에 불과한 것으로 나타났다. 2030년이 되면 전 세계 물 수요량이 공급량을 40% 초과할 것으로 예상되고 있다.[4]

기후변화는 물 스트레스를 높여 의류, 식음료, 농업과 같은 물 집약적 분야에 여러 가지 문제를 유발하고 있다.[5] 기후변화의 물 관련 영향에 취약한 분야로는 광업과 전력 부문을 들 수 있다. 한편, 일부 지역사회의 경우는 식량과 생계를 위한 물과 천연자원에 대한 직접적인 의존, 깨끗한 물과 위생에

1) Boltz et al.(2019)

2) USGS Water Science School(2016)

3) Tariq Khokhar(2017)

4) UN-Wtaer(2017)

5) UNESCO(2019)

대한 열악한 접근성, 극심한 날씨에 대한 노출 등으로 다른 지역에 비해 기후변화의 영향에 훨씬 더 취약하다.

물과 관련한 기후 위험은 시설·인프라·장비 등을 손상시키는 폭풍우, 생산 중단 야기 및 보다 높은 수처리 능력을 필요로 하는 홍수, 천연자원의 가용성 저하를 가져오는 가뭄 등으로 사회적 갈등과 비용 증가 등 잠재적 영향을 미친다.[6] 미국 캘리포니아에서는 2017년 강한 바람과 건조한 날씨로 인한 전력장비와 송배전선의 발화를 방지하기 위해 50만 가구의 전력을 차단한 바 있다. 2019년 브라질의 콩 생산량이 30% 이상 감소하여 전 세계 비축량에 영향을 미쳤는데 이는 적은 강우량에 기인한 것으로 알려졌다. 2011년 태국에서 발생한 홍수는 수처리 능력의 한계로 인해 포드 자동차 공장의 생산을 일시 중단시켰으며, 이로 인해 34,000대의 생산 손실이 발생했다. 같은 시기 미국의 그레이트 플레인스는 가뭄으로 인해 가축 사육에 문제가 생기자 일부 육류 가공업자들이 다른 지역으로 이주했다. 호주에서는 2010~2011년 홍수로 인해 광산과 운송 인프라에 피해가 발생하여 석탄 생산에 10억 달러의 손실을 가져왔다.

기후변화로 인해 물 위험이 증가하고 이로 인한 영향이 사회, 경제, 환경, 그리고 우리 삶에 미치고 있다는 것은 분명하다. 그러나 이러한 물 위험과 물 부족은 불가피한 위기라기보다는 정치적, 정책적 문제로 접근할 수도 있다. 정부의 무관심, 부실한 인프라, 수질오염, 무분별한 도시화와 개발 등이 원인을 제공해왔다.[7] 그렇기 때문에 기후변화로 인한 물 위험과 물 부족의 문제는 정치적 의지와 행정적 조치, 그리고 사람들의 인식과 실천을 통해 완화하고 해결해 나갈 수 있다.

6) Goldstein et al.(2019)

7) David Wallace(2019)

따라서 실제 우리 삶의 과정 속에서 물의 역할과 가치는 무엇이며 이에 대한 사람들의 인식은 어떠한지를 탐색하는 것은 물 위기를 창의적으로 해결해나가는 데 도움이 될 수 있을 것으로 판단된다. 여기서는 물에 대한 인식을 토대로 미래의 물의 가치를 조명하고, 그 가치를 실현하고 확산하기 위한 물의 활용과 관리 방향에 대해 고민하고자 한다. 또한 물의 가치를 공유하고 물의 사회적 기여 확산을 위한 커뮤니케이션 방안을 모색하고자 한다.

2. 물관리 현황과 물의 가치평가

물은 인류의 건강, 식량안보, 에너지 공급, 도시유지 및 생태계에 필수적이다. 오늘날 세계의 물 시스템은 과도한 사용, 환경오염과 기후변화 위협의 증가라는 위기에 직면하고 있다. 곳곳에서 가뭄과 홍수를 겪고 있으며, 수십억 명의 사람들이 가정에서 안전한 식수를 공급받지 못하거나 안전하게 관리되는 위생시설을 갖지 못하는 실정이다. 물은 땅, 공기, 에너지와 결합하여 생명, 사회, 경제의 기초를 이룬다. 인구의 증가와 경제성장은 물의 수요를 다각적인 측면에서 점점 증가시키고 있다.

1992년 물과 환경에 관한 국제컨퍼런스ICWE에서 발의된 더블린 선언은 물관리에 대한 기본 원칙을 제시한다. 즉, 물은 유한하고 취약한 자원이며 생명과 개발, 환경을 유지하기 위한 핵심 요소이다. 물 개발과 관리는 사용자와 계획주체, 정책 입안자 등의 참여적 접근에 기초해야 한다. 또한 여성은 물의 공급과 관리, 보전에 있어서 중심적인 역할을 해야 한다. 물은 모든 경쟁적인 이용에 있어서 경제적 가치를 가치며, 경제적 재화로서 인식되는 것이 바람직하다.

물을 자원으로서 효율적이며 포괄적인 방식으로 관리하고 지속가능한 물 서비스를 제공하는 것은 중요하다. 다양한 용도로 물이 사용되도록 하기 위해서는 물을 천연자원으로서가 아니라 서비스 형태로 제공할 수 있어야 한다. 안전한 식수 사용과 위생에 대한 보편적 접근은 기본적인 권리에 해당한다. 물의 사용은 보존과 유지, 그리고 회복에 비용이 드는 생태계와 인프라에 의존한다. 지속가능한 물관리를 위해서는 이러한 비용을 충당할 수 있어야 한다. 물은 소홀히 취급되거나 오용될 경우 사회에 해를 미칠 뿐 아니라 갈등을 유발하고 심지어 삶의 기반을 해체할 수 있는 영향력을 갖고 있다.

물 관련 기후 위험은 수자원을 위협하고 있다. 기후에 대응하여 안정적으로 물을 공급하고 홍수 위험을 줄이기 위해서는 습지, 고지대 산림 및 기타 중요한 생태계의 보호와 복원이 중요하다.[8] 자동차 기업인 Volkswagen은 멕시코의 Puebla Tlaxcala Valley에 생산시설을 두고 있는데, 이 지역은 성장하는 도시인 Puebla와 지역산업의 물 수요를 충족시키기 위한 문제에 직면했다. Volkswagen은 소나무 30만 그루를 심고, 21,000개의 구덩이를 팠으며, 빗물을 보존하고 더 깊은 토양층으로 물을 침투시키기 위해서 100개의 흙으로 된 둑을 쌓았다. 매년 약 130만 ㎥의 지하수가 대수층에 충전되었다. 추가로 바이오매스는 이산화탄소를 격리시켰고, 토착 동물군의 상태가 개선되었다. 추가적인 지하수 공급은 Volkswagen의 장기 운영을 지원하고 지역사회에 혜택을 줄 것으로 평가받았다.[9] 여기서 보는 바와 같이 기후변화 시대에 물관리는 수질과 수자원의 보존과 유지 차원을 넘어 위험관리와 복원의 차원을 포함하여 입체적으로 이루어져야 한다.

8) Global Commission on Adaptation(2019)

9) Volkswagen(2011)

EU는 물 생태계가 직면한 새로운 문제에 대응하기 위해 물 프레임워크 지침WFD, Water Framework Directive을 제정하였다. WFD는 2015년까지 모든 지표수 및 지하수에서 우수한 생태적 상태Good Ecological Status와 우수한 화학적 상태Good Chemical Status를 달성하기 위한 정책 프레임워크를 수립했다. 이 정책 프레임워크는 철저하게 관리되며 중앙에서 조정된다. 이 프레임워크의 핵심은 시스템의 수문 단위인 하천 유역 주변의 물관리 시스템에 있다.

유럽 전역의 생태학적 다양성으로 인해 생물학적 수준에 대한 절대 표준을 제시하는 데에는 한계가 있다. 따라서 통일된 GES의 목표는 인위적 영향이 최소화된 조건에서 예상되는 생물학적 공동체로 나타낼 수 있다. 이 목표는 각각의 하천 유역에 대해 지역적으로 결정된다. 그러나 회원국들 간의 비교를 위해 각 수역에 대한 GES를 식별하고, 목표 달성을 위한 화학적, 수문학적 표준을 설정하기 위한 절차에 대해 합의하였다. 하천 유역 관리 계획The River Basin Management Plan은 각 하천 유역에 대한 목표 설정 방법과 주어진 시간 내에 목표를 달성하는 방법에 대해 자세히 설명한다. 하천 유역 관리 계획은 광범위하고 집중적인 공공 협의를 기반으로 하고 있다. 특히 계획은 영향을 받는 사람들이 프로세스에 의해 다양한 그룹 간 이해의 균형을 용이하게 해야 한다는 것과 사람들의 참여와 투명성이 높을수록 계획의 시행 가능성이 높아진다는 것을 원칙으로 제시한 바 있다.

물의 가치는 비용편익 분석 이상의 의미를 갖는다. UN은 물의 가치 평가가 정부, 지방정부, 기업, 농민, 시민사회, 지역사회, 개인을 포함하여 다음과 같은 의무를 갖고 있다고 설명한다. 첫째, 물의 다중적 가치를 인식하고 수용할 의무, 즉 물에 영향을 미치는 모든 결정에서 서로 다른 그룹과 이해에 대한 물의 복합적이며 다양한 가치를 식별하고 고려해야 한다. 둘째, 가치를 조정하고 신뢰를 구축할 의무, 즉 공정하고 투명하며 포괄적인 방식으로 가치를 조정하기 위한 모든 프로세스를 수행한다. 특히 물이 부족한 경우 상호 절충이 불가피하며, 이러한 공유에 대한 요구는 영향을 받는 모든 사람들에게 혜택이 돌아가야 한다. 셋째, 수원을 보호할 의무 즉 현재와 미래 세대를 위해 유역, 하천, 대수층, 관련 생태계, 사용된 물의 흐름을 포함한 모든 수원의 가치를 평가·관리·보호한다. 넷째, 권한 부여를 교육할 의무 즉, 물의 본질적 가치와 삶의 모든 측면에서의 물의 본질적 역할에 대한 교육과 사람들의 인식을 촉진한다. 다섯째, 투자하고 혁신할 의무, 즉 기관, 인프라, 정보 및 혁신에 대한 적절한 투자를 통해 물에서 파생되는 다양한 혜택을 실현하고 위험을 경감시켜야 한다. 이를 위해서는 공동의 조치와 제도적 일관성이 필요하다.

3. 물 환경과 물 위험

2012년 유럽에서 수행된 설문 조사[10)]에 따르면, 물 환경에 대한 주요한 위협을 조류의 성장, 화학물 오염, 물 부족, 홍수, 수생 생태계 변화, 댐·운하 및 기타 물리적 변화, 기후변화 등으로 구분하였다. 위험 인식은 사람들이 위험한 활동과 기술로 인한 부정적인 발생 가능성을 묘사하고 평가할 때 결정하는 주관적인 판단을 통해 표현된다.

공공의 위험 인식은 근본적으로 특정 위험을 해결하기 위한 정치적, 경제적, 사회적 행동을 강요하거나 제한할 수 있다.[11)] 높은 수준으로 인식된

10) European Commission(2012)

11) Leiserowitz(2006)

환경 위험은 더 높은 수준의 적응 동기를 유발하는 것으로 나타났으며[12), 적절한 조치를 채택하도록 만들 수 있다.

인식된 위험 수준은 개인의 행동을 통해 드러난 완화 및 적응 행동의 주요 결정 요인이다.[13) 이러한 행동에는 새로운 기술 또는 소비 관행의 채택, 관련 공공 협의 활동에 참여하고자 하는 개인의 의지가 포함될 수 있다. 또한 인식된 위험과 관련된 요인을 분석함으로써 지역의 정책 입안자들은 인식된 위험을 수정하거나 환경 문제에 대한 시민들의 높은 우려를 해결할 수 있다. 따라서 사람들의 물 위험에 대한 인식을 살펴보는 것은 다양한 차원에서 의미가 있다.

---

12) Osberghaus et al.(2010)

13) de Franca Doria(2010)

Ⅱ. 물의 가치와 물 위험에 대한 인식

1. 조사 개요

사람들이 물에 대해 갖고 있는 인식을 알아보기 위해 국민 1,016명을 대상으로 설문조사를 실시하였다. 〈표 1〉에서 제시한 바와 같이 표집방법은 지역별, 성별, 연령별, 학력별 기준 비례할당 추출하였으며, 무작위 추출을 전제할 경우 95% 신뢰수준에서 최대허용 표집오차는 ±3.1%p이다. 이번 조사는 2020년 6월 18일~23일까지 액세스 패널을 대상으로 휴대전화 문자와 이메일을 통해 url을 발송하여 웹조사로 이루어졌다. 응답자 특성은 〈표 2〉와 같다.

〈표 1〉 조사설계

구 분	내 용
모 집 단	· 전국의 만 18세 이상 성인남녀
표 집 틀	· 한국리서치 액세스 패널(2020년 5월 기준 전국 46만 여명)
표집방법	· 지역별, 성별, 연령별, 학력별 기준 비례 할당 추출
표본크기	· 1,016명
표본오차	· 무작위추출을 전제할 경우, 95% 신뢰수준에서 최대허용 표집 오차는 ±3.1%p
조사방법	· 웹조사(휴대전화 문자와 이메일을 통해 url 발송)
응답(협조)율	· 조사요청 3,149명, 조사참여 1,482명, 조사완료 1,016명(요청 대비 32.3%, 참여대비 68.6%)
조사일시	· 2020년 6월 18일~23일
조사기관	(주)한국리서치

〈표 2〉 응답자 특성

(단위:%)

Base=전체	사례수 (명)	계
전 체	(1,016)	100.0
성 별		
남 자	(500)	49.2
여 자	(516)	50.8
연 령		
18~29세	(172)	16.9
30~39세	(165)	16.2
40~49세	(195)	19.2
50~59세	(202)	19.9
60세이상	(282)	27.8
거주지역		
서 울	(197)	19.4
인천/경기	(318)	31.3
대전/세종/충청	(106)	10.4
광주/전라	(100)	9.8
대구/경북	(97)	9.5
부산/울산/경남	(156)	15.4
강원/제주	(42)	4.1
학 력		
고졸이하	(588)	57.9
대재이상	(428)	42.1
대학 기준 전공		
자연/이공 계열	(181)	42.3
인문/사회 계열	(215)	50.2
기 타	(32)	7.5
직 업		
농/임/어업	(17)	1.7
자영업	(71)	7.0
판매/영업/서비스	(71)	7.0
생산/기능/노무	(99)	9.7
사무/관리/전문	(281)	27.7
주 부	(184)	18.1

학 생	(63)	6.2
무직/퇴직/기타	(230)	22.6
월평균가구소득		
200만원미만	(178)	17.5
200~300만원	(219)	21.6
300~400만원	(192)	18.9
400~500만원	(149)	14.7
500~600만원	(108)	10.6
600~700만원	(73)	7.2
700만원이상	(97)	9.5

2. 물의 중요성에 대한 인식

사람들이 물의 중요성을 어떻게 인식하고 있는지 알아보기 위해 우리가 살아가는데 꼭 필요한 요소에 대한 각각의 중요성을 5점 척도로 물어보았다. 즉 공기, 물, 에너지, 생태계, 커뮤니케이션 각 항목의 양과 품질을 지키는 것이 우리의 현재와 미래에 얼마나 중요하다고 생각하는지에 대해 질문하였다.

그 결과 사람들은 물(4.66점)의 중요성을 가장 크게 인식하고 있었으며, 공기(4.49점), 식량(4.47점), 생태계(4.29점), 에너지(4.27점), 커뮤니케이션(3.62점) 순으로 나타났다.

물의 중요성에 대해서는 응답자의 71.4%가 절대적으로 중요하다고 답했으며, 24.5%는 매우 중요하다고 응답한 것을 알 수 있다. 남성(4.62점)에 비해 여성(4.71점)이 물의 중요성을 더 강하게 인식하고 있으며, 거주지역별로 보면 인천·경기와 광주·전라(4.70점) 지역 거주자가 물의 중요성을 가장 크게 보는 것으로 나타났다. 부산·울산·경남(4.69점)과 강원·제주(4.67점) 지역 거주자의 경우 물의 중요성에 대해 평균 이상으로 인식하는 데 비해

서울(4.60점), 대구·경북(4.62점) 및 대전·세종·충청(4.63점) 지역거주자는 평균 이하로 물의 중요성을 인식하는 경향이 있다.

이러한 결과로 미루어볼 때, 사람들은 우리 삶에 있어서 물이 절대적으로 중요하다고 인식하는 것을 알 수 있다.

〈표 3〉 물의 중요성에 대한 인식

문) 다음은 우리가 살아가는 데 꼭 필요한 부분입니다. 선생님께서 생각하시기에 각 항목의 양과 품질을 지키는 것이 우리의 현재와 미래에 얼마나 중요하다고 생각하시는지 말씀해주시기 바랍니다.

[보기 척도]
1. 전혀 동의하지 않는다 / 2. 별로 동의하지 않는다 / 3. 그저 그렇다
4. 동의한다 / 5. 절대적으로 동의한다

항 목	평균 점수(1~5점)
물	4.66
공 기	4.49
식 량	4.47
생태계	4.29
에너지	4.27
커뮤니케이션	3.62

(응답자 base = 1,016명)

3. 물 관련 위험에 대한 인식

사람들이 물과 관련한 위험에 대해 얼마나 위협적으로 인식하는지에 대해 살펴보았다. 우선 물 부족에 대한 위험 인식을 알아보기 위해 전염병 확산, 식량 부족, 미세먼지 배출, 이산화탄소 배출, 대규모 정전(블랙아웃), 물 부족, 북핵 문제 등 7가지에 대해 얼마나 위험하다고 생각하는지 물어보았다. 그 결과 각 항목에 대한 위험 인식의 평균은 4.30점이었으며, 물 부족(4.58점)에 대한 위험 인식이 가장 높은 것으로 나타났다.

평균 위험인식보다 높은 위험인식을 보인 항목은 전염병 확산(4.50점), 식량 부족(4.45점)이었으며, 미세 먼지 배출(4.27점), 북핵 문제(4.24점), 대규모 정전(4.20점)에 대해서는 높은 위험 인식을 갖고 있으나 평균에는 미치지 못하였다. 기후변화의 주원인으로 지목되는 이산화탄소 배출(3.91점)의 경우는 상대적으로 낮은 위험인식을 보이고 있다.

코로나19로 인해 사회 전반에 전염병에 대한 위기의식이 존재함에도 불구하고, 전염병 확산보다 물 부족에 대해 더 강한 위험인식을 갖고 있다는 것은 물 부족에 대해 체계적인 대비가 이루어져야 한다는 것을 보여주는 결과라 할 수 있다.

〈표 4〉 위험에 대한 인식 비교

문) 대한민국이 현재 맞고 있는 위험에 대한 진술입니다. 각 진술에 대해 얼마나 동의하시는지 말씀해주십시오.

[보기 척도]
1. 전혀 동의하지 않는다 / 2. 별로 동의하지 않는다 / 3. 그저 그렇다
4. 동의한다 / 5. 절대적으로 동의한다

항 목	평균 점수(1~5점)
물 부족은 위험하다	4.58
전염병 확산은 위험하다	4.50
식량 부족은 위험하다	4.45
미세먼지 배출은 위험하다	4.27
북핵 문제는 위험하다	4.24
대규모 정전(블랙아웃)은 위험하다	4.20
이산화탄소 배출은 위험하다	3.91

(응답자 base = 1,016명)

한편, 물과 관련한 각각의 위험에 대해 사람들이 얼마나 위협적으로 인식하는지 알아보았다. 우선 기준을 확인하기 위해 물 부족이 얼마나 위협적인지 살펴보았는데 5점 척도를 기준으로 할 때 3.70점으로, 7개 항목의 평균인 3.98점에 미치지 못한 것으로 나타났다.

가장 물 관련 위험인식이 높은 것은 화학물질 오염(4.50점)이었으며, 미세플라스틱(4.35점), 기후변화(4.22점), 생태계 변화(4.21점), 물의 과소비(4.03점) 순으로 평균 이상의 위험인식을 보였다. 비료를 사용하는 농사(3.67점)와 댐 건설(3.18점)로 인한 물 환경 위협에 대해서는 평균 이하의 위험 인식을 갖는 것으로 나타났다.

여기서 보는 바와 같이 사람들은 물 부족 문제를 전염병 확산이나 식량 부족, 미세먼지 배출에 비해 위험하다고 판단하고 있으나 물과 관련한 위험으로 한정할 경우 아직 경험하지 못한 물 부족보다는 화학물질 오염이나 미세플라스틱, 기후변화, 생태계 변화, 물의 과소비와 같이 실제 현실에서 발생하고 있는 사안에 대해 민감하게 인식하는 것을 알 수 있다. 따라서 화학물질이나 미세플라스틱 오염, 물의 과소비 등을 규제할 수 있는 방안을 모색하는 것이 바람직하다. 또한 이에 대한 규제할 경우 사회적 저항이 크지 않아 효과적으로 위험을 통제할 수 있을 것으로 보인다.

〈표 5〉 물 관련 위험에 대한 인식 비교

문) 물 관련 에 대한 진술입니다. 각 진술에 대해 얼마나 동의하시는지 말씀해주십시오.

[보기 척도]
1. 전혀 동의하지 않는다 / 2. 별로 동의하지 않는다 / 3. 그저 그렇다
4. 동의한다 / 5. 절대적으로 동의한다

항 목	평균 점수(1~5점)
화학물질 오염이 물 환경을 위협한다	4.50
미세플라스틱이 물 환경을 위협한다	4.35
기후변화가 물 환경을 위협한다	4.22
생태계 변화가 물 환경을 위협한다	4.21
물의 과소비가 물 환경을 위협한다	4.03
대한민국의 물 부족은 위협적이다	3.70
비료를 사용하는 농사가 물 환경을 위협한다	3.67
댐 건설이 물 환경을 위협한다	3.18

(응답자 base = 1,016명)

사람들은 위험통제 가능성(3.43점)을 인정하는 경향을 보이고 있다. 응답자의 57.5%는 위험통제 가능성을 인정한 데 비해 19.3%는 인정하지 않았으며, 23.2%는 판단을 유보한 것으로 나타났다. 한편, 과학기술을 통한 위험통제 가능성과 법과 제도를 통한 위험통제 가능성은 5점 척도를 기준으로 각각 3.68점과 3.63점인 것을 알 수 있다. 하지만 문화를 통한 위험통제 가능성(3.17점)의 경우는 전반적인 위험통제 가능성에 미치지 못하는 것으로 나타났다.

따라서 효과적인 위험통제를 위해서는 과학기술, 그리고 법과 제도를 조화롭게 활용하는 것이 필요하며, 사람들과 이러한 사실을 소통하는 것 역시 중요할 것으로 보인다.

〈표 6〉 위험통제에 대한 인식

문) 위험 통제에 대한 진술입니다. 각 진술에 대해 얼마나 동의하시는지 말씀해주십시오.

[보기 척도]
1. 전혀 동의하지 않는다 / 2. 별로 동의하지 않는다 / 3. 그저 그렇다
4. 동의한다 / 5. 절대적으로 동의한다

항 목	평균 점수(1~5점)
위험은 과학기술로 어느 정도 통제할 수 있다	3.68
위험은 법과 제도로 어느 정도 통제할 수 있다	3.63
위험은 문화로 어느 정도 통할 수 있다	3.17
위험은 통제할 수 없다	2.52

(응답자 base = 1,016명)

사람들이 위험을 사회의 구성 요소로서 인식하는지에 대해 살펴보았다. 응답자의 82.3%는 위험을 우리가 사는 사회의 구성 요소 중 하나로 인식하고 있으며, 5.3%만이 이에 대해 동의하지 않는 것으로 나타났다. 이에 대해서는 남성과 여성의 차이가 거의 확인되지 않았다. 한편, 소극적 위험 감수에 대해서는 5점 만점에 3.30점으로 나타났는데, 혜택을 받으려면 어느 정도 위험을 감수해야 한다는 것에 대해 50.4%는 동의했으나 21.1%는 동의하지 않았다. 또한 적극적 위험 회피의 경우는 5점 만점에 3.26점인 것으로 나타났다. 혜택이 있어도 위험이 있으면 선택하지 않는다는 것에 동의한 경우는 43.3%로, 동의하지 않는다는 응답(21.2%)에 비해 두 배 이상 많은 것으로 나타났다.

〈표 7〉 위험 감수에 대한 인식

문) 위험 감수에 대한 진술입니다. 각 진술에 대해 얼마나 동의하시는지 말씀해주십시오.

[보기 척도]
1. 전혀 동의하지 않는다 / 2. 별로 동의하지 않는다 / 3. 그저 그렇다
4. 동의한다 / 5. 절대적으로 동의한다

항 목	평균 점수(1~5점)
위험은 우리가 사는 사회의 구성 요소 중 하나이다	3.90
혜택을 받으려면 어느 정도의 위험은 감수해야 한다	3.30
혜택이 있어도 위험을 감수해야 하면 선택하지 않는다	3.26

(응답자 base = 1,016명)

이러한 결과로 미루어볼 때, 사람들은 위험을 사회의 구성요소로 인식하면서도 위험을 회피하려는 경향이 있으며, 혜택을 위해 어느 정도의 위험을 감수할 의지도 동시에 갖고 있는 것을 알 수 있다. 그러나 적극적 위험

회피와 소극적 위험 감수 모두 강한 의지를 보이지는 않는 것으로 나타났다. 따라서 혜택으로 위험 감수를 이끌어내기 위해서는 위험에 비해 혜택의 강도가 상대적으로 매우 높아야 할 것으로 보이며, 혜택 이외의 조치 즉 가치 부여 등이 필요할 것으로 판단된다.

4. 물의 가치에 대한 인식

사람들이 물의 가치에 대해 어떻게 인식하고 있는지 인류의 건강, 생태계 유지, 식수 사용, 식량안보, 에너지 공급, 문화·정서적, 경제적, 도시유지 차원에서 살펴보았다. 8가지 차원에서의 물의 가치 인식의 평균은 5점 만점에 4.19점으로 확인되었다. 사람들은 인류의 건강 차원(4.45점)에서 물의 가치를 가장 높이 평가하고 있으며, 생태계 유지 차원(4.35점)과 식량안보 차원(4.31점)에서 인식하는 물의 가치가 평균 수준을 웃돌았다. 사람들은 에너지 공급 차원(4.16점), 식수 사용(4.14점), 경제적 차원(4.13점), 도시유지 차원(4.13점) 순으로 물의 가치를 인식하고 있으며, 문화적·정서적 차원(3.88점)에서의 물의 가치에 대해서는 상대적으로 차이를 두고 인식하는 것으로 나타났다.

이러한 결과로 미루어볼 때, 사람들은 물에 대해 직접 소비하거나 사용하는 것으로부터의 가치를 넘어 물의 존재 자체로부터 발생되는 절대적 가치에 방점을 두고 있는 것으로 볼 수 있다.

〈표 8〉 물의 가치에 대한 인식

문) 물의 가치에 대한 진술입니다. 각 진술에 대해 얼마나 동의하시는지 말씀해주십시오.

[보기 척도]
1. 전혀 동의하지 않는다 / 2. 별로 동의하지 않는다 / 3. 그저 그렇다
4. 동의한다 / 5. 절대적으로 동의한다

항 목	평균 점수(1~5점)
물은 인류의 건강 차원에서 가치가 돋보인다	4.45
물은 생태계 유지 차원에서 가치가 돋보인다	4.35
물은 식량안보 차원에서 가치가 돋보인다	4.31
물은 에너지공급 차원에서 가치가 돋보인다	4.16
물은 식수로 사용하는 데에서 가치가 돋보인다	4.14
물은 경제적 차원에서 가치가 돋보인다	4.13
물은 도시 유지 차원에서 가치가 돋보인다	4.13
물은 문화적 정서적 차원에서 가치가 돋보인다	3.88

(응답자 base = 1,016명)

5. 물에 대한 태도

사람들이 수돗물을 마시는 것에 대해 거부감을 어느 정도 갖고 있는지에 대해 알아보았다. 응답자의 44.3%는 수돗물을 마시는 것에 대한 거부감을 갖고 있었으며, 27.7%만이 거부감을 갖고 있지 않은 것으로 나타났다. 여성의 경우 51.6%가 수돗물 음용에 대한 거부감을 보이고 있으며, 연령대별로 살펴보면 18~29세의 경우 52.9%, 40~49세의 경우 52.3%가 거부감을 갖는 것을 알 수 있다. 반면 60대 이상의 경우는 35.1%가 거부감을 보였으며 34.0%는 수돗물 마시는 것에 대한 거부감이 없다고 답했다. 농업과 임업,

어업에 종사하는 경우는 23.5%만이 수돗물 음용에 대한 거부감을 표했으며 주부는 50.5%, 학생은 60.3%가 거부감을 보인 것으로 나타났다. 물론 수돗물을 마시는 것에 대한 거부감을 갖고 있지 않다고 해서 수돗물을 마신다는 것을 의미하는 것은 아니다. 이러한 결과는 실제 수돗물의 수질 환경과는 별개로 사람들이 수돗물을 마시는 것에 대해 거부감을 갖는 경향이 있다는 것을 분명하게 보여주고 있다.

〈표 9〉 물에 대한 태도

문) 물에 대한 태도와 관련한 진술입니다. 각 진술에 대해 얼마나 동의하시는지 말씀해주십시오.

[보기 척도]
1. 전혀 동의하지 않는다 / 2. 별로 동의하지 않는다 / 3. 그저 그렇다
4. 동의한다 / 5. 절대적으로 동의한다

항 목	평균 점수(1~5점)
나는 물을 절약하려고 노력한다	3.95
나는 수돗물을 마시는 것에 대해 거부감이 없다	2.75

(응답자 base = 1,016명)

한편, 물을 절약하려는 노력에 대해 응답자의 77.0%는 동의하고 있었으며 2.8%만이 물을 절약하려고 노력하지 않는다고 응답하였다. 그러나 물을 절약하려고 노력한다는 것에 대해 그저 그렇다고 답한 20.3%의 응답자는 적극적으로 물 절약 노력을 하지 않는 것으로 간주할 수 있다. 따라서 물 절약의 필요성과 혜택 그리고 방법에 대한 정보가 공유되어야 할 것으로 보인다.

6. 물관리시스템 개선 필요성에 대한 인식

사람들의 물관리시스템에 대한 개선 필요성 인식을 알아보았다. 사람들은 물 공급시스템의 개선(3.41점)보다 하수 처리시스템의 개선(3.60점) 필요성에 더 공감하는 것으로 나타났다. 물 공급시스템의 경우 인천·경기(3.34점)와 대구·경북(3.38점) 지역 거주자는 평균보다 낮은 개선 필요성 인식을 갖고 있으며, 대전·세종·충청(3.48점)과 부산·울산·경남(3.46점) 지역 거주자는 상대적으로 강하게 물 공급시스템의 개선 필요성을 인식하는 것을 알 수 있다. 하수 처리시스템에 대해서는 광주·전라(3.71점) 지역 거주자의 개선 필요성 인식이 가장 강하고, 대전·세종·충청(3.55점)과 인천·경기(3.56점), 부산·울산·경남(3.57점) 지역 거주자의 경우는 평균 이하의 개선 필요성 인식을 보인 바 있다.

물관리시스템의 개선 필요성에 대해서는 남성보다 여성이 더 높게 인식하는 것을 알 수 있다. 물 공급시스템 개선 필요성의 경우는 주부 (3.42점)와 농임어업 종사자(3.41점)의 인식이 유사하나, 하수시스템에 대해서는 농임어업(3.88점) 종사자가 주부(3.66점)에 비해 더 높은 개선 필요성을 느끼는 것으로 나타났다.

〈표 10〉 물관리시스템 개선 필요성에 대한 인식

문) 물에 대한 진술입니다. 각 진술에 대해 얼마나 동의하시는지 말씀해주십시오.

[보기 척도]
1. 전혀 동의하지 않는다 / 2. 별로 동의하지 않는다 / 3. 그저 그렇다
4. 동의한다 / 5. 절대적으로 동의한다

항 목	평균 점수(1~5점)
대한민국의 하수 처리시스템은 개선이 필요하다	3.60
대한민국의 물 공급시스템은 개선이 필요하다	3.41

(응답자 base = 1,016명)

전반적으로 사람들은 물관리시스템에 대한 개선 필요성을 크게 인식하지 않는 경향이 있으나 이를 물관리시스템에 문제가 없다고 단정 짓기에는 다소 무리가 있다. 왜냐하면 사람들은 물의 최종 소비자로서 소비과정과 결과에 특별한 문제가 발생하지 않는 한 물관리시스템에 대해 관심을 두기 쉽지 않기 때문이다. 따라서 물관리시스템의 개선 필요성이 심각하게 제기되기 전에 이를 정비하는 것이 바람직하다.

7. 문제해결 필요성에 대한 인식

우리 사회가 현재 마주하고 있는 다양한 문제에 대한 해결 필요성에 대한 인식을 알아보았다. 문제 해결을 위해 현 시점에서 얼마나 집중적으로 예산과 역량을 투입해야 한다고 생각하는지를 물었다. 문제해결 필요성에 대한 평균 인식은 4.14점이었으며, 전염병 백신 개발(4.41점)이 가장 필요하다고 인식하는 것으로 나타났다. 하천·해양오염 방지(4.25점)와 대기오염 방지(4.25점), 경제적 양극화 해소(4.14점)가 평균 이상의 필요성 인식으로 그 뒤를 이었다. 물 부족 방지의 경우는 4.09점 수준으로 현

시점에서 문제 해결을 위해 예산과 역량을 집중 투입해야 한다고 인식하는 경향은 확인되었으나 평균에는 미치지 못하였다. 한편, 미세먼지 배출 줄이기(4.01점)와 이산화탄소 배출 줄이기(3.86점)에 대해서는 상대적으로 문제 해결을 위한 예산과 역량 집중 투입의 필요성을 낮게 인식하는 것을 알 수 있다. 이와 같은 결과로 미루어볼 때, 사람들은 원인을 제거하는 행위보다는 행위의 결과에 더 관심을 갖고 있는 것으로 보인다. 또한 사람들은 현재 물 부족보다는 물 환경오염을 더 해결해야 할 문제로 인식하는 것으로 나타났다.

〈표 11〉 문제해결 필요성에 대한 인식

문) 다음의 문제를 해결하기 위해 대한민국이 현 시점에서 얼마나 집중적으로 예산과 역량을 투입해야 한다고 생각하는지 말씀해주십시오.

[보기 척도]
1. 훨씬 줄여야한다 / 2. 약간 줄여야한다 / 3. 지금 정도로 투입해야한다 /
4. 약간 늘려야한다 / 5. 훨씬 늘려야한다

항 목	평균 점수(1~5점)
전염병 백신 개발하기	4.41
하천·해양오염 방지하기	4.25
대기오염 방지하기	4.25
경제적 양극화 해소하기	4.14
에너지안보 지키기	4.13
물 부족 방지하기	4.09
식량안보 지키기	4.08
미세먼지 배출 줄이기	4.01
이산화탄소 배출 줄이기	3.86

(응답자 base = 1,016명)

8. 물의 가치와 위험인식에 대한 소결

사람들은 물의 가치를 식수, 생활용수 등 직접 소비하는 것보다는 인류의 건강과 생태계 유지 차원과 같이 존재 자체에서 발휘되는 가치를 더 중시하는 것으로 나타났다.

사람들은 삶의 필수요소로서 물의 중요성을 절대적으로 인식하고 있는 것으로 나타났다. 이는 다른 위험보다 물 부족의 위험을 상대적으로 높게 인식하고 있다는 점에서 일관성을 확인할 수 있다. 물 환경오염과 물 부족을 비교할 때 사람들은 물 환경이 오염되는 것에 대해 더 예민하게 반응하는 것을 알 수 있다. 또한 물 환경오염의 원인으로서 화학물질과 미세플라스틱을 가장 심각하게 받아들이는 것으로 보인다. 이는 하천·해양오염 방지에 대한 집중적인 예산과 역량의 투입 필요성을 강하게 인식하는 것과도 같은 맥락이라 할 수 있다.

한편, 사람들은 위험을 사회의 구성요소로 인식한다. 이러한 위험은 과학기술, 법과 제도로 통제할 수 있다고 생각하는 경향이 있으며 동시에 위험회피 경향을 갖고 있다. 이러한 인식은 추상적 위험을 대상으로 하고 있지만 물 위험과 같은 구체적 위험에 대해서도 적용될 수 있다. 따라서 위험이 잠재된 상황에서 사회적 수용성 확보가 필요할 경우 혜택을 제공하는 것보다는 위험통제 가능성을 보여주는 것이 효과적일 것으로 보인다.

한편, 사람들은 수돗물을 마시는 것에 대한 거부감이 있으며 물의 가치나 물 위험 인식에 대비해 물을 절약하기 위한 노력은 상대적으로 낮은 것으로 나타났다. 한편, 물 부족에 대해서는 상대적으로 높은 위험인식을 갖고 있다. 따라서 물 절약 실천을 확산하기 위해서는 물을 절약해야 한다는 직접적 캠페인보다는 물 부족 현황과 물 부족이 건강과 생태계에 미치는 영향에 대해 정보를 공유하는 것이 중요하다.

이와 같은 결과를 바탕으로 할 때, 물 부족과 물 환경오염의 심각성을 분석하고 이에 대해 알리는 것이 필요할 것으로 보인다. 또한 물 환경오염 수준에 대한 정보를 공유하고 이를 회복, 방지하기 위한 계획을 수립하고 실행하는 것이 매우 중요한 것으로 판단된다.

Ⅲ. 물의 가치 실현과 확산을 위한 거버넌스 구축

1. 물의 가치 범주화와 미래가치 발굴

물의 본질적 가치에 대해서는 충분한 공감대가 형성되어 있다. 그러나 물의 본질적 가치에 대해 어느 정도로 평가하고 있는지에 대해서는 가늠하기가 쉽지 않다. 우리 삶의 필수 요소 6가지를 제시하고 이에 대한 각각의 중요성을 평가하도록 한 결과, 물의 중요성을 최고로 꼽았다. 이는 물의 본질적 가치에 대한 분명한 인정을 보여주는 결과라 할 수 있다.

한편, 물의 본질적 가치 외에 경제적, 사회적, 생태적, 문화적 가치를 내재하고 있다. 또한 이러한 가치는 개인과 국가로 구분하여 범주화할 수 있다. 개인 차원의 경우는 직접적인 영향을 받는 것을 의미하며, 국가 차원의 경우는 직접적인 영향을 받지는 않지만 간접적으로 중요한 영향이 미치는 것을 의미한다. 물의 가치의 범주는 〈표 12〉와 같다.

사람들은 인류의 건강 차원(4.45점)에서 물의 가치를 가장 높이 평가하는 것으로 나타났다. 생태계 유지 차원에서의 물의 가치(4.35점)가 그 뒤를 잇고 있으며, 식량안보(4.31점) 차원에서의 물의 가치도 높게 인식하는 것을 알 수 있다. 큰 차이는 아니지만 에너지 공급(4.16점) 차원에서의 가치를 식수 사용(4.14점) 차원에서의 가치보다 상대적으로 크게 인식하고 있는 것은 주목할 만하다. 특히 사람들이 수돗물을 마시는 것에 대한 거부감을 갖고 있는 것을 고려할 때, 식수로서의 물의 가치와 수돗물의 위생에 대한 인식 확산이 필요할 것으로 보인다. 물의 경제적 차원(4.23점)과 도시 유지 차원(4.13점)의 가치는 상대적으로 높지 않게 평가하고 있으며, 문화적·정서적 차원(3.88점)의 가치에 대해서는 가장 낮은 인식 수준을 보이고 있다.

〈표 12〉 물의 가치의 범주

구 분	경제적 차원	사회적 차원	생태적 차원	문화적 차원
개인	식수 사용	에너지공급	인류 건강	문화 정서
	4.14	4.16	4.45	3.88
국가	경제	식량 안보	생태계 유지	도시 유지
	4.13	4.31	4.35	4.13

기후변화가 현실감 있게 다가오면서 가장 영향을 많이 주고받는 물의 경우 점점 더 그 가치가 중요해지고 있다. 또한 기후변화와 4차 산업혁명, 여기에 코로나19와 같은 팬데믹 상황이 더해지면서 새로운 차원의 물의 가치 창출 필요성이 제기된다. 예를 들어, 물을 통해 얻을 수 있는 문화적·정서적 차원의 가치를 보다 구체화하는 것을 고려할 수 있다. 또한 사회적 차원에서 위생을 포함한 복지부문의 가치에 대해서도 새로운 접근이 필요하다. 한편, 물 위험은 물의 가치를 훼손하는 데 직접적인 영향을 미친다. 따라서 오염을 방지하고 물 부족을 방지하는 등 물 위험을 통제하는 것은 물의 가치를 보존하고 실현하는 데 있어서 필수적이다.

따라서 물의 가치를 실현하고 확산하기 위해서는 우선, 물의 가치를 규정하고 물의 가치에 대한 상호 영향요인을 도출하는 것이 필요하다. 이를 토대로 물의 가치를 증대시킬 수 있는 요인은 강화하고 물의 가치를 훼손할 수 있는 요인은 최소화하는 방안을 모색해야 한다. 또한 물의 가치를 둘러싼 이해관계자와 이해관계를 파악하는 것이 필요하다. 중요한 것은 이러한 일련의 과정에 다양한 이해관계자는 물론 관심을 갖고 있는 사람들이 직간접적으로 참여할 수 있는 거버넌스를 구축하고 참여할 수 있도록 하는 것이다. 왜냐하면 물의 가치를 실현하고 확산하기 위해서는 정책만큼이나 개개인의 실천이 영향력을 발휘할 수 있기 때문이다.

2. 물 거버넌스의 구축과 운영

OECD(2018)에 따르면, 물 거버넌스는 물에 관한 공식적·비공식적인 정치적, 제도적, 행정적 규칙과 관행 및 절차를 의미한다. 물 거버넌스의 원칙은 관리목적, 용도, 소유형태와 무관해야 하며 효율성efficiency, 효과성effectiveness, 신뢰와 참여trust & engagement 측면에서 준수되어야 한다.

〈표 13〉 OECD의 물 거버넌스 원칙

효과성	효율성	신뢰와 참여
물 정책 결정 및 이행 규제 등에 있어 책임 있는 기관 간에 역할과 책임을 분명하게 배분할 것	시의적절하고 비교가능하며 정책 관련성이 높은 일관된 물 관련 정보를 생산, 갱산, 공유하며 물 정책을 평가, 개선하기 위해 활용할 것	의사결정 과정에서 보다 큰 책임과 신뢰 확보를 위해 물 정책, 제도, 거버넌스 체계의 투명성과 청렴성을 촉진할 것
지역 여건을 고려해 협력을 촉진하기 위해 적절한 수준에서 통합된 유역 거버넌스에 기초해 관리할 것	정부가 효율적이고 투명하며 시의 적절하게 물 재원 마련을 촉진하고 배분할 것	이해관계자가 물 정책 설계와 이행과정에서 보다 많은 정보를 바탕으로 성과도출에 기여할 수 있도록 참여를 촉진할 것
물과 에너지, 보건, 공간계획, 토지사용 등 다양한 정책 간 조화를 장려할 것	건강한 물관리 규제체계가 효과적으로 이행되고 공공의 이해에 맞게 관리할 것	물 거버넌스 체계가 물의 사용자 간, 도농 간, 세대 간의 갈등을 관리할 수 있도록 지원할 것
물 정책 관련 조직이 복잡한 현안을 해결하고 의무를 수행할 수 있는 역량을 갖출 것	책임있는 조직, 다층적 정부구조, 이해관계자 간에 혁신적인 물 거버넌스를 채택하고 확산할 것	물 정책과 거버넌스에 대한 정기적 모니터링과 평가를 촉진하고, 사람들과 결과를 공유하며 필요시 개선할 것

거버넌스를 통해 논의한 내용에 어떠한 권한을 부여할 것인가를 사전에 결정하는 것이 필요하다. 물론 거버넌스 단위별로 권한을 달리할 수 있다. 예를 들어, 의사결정, 의견 개진, 결정이나 발언권 없는 참관, 정보청구 등 책임에 따라 권한을 구분하는 것을 고려할 필요가 있다. 물 거버넌스의 목적은 물 위험을 효과적으로 통제하고 물의 가치를 확산하는 데 있다. 물 거버넌스의 두 축은 정보공유와 참여에 있으며 그 문턱을 얼마나 낮추는가에 따라 성과는 달라질 수 있다.

정보공유는 정보의 정확성, 공정성과 가독성, 정보공개의 신속성과 정보공개의 유효성, 그리고 보안 이슈와의 충돌을 고려해야 한다. 또한 이들은 모두 신뢰의 문제로 수렴된다. 정보의 정확성은 실질적인 분석에 충실한 수치인지, 사실에 근거한 내용인지에 관한 것이다. 정보의 공정성은 해석의 과정에서 편향되거나 왜곡이 없었는지를 다루고 있다. 정보의 가독성은 별도의 지식 습득이나 전문가의 도움 없이도 이해 가능하며, 오해의 여지가 없는지에 대한 것이다. 정보공개의 신속성은 정보공개가 적기에 이루어졌는지, 의도적인 지연은 없었는지에 관한 것이다. 정보공개의 유효성은 필요한 정보, 알아야 할 정보를 모두 포함하고 있는지 그리고 불필요하거나 오히려 해석하기 어려운 정보 위주는 아닌지 등에 대한 것이다. 보안 이슈와의 충돌은 사람들의 입장에서 보면 공개되어야 한다고 생각하지만, 국가 차원에서 보면 안보의 문제로 인해 상세하게 밝힐 수 없는 사안들이 존재한다. 이러한 경우 정보갈등이 발생할 수 있다. 따라서 이 부분에 대해서는 명확한 원칙과 기준을 세우고 이에 대해 다양한 방법으로 설명하는 것이 필요하다. 더 중요한 것은 원칙과 기준을 엄격하게 준수하는 일이다.

참여의 범위와 수준을 결정하는 것은 매우 중요하다. 이를 결정하기에 앞서 정부가 해야 할 일은 물과 관련하여 이해관계자들은 누가 있으며 이들은 각각 어떤 사안에 대해 관심을 갖고 있는지에 대해 파악하는 것이다. 이를 통해 실질적인 문제나 갈등이 발생하기 전에 필요사항을 제공하고 소통한다면 협업과 협력을 이끌어내는 방아쇠가 될 수 있다. 참여의 범위와 수준을 결정하고 거버넌스를 운영하기 위해서는 원칙과 목표의 공유가 중요하다. 너무나 당연한 목표라 할지라도 분명히 선언하고, 끊임없이 강조하면서 상호 체화하는 것은 반드시 필요하다.

한편, 효과적인 참여를 이끌고 효율적인 거버넌스를 운영하기 위해서는 의사결정 그룹과 논의그룹을 구분하는 것이 필요하다. 자문그룹의 경우는 실질적인 분석과 검토, 대안을 제시하고 평가하는 역할을 해야 하기 때문에 지속성을 갖는 것이 매우 중요하다. 즉, 전문가를 바꾸기 보다는 특별한 문제가 없는 한 유지하는 것이 바람직하다. 단, 결정의 왜곡이나 부적절한 권한 남용 등을 방지하기 위해 자문그룹의 경우 정책 등의 결정에 직접적으로 참여하는 것은 제한하는 것이 바람직하다.

논의그룹은 물과 관련한 현안들을 논의하며 주요 논의 결과를 정부 혹은 관련 기관에 건의할 수 있다. 또한, 현안이 발생할 경우 현안그룹을 구성하여 심층적으로 논의하고 문제가 해결되면 해산한다. 이 외에도 온라인 감시단을 구성하여 물과 관련한 사안에 대해 감시 역할을 하도록 하는 것이 필요하다. 여기에는 주민단체, 기관, 지역주민, 언론, 주민 등이 절차를 통해 누구든지 참여할 수 있도록 해야 한다. 그리고 온라인 감시단에는 정보접근 범위를 확대하여 권한을 행사할 수 있도록 조치하는 것이 필요하다. 활동 기간과 범위에 대해서는 별도로 공지하도록 한다.

한편, 물관리와 관련한 거버넌스를 전담할 기구를 구성에 대해 고려할 필요가 있다. 그런데 거버넌스라는 표현 대신 커뮤니케이션 전담이라는 표현을 선택하는 것이 바람직하다. 커뮤니케이션 전담기구는 별도의 조직으로 구성하되, 인원은 최소한으로 한다. 물과 관련한 국내외 정보를 취합하여 공유하고, 의견을 청취하며 제안을 받아 답변하는 역할을 한다. 여기서는 정부나 기관의 일방적 정보 공개뿐 아니라 이에 대한 검증 및 검토의견을 동시에 게재하는 것을 원칙으로 한다. 또한 온·오프라인을 이용해 누구든지 질문하거나 의견을 제시할 수 있으며, 해당 내용에 대한 답변을 담당주체로부터 받아 게재한다. 커뮤니케이션 전담기구는 독립성을 담보함으로써 신뢰를 확보할 수 있는 토대를 갖추는 것이 중요하다.

3. 물 거버넌스 활성화를 위한 공공커뮤니케이션

정부에 대한 낮은 신뢰 수준, 언론자유 수준의 하락, 허위조작 정보의 급속한 확산이라는 상황에서 사람들은 더 많은 정보와 의사결정 과정에 대한 보다 상세한 언급과 참여를 요구한다. 따라서 공공커뮤니케이션의 중요성이 점차 부각되고 있다. OECD(2019)는 공공커뮤니케이션을 시민의 신뢰를 회복하고 포용적 정책결정을 촉진하며, 열린 정부 개혁을 지원하는 핵심요소로 인식하고 있다. 공공커뮤니케이션은 공익을 위해 공공기관이 주도하는 커뮤니케이션 활동 또는 이니셔티브로 정의할 수 있다.

공공커뮤니케이션은 정책 결정과 신뢰 구축을 위해, 시민 행동의 변화와 시민의 지원 확대를 통해 개혁의 영향을 강화하는 수단으로 사용될 수 있다. OECD는 공공커뮤니케이션에 대한 10가지 지침을 다음과 같이 제시한 바 있다.

① 현재 상황에 대한 평가로 시작하여 장단점, 잠재적 문제, 기회 및 기존의 인식을 확인한다. ② 실질적이고 측정 가능한 결과를 이용하여 명확하고 현실적인 목표를 설정한다. ③ 목표 달성을 향한 진행 상황을 지속적으로 모니터링하고 평가한다. ④ 활동에 대한 책임과 일정을 확인한다. 일관성 있는 커뮤니케이션 전략으로 모든 관련 청중에게 도달할 것을 목표로 한다. ⑤ 다양한 종류의 이해관계자의 우려를 반영하도록 메시지를 조정한다. ⑥ 콘텐츠, 즉 사례 연구, 영향 보고 등을 이용하여 명확한 메시지 전달을 지원한다. ⑦ 광범위한 관련 채널(미디어, 이벤트, 캠페인, 회의)을 사용한 정확한 전달을 목표로 삼는다. ⑧ 청중을 소셜 미디어에 참여시키고, 이러한 플랫폼의 특성에 맞게 커뮤니케이션을 조정한다. ⑨ 내부 및 외부의 커뮤니케이션 계획에 기여하고 구현할 수 있는 파트너를 파악한다. ⑩ 커뮤니케이션 전문가, 정책 입안자 및 시민 사회 커뮤니티는 열린 정부 의제에 가치를 부가할 수 있으므로 이들과의 상호 작용을 통해 조언을 받는다.

그러나 종종 행정부나 공공기관은 커뮤니케이션의 기능을 정보의 일방적 제공으로, 그리고 기회보다는 위험으로 간주하는 경향이 있다. 이렇게 잘못된 인지로 인해 커뮤니케이션을 가급적 자제하거나 커뮤니케이션에 오류를 범할 수 있으며 이는 예상치 못한 부정적 결과로 이어질 수 있다. 즉 비밀 문화의 확산, 부패의 촉진, 정부와 시민 간의 간격 확대, 정책과 서비스에 대한 부정적 태도 생성, 신뢰 붕괴 등이 발생할 수 있다.

따라서 공공커뮤니케이션의 전제조건은 당사자인 주체가 커뮤니케이션의 의미와 가치에 대해 바르게 이해하는 것이다. 그리고 커뮤니케이션의 상대에 대해 존중하고 인정하고 배려하는 것이다. 이러한 전제조건이 성립되어야만 공공커뮤니케이션을 통해 거버넌스를 활성화할 수 있다.

설문조사 결과에 따르면, 사람들은 위험과 관련한 정보와 지식을 제공하는 각각의 주체 중 가장 신뢰하는 대상이 바로 내가 갖고 있는 정보와 지식(3.52점)인 것으로 나타났다. 물론 관련 전문가(3.50점)를 그 다음으로 신뢰하지만 자신이 알고 있는 내용을 가장 신뢰하는 상황에서 그것이 맞다는 증거를 찾는 데 몰입하는 일종의 확증편향을 고려할 때, 올바른 정보와 지식 공유의 중요성이 다시 한 번 확인된다.

공공커뮤니케이션의 방법으로는 온라인과 오프라인을 여건에 따라 활용할 수 있다. 온라인의 경우도 비대면 비동시성의 SNS 활용뿐 아니라 웨비나와 줌 등을 활용한 비대면 동시커뮤니케이션도 활용이 가능하다. 설문조사 결과에 따르면, 유투브(2.53점)나 SNS(2.37점)의 정보와 지식은 거의 신뢰하지 않는 것으로 나타났다. 정보통신 기술의 비약적 발전으로 인해 시공간의 제약을 해제할 수 있는 가능성이 높아짐에 따라 공공커뮤니케이션은 주체의 의지가 점점 더 중요한 관건이 되고 있다. 한편, 공공커뮤니케이션에 참여하는 주체 모두가 책임에 대해 생각해야 하며 책임의 범위를 사전에 명시하고 동의를 구하는 것 역시 중요한 절차임에 틀림없다.

Ⅳ. 결론 및 시사점

전국의 18세 이상 성인남녀 1,016명을 대상으로 설문조사를 한 결과 사람들은 우리가 살아가는 가장 중요한 것으로 물(4.66점)을 꼽았다. 물은 공기(4.49점)와 식량(4.47점)보다 중요하게 인식되고 있다. 동시에 사람들은 대한민국이 현재 맞고 있는 위험으로 물 부족(4.58점)을 1순위로 제시했다. 코로나19로 2020년 한 해가 어려움 속에 지속되고 있는 시점임에도 전염병 확산(4.50점)보다 물 부족을 더 큰 위험으로 여기고 있다. 즉 사람들에게 있어 물은 꼭 필요할 뿐 아니라 중요하고 부족하면 위험하다고 여기는 절대적 가치를 지니고 있다고 해도 과언이 아니다.

그렇다면 물 환경을 가장 위협한다고 생각하는 요인은 무엇일까? 다름 아닌 화학물질 오염(4.50점)으로 나타났으며, 미세플라스틱(4.35점)과 기후변화(4.22점), 생태계 변화(4.21점)가 그 뒤를 이었다. 사람들은 물 부족(3.70점)보다 물 환경의 오염과 변질을 더 위협적으로 느끼고 있다.

사람들은 위험을 우리가 살고 있는 사회의 한 구성 요소(3.90점)로 받아들이고 있다. 그러면서 위험은 통제할 수 있다(3.68점)고 생각하는 경향이 있다. 그리고 그 수단으로서 과학기술(3.68점) 및 법과 제도(3.63점)을 제시한다.

그렇기 때문에 물 위험은 언제 어디서든 존재할 수 있으며, 이 역시 사람들의 개입을 통해 통제할 수 있다고 생각한다. 이는 물 위험 자체를 부정하는 것보다는 존재하는 물 위험을 어떻게 잘 관리하고 통제할 것인가에 초점을 두고 커뮤니케이션해야 한다는 것을 시사한다.

물의 가치에 대해선 어떤 생각을 하고 있을까? 사람들은 인류 건강(4.45점)

차원의 가치를 가장 높이 평가한다. 생태계(4.35점)와 식량안보(4.32점) 차원의 가치가 그 뒤를 잇는다. 이러한 맥락에서 보면 사람들이 수돗물을 마시는 것에 대해 거부감을 갖는 이유를 추론할 수 있다. 그렇기 때문에 사람들과 수돗물이 건강에 미치는 영향에 대해 명확하고 신뢰할 수 있는 정보를 공유하는 것이 중요하다. 한편, 응답자의 77.0%가 물을 절약하기 위해 노력하고 있다고 답한 반면, 20.3%는 물 절약에 대해 관심을 보이지 않는 것으로 나타났다. 물 부족을 우리가 마주하고 있는 가장 큰 위험으로 받아들이고 있다는 점을 감안할 때, 물 절약의 절실함과 실천방안 등에 대한 효과적인 정보 공유가 더욱 필요한 것으로 보인다.

한편, 사람들은 물 공급시스템의 개선(3.41점)보다 하수 처리 시스템의 개선(3.60점)의 필요성에 주목하고 있다. 이는 사람들이 물 오염의 문제를 가장 큰 위협으로 느끼는 것과 맥을 같이한다.

기후변화의 영향력 증가로 인해 사람들은 당연하게 주어졌다고 생각하는 자연여건에 대해 관심을 갖기 시작했다. 그 중에서도 삶의 필수요소로서 중요성을 가장 높이 인식하고 있는 것이 물이다. 물 부족에 대해서도 사람들은 높은 위험인식을 갖고 있으나 그보다는 오염 문제에 대해 민감한 것으로 나타났다. 따라서 물관리가 어떻게 이루어지고 있는지에 대한 정보공유가 반드시 필요하다.

한편, 물의 본질적 가치에 대한 공감을 토대로 사람들은 인류의 건강과 생태계 유지 차원에서의 가치를 가장 높게 평가하고 있다. 반면, 문화적·정서적 차원의 가치에 대해서는 상대적으로 아직 큰 의미를 부여하지 않는 것을 알 수 있다. 식수사용 차원보다 에너지 공급 차원에서 물의 가치를 더 높게 인식하고 있으며, 수돗물에 대한 음용 거부감 등을 고려할 때 수돗물의 위생관리에 대한 현실적인 정보공유의 필요성이 확인된다.

기후변화에 팬데믹 상황이 더해지면서 물의 위험에 대한 관심은 향후 더욱 높아질 것으로 보인다. 물 위험은 물의 가치를 훼손하는 데 직접적인 영향을 미친다. 따라서 물 환경의 오염이나 물 부족 등의 위험을 통제하는 것은 물의 가치를 실현하기 위한 핵심 요건에 해당한다. 이를 위해서는 물 거버넌스의 실질적인 운영이 중요하다. 물 거버넌스의 목적은 물 위험을 효과적으로 통제하고 물의 가치를 확산하는 데 있다. 물 거버넌스의 두 축은 정보공유와 참여이다. 특히 사람들이 다른 어떤 것보다 자신이 갖고 있는 정보와 지식을 신뢰하는 상황에서 공공커뮤니케이션은 더욱 중요하다. 만약 커뮤니케이션의 오류가 발생할 경우 정책과 서비스에 대한 부정적 태도가 형성될 뿐 아니라 신뢰가 무너지는 상황이 일어날 수 있다.

물 거버넌스를 구축하고 커뮤니케이션을 실행하는 것은 반드시 필요하다. 그러나 그에 앞서 거버넌스에 참여하는 주체, 공공커뮤니케이션의 주체에 대한 이해와 존중, 그리고 인정이 전제되어야 하며, 주체 모두가 커뮤니케이션과 참여에 대한 책임을 공유하는 준비가 우선되어야 한다.

참고문헌

Boltz, F. Poff, N.L.; Folke, C.; Kete, N.; Brown, C.M.; Freeman, S.; Matthews, Goldstein et al., "The Private Sector's Climate-Change Risk and Adaptation Blind Spots", Nature: Climate Change 9, no. 1, 2019: 18 - 25 . 2.

David Wallace-Wells, 2019. "The Uninhabitable Earth: Life After Warming". NY: Tim Duggan Books.

de Franca Doria, M., 2010. Factors influencing public perception of drinking water quality. Water Pol. 12 (1), 1e19. https://doi.org/10.2166/wp., 2009.051.

Global Commission on Adaptation, 2019. Adapt now: A global call for leadership on climate resilience, 2019. https://cdn.gca.org/

J.H.; Martinez, A. and J. Rockstrom, "Water is a master variable: Solving for resilience in the modern era", 2019. Water Security, Vol 8, 1-7.

Leiserowitz, A., 2006. Climate change risk perception and policy preferences: the role of affect, imagery, and values. Climatic Change 77 (1), 45e72. https://doi. org/10.1007/s10584-006-9059-9.

OECD, 2018. "Implementing the OECD Principles on Water Governance: Indicator Framework and evolving practices"

OECD, 2019. "Communication Open Government"

Osberghaus, D., Finkel, E., Pohl, M., 2010. Individual Adaptation to Climate Change: the Role of Information and Perceived Risk. Discussion Paper No. 10e061, Manheim, ZEW. Dowloable at. ftp://ftp.zew.de/pub/zew-docs/dp/dp10061.pdf.

Tariq Khokhar, 2017. "Chart: Globally, 70% of Freshwater Id Used for Agriculture". World Bank Data Blog, March, 22. https://blogs.worldbank.org/opendata/ chart-globally-70-freshwater-used-agriculture

European Commission, 2012. Flash Eurobarometer 344: Attitudes of Europeans towards Water-related Issues. March 2012. TNS Political & Social [Producer]; GESIS Data Archive: ZA5779, Dataset Version 1.0.0. https://doi.org/10.4232/ 1.11585.

UNESCO, 2019. The United Nations world water development report 2019: Leaving No One Behind.

UN-Water Decade Programme on Advocacy and Communication and Water Supply and Sanitation Collaborative Council, 2017. "The Human Right to Water and Sanitation". https://www.un.org/waterforlifedecade/pdf/human_right_to_water_and_sanitation_media_brief.pdf

https://sustainabledevelopment.un.org/content/documents/hlpwater/07-ValueWater.pdf

USGS Water Science School, 2016. "The World's Water." U.S. Geological Survey, December 2, 2016. http://water.usgs.gov/edu/eartheater.html.

Volkswagen, Replenishing groundwater through reforestation in Mexico, 2011. https://www.cbd.int/doc/books/2011/B-03740.pdf

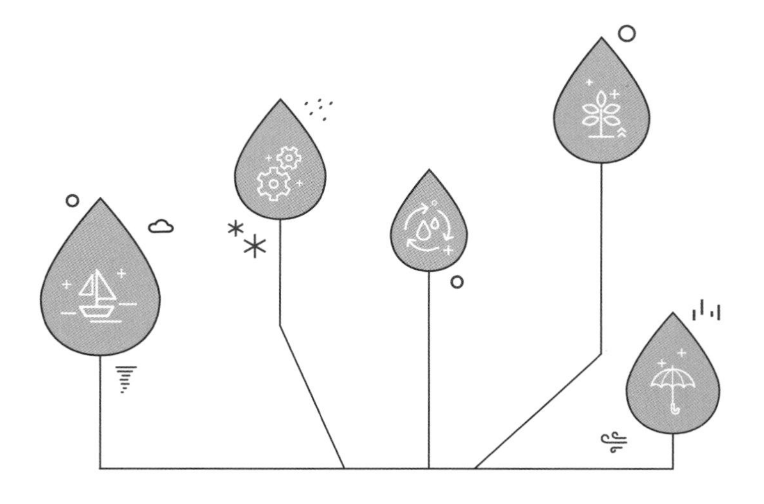

Valuing Water

물과 가치*

2장·물의 효율성

기후변화 정책과 상수도 가치 변화 추정
: 낙동강 유역권 사례를 중심으로

임 동 순 (동의대학교 경영학부 교수)

초록

본 연구는 비선형계획법을 적용한 모형을 통하여 낙동강 수계를 공유하는 5개 광역자치단체에 대하여 낙동강 유역권의 수자원 부족에 따른 경제활동의 변화를 추정한다. 수자원 부족 제약 시나리오를 적용하여 지역별 경제적 파급효과와 잠재가격의 변화를 추정한다.

분석결과에 따르면 수자원 제약이 10%~50%일 경우 개별 자치단체가 독립적으로 반응하는 경우(SC1)에는 지역 간 수자원 배분이 허용되지 않기 때문에 가장 큰 GRDP 손실이 발생하는 것으로 나타났다. 10% 제약인 경우 지역총생산(GRDP)은 5개 지역 전체에서 약 4.3% 하락하여 GRDP가 399조 원에서 382조 원을 나타내고, 50% 제약 시에는 41.3% 하락하여 GRDP가 234조 원을 나타내는 것으로 추정되었다. 5개 지역 간 수자원 배분이 허용되는 경우 10% 제약에서 GRDP는 1.3% 하락하여 GRDP가 394조 원을 기록하고, 50% 제약 시에는 31.5% 하락하여 GRDP가 273조 원을 나타내는 것으로 추정되었다.

대표 지역인 대구와 부산지역의 경우 수자원 제약 시 지역 간 배분 허용 유무에 따라 잠재가격이 매우 상이하게 나타났다. 대구의 경우 제약에 따른 경제적 파급효과가 민감하지 않았으나, 부산의 경우 수자원 배분이나 거래가 허용되는 경우 매우 큰 손실 회피가 가능하다는 결과가 도출되었다.

향후 수자원의 네트워크 서비스적인 성격을 감안하여 댐과 노드 등의 구분을 고려한 시나리오를 설정하여 보다 현실적인 효과를 시산하는 것이 필요하다.

Ⅰ. 서론

경제활동에서 수자원은 다양한 부문에 필수적인 요소로 사용된다. 물이 없는 경우 기본적인 생존이 불가능하다. 경제 부문별로는 제조업, 서비스업, 전력 생산 등 모든 분야에서 중간 투입 요소나 생산 과정의 기초 자원으로 활용된다. 수자원은 다른 자원이나 생산 원료와 마찬가지로 경제활동이나 산업부문의 중간투입재 성격의 생산요소로서 최종 재화나 서비스를 공급하기 위하여 사용된다. 또한 가정이나 상업부문에서 최종 소비재로서 소비재의 한 구성 항목으로 사용된다. 그러나 일반적인 생산요소와는 달리 본질적인 재산권 규정에 있어서 수자원의 범위, 용도 등에 따라 다르게 정의되며, 강수량 등 자연적 여건에 의하여 소비를 위한 공급물량이 결정되는 특수한 형태의 자연자원이자 생산요소로 볼 수 있다.

물 부족은 획일적인 수량적 지표로 표현하기 매우 어렵다. 국가나 단위 경제사회마다 수자원 집약도, 이용 구조, 산업 구조, 수자원에 대한 적응 수준 등에 따라 매우 상이하다. 그러나 연간 지속적인 물 부족 문제는 아니더라도 우리나라의 경우 극심한 한발과 갈수기가 발생한다. 또한 수계별로 인접한 자치단체마다 환경 여건에 따라서 다양한 요인에 의한 수질 악화 등 이용가능한 수준의 원활한 수자원 공급 차질도 경험하고 있다. 향후 기후변화 등 환경상태에 따라 광역 또는 기초 자치단체 수준에서도 수질 문제로 인한 수자원 공급의 어려움은 꾸준히 가중될 것으로 예상된다.

낙동강 유역권에는 대표적으로 부산, 대구, 울산 등 3개 광역시와 경북, 경남 등 2개 광역자치단체가 인접하고 있다. 이들 지역에서는 강 상류와 하류, 수자원 부존자원의 차이 등으로 인하여 물관리와 물배분에 있어서 전통적인 방식에서 보다 효율적인 전환에 대한 연구와 논의가 꾸준히 이어졌다. 그동안 전국을 대상으로 한 물 부족에 따른 경제적 손실 비용 추정과 수자원 가치 또는 잠재가격 산정에 대한 연구는 많이 수행되었다. 그러나 수자원의 유역권 또는 수계 단위를 중심으로 용수 이용과 경제적 활동과의 연계성에 대한 평가가 구체적으로 수행될 필요가 있다. 또한 현실적인 분석을 위해서는 특정 강 유역권이나 수계에 인접한 지자체에 대한 연구 필요성은 증대되고 있다.

본 연구에서는 수자원을 특정 지역경제에서 정상적인 생산, 소비 활동을 수행하기 위한 필수적인 생산요소로 정의한다. 수자원의 심미적 가치, 생태계 균형에 기여하는 가치는 개념적으로는 포함하지 않는다. 이러한 전제에 의거하여 수자원의 부존, 지역 간 배분 가능성 여부 등에 따라 특정 수계의 경제 활동이나 후생수준이 변화하는 상황을 실증적으로 분석하고 결과를 제시하고자 한다. 이를 위하여 선형계획법의 확대된 방법론인 비선형계획법에 의거한 모형을 구성하여 이론적, 실증적 논의를 제시하고 시사점을 도출하고자 한다. 연구 대상은 낙동강 수계를 공유하는 대구, 경북, 부산, 울산, 경남 등 5개 광역자치단체를 대상으로 하고 있다.

또한 낙동강 유역권의 수자원에 대한 지자체별, 산업 대분류별 용수 이용 현황을 살펴보고, 물 부족에 따른 경제활동의 제약 상황을 시나리오로 구성하여 분석하고자 한다. 또한 수자원 제약으로 발생하는 경제적 손실을 해당 조건에서 산출되는 수자원의 잠재가격이라고 정의하여 시산하고자 한다. 2절과 3절에서는 물 부족에 따른 지역 경제의 효과와 잠재가격에 대한 이론적 논의와 국내외 선행연구결과에 대하여 고찰한다. 낙동강 유역권 지자체의 용수 이용현황을 살펴본다. 4절에서는 본 연구의 수행을 위한 모형구조, 주요 자료, 그리고 실증 모형의 추정결과에 대하여 논의한다. 5절에서는 결론과 정책적 시사점을 제시한다.

Ⅱ. 수자원의 제약과 잠재가격의 추정: 선행 연구와 주요 쟁점

1. 선행연구

경제학 분야에서 수자원의 실제 가치에 대한 논의는 매우 광범위하게 이루어지고 있다. 제대로 추정하여 적용되는 수자원의 가격은 물의 사용을 최적 수준으로 유도한다. 실제적으로는 적절한 물 요금 산정과 적용은 경제·사회 각 분야에서 가장 적절하게 생산요소로서의 물이 소비되도록 하는 경제적 유인장치의 역할을 수행한다. 그러나 다양한 기준에 의거하여 물 가격을 설정하도록 하여도 물이 갖는 경제적, 사회적 자원으로서의 특성으로 인하여 불완전하게 파악된다. 문현주(2010)는 물 가격의 이론적 설정 기준인 한계비용 접근법marginal cost pricing과 전비용 접근법marginal cost pricing을 비교하면서, 한계비용은 기회비용, 잠재가격 등을 포함하여 결정되는 만큼 이론적으로 복잡한 요인이 있다고 주장한다. 또한 상수도 설비의 신증설 투자 규모와 소요 기간 등을 고려하면 가격 신호로서 적절한 수준의 가격을 책정하는 것이 매우 논쟁적인 사안이라고 주장한다. 한편 전비용 접근법은 상수의 공급에 소요되는 전체 비용을 가격에 반영시키는 것으로, 효율적인 소비를 유도함과 동시에 수도사업의 재정적 지속가능성을 유지하도록 할 수 있는 가격설정 방법론이라고 주장한다. 따라서 전비용 접근법에 의거하여 추정된 비용은 상수를 공급하는 가장 효율적인 방법에 기초하며, OECD 등 주요 기관에서 합리적인 물가격설정의 원칙 가운데 하나로 권장한다고 소개한다. 이때 공급되는 수자원(상수도) 생산에 소요되는 전비용에는 직접 생산비용, 자원비용, 환경비용이 포함된다.

그러나 잠재가격은 한계비용의 개념을 바탕으로 설정되는 비용이며 수자원이 특정 경제사회에서 갖는 실제 가치를 정량적으로 평가하는 접근 방식의 결과로 볼 수 있다. 또한 잠재 가격은 시산을 위한 모형의 설정에 따라 수자원 부족에 따른 제약 하에 구간 내 평균비용의 개념을 갖고 있다.[1)]

실제 재무적, 환경적 요인을 모두 고려하는 특정한 수준의 가격으로 판단하기에는 다양한 요인에 대한 고려와 해석이 필요하지만, 최소한 현재 수준의 물 가격에 대한 개략적 비교 지표로서의 역할을 한다. 또한 수계를 공유하는 지역 간의 물 배분 여부를 고려하는 경우 거래 또는 교환에 따라 이론적으로 부합하고 일관적으로 가치 변화의 효과를 보여준다는 측면에서 정책 설정의 선도적 지표로 활용이 가능하다. 그러나 선형계획법, 공학적 접근법 등 다양한 방법론을 적용하더라도 잠재가격의 추정은 현실적으로 매우 어려운 주제이다.

Lee et al.(2014)은 온실가스 저감과 관련하여 상대적인 수자원 제약 또는 비용 증가 상황을 상정하여 잠재가격 추정을 위한 경제적 접근 방법론과 공학적 방법론에 대하여 비교한다. 온실가스 감축 등 수자원 제약 발생 시 경제적 접근 방법론에 더하여 공학적인 정보를 체계적으로 반영하여 잠재가격을 추정하는 것이 현실적으로 가능하며, 보다 실무적인 측면의 잠재가격 산정방법론으로 소개하고 있다. 류문현 외(2011)는 수자원 제약 상황을 기후변화 등에 따른 대표적인 자연재해인 가뭄을 상정하여 잠재가격과 경제적 파급효과를 국내 경제 전체에 대하여 추정하였다. 이 연구는 풍부한 자료를 바탕으로 초기 선도적 연구로서 의미가 매우 크다. 다양한 수자원 제약을 사전적으로 설정하기 어려운 점을 감안하여 기본

1) 잠재가격은 대부분의 이론적, 실증적 접근 모형에서 자원 제약에 따라 GDP와 같은 목적함수에 대한 해당 자원의 한계적인 기여도 수준을 정량적으로 나타내는 지표로, 실증모형적용에 있어서는 특정한 제약 구간을 단계적으로 설정하여 수량화하는 경우 해당 개별 구간 내에서는 평균가격개념으로 시산됨.

가정 시 가뭄 발생을 제약 상황의 원인으로 설정하였다. 이론적·실무적으로 해석이 용이한 수자원 투입산출 선형계획법을 적용하여 비교적 적은 자료를 이용하여 수자원 잠재가격에 대한 초기 결과를 시산하였다. 추정결과에 따르면, 수자원 제약이 10% 적용되는 경우 한국 경제 전체에 미치는 피해규모는 약 6조 4천억 원이며, 이때 수자원의 잠재가격은 2,462원/㎥로 제시하였다. 또한 수자원 제약이 80% 수준에 이르는 경우 잠재가격은 76,902원/㎥ 수준에 도달한다고 제시하였다. Lee et al.(2014)은 온실가스 저감과 관련하여 상대적인 수자원 제약 또는 비용 증가 상황을 상정하여 잠재가격 추정을 위한 경제적 접근 방법론과 공학적 방법론에 대하여 비교한다. 온실가스 감축 등 수자원 제약 발생 시 경제적 접근 방법론에 더하여 공학적인 정보를 체계적으로 반영하여 잠재가격을 추정하는 것이 현실적으로 가능하며, 보다 실무적인 측면의 잠재가격 산정방법론으로 소개하고 있다. 류문현 외(2011)는 수자원 제약 상황을 기후변화 등에 따른 대표적인 자연재해인 가뭄을 상정하여 잠재가격과 경제적 파급효과를 국내 경제 전체에 대하여 추정하였다. 이 연구는 풍부한 자료를 바탕으로 초기 선도적 연구로서 의미가 매우 크다. 다양한 수자원 제약을 사전적으로 설정하기 어려운 점을 감안하여 기본 가정으로 가뭄 발생을 제약 상황의 원인으로 설정하였다. 이론적·실무적으로 해석이 용이한 수자원 투입-산출 선형계획법을 적용하여 비교적 적은 자료를 이용하여 수자원 잠재가격에 대한 초기 결과를 시산하였다. 추정결과에 따르면, 수자원 제약이 10% 적용되는 경우 한국 경제 전체에 미치는 피해규모는 약 6조 4천억 원이며, 이때 수자원의 잠재가격은 2,462원/㎥로 제시하였다. 또한 수자원 제약이 80% 수준에 이르는 경우 잠재가격은 76,902원/㎥ 수준에 도달한다고 제시하였다.

Oh and Lee.(2018)는 국내 산업용수 또는 투입요소로 사용되는 경제 전체의 농업, 제조업, 서비스 부문의 수자원 이용량과 산업연관표를 연계하여 물 투입-산출 모형을 구성하고, 선형계획법을 적용하여 제약 하의 잠재가격을 추정하였다. 이 연구는 류문현(2011)의 접근법에 근거하여 신규자료를 확대하고 산업부문을 세분화하여 잠재가격을 시산한 연구이다. 연구 결과에 따르면 농업, 공업, 서비스 부문 용수의 잠재가격은 각각 864원/㎥, 27,545원/㎥, 275,449원/㎥로 추정되었고, 가뭄 상황으로 인하여 10%~90%의 수자원 제약이 발생하는 경우 잠재가격 범위는 농업용수가 1,518원/㎥~2,369원/㎥, 공업용수가 61,721원/㎥~997,092원/㎥, 서비스업 용수가 294,923원/㎥~381,192원/㎥으로 추정되었다. 또한 50% 제약 수준에서 공업부문의 피해 수준이 급격히 증가하여 한계비용의 체증하는 현상을 제시하였다.

잠재가격 또는 수자원의 한계가치 추정과 함께 수자원의 배분에 따라 잠재가격이 달라지는 사례에 대한 연구도 국외 연구에서 활발하게 제시되었다. Henry et al.(1982)은 특정 지역 내 수자원 소비자들에 대하여 수자원의 한계가치를 추정하는 방법론을 개발하였다. 미국 남부 캐롤라이나 농업지역의 수자원 배분문제를 산업연관분석 체계와 선형계획법을 적용하여 결과를 제시하였다. 저자들은 다양한 수자원 공급시나리오를 설정하여 수자원의 한계이용가치를 기준으로 지역 내 총생산을 극대화하는 방향으로 개별 경제주체에 대하여 수자원을 배분하는 방식을 통하여 최적의 배분 상태를 제시하였다. 농업부문을 세부산업으로 분류하여 구성된 모형 추정 결과에 따르면, 수자원 공급제약이 없는 경우 축산업이 가장 높은 수자원 한계가치를 갖게 되나, 수자원 제약이 발생하는 경우 대두 등 농작물로 수자원 최적 배분 상태가 이전되어야 한다는 결과를 도출하였다. 특히 농업부문인 대두 등의 한계생산물 가치가 지속적으로 높게 제시되었다. 따라서 수자원 제약이 발생하더라도 GRDP의 극대화를 위해서는 농업부문에 우선적으로 수자원이 공급되어야 한다고 주장했다. 이는 남부 캐롤라이나 지역의 농업경쟁력과 수자원 소비에 따른 한계 생산성이 물 공급으로 인하여 지속적으로 유지된다는 지역적 특성을 반영하는 것으로 판단된다.

Warda and Velazquezb(2008)은 리오그란데 수계를 대상으로 수자원-경제모형을 구성하여 정책 효과를 분석하였다. 이 연구는 다양한 환경규제와 수질 개선 관련 정책이 수자원 가격의 변화에 의거하여 새로운 수자원 배분 결과 및 기타 정책효과를 나타내고 있음을 제시하였다. 수자원 소비에 따른 경제적 효율성은 두 도시지역의 수자원 질에 대한 환경규제를 준수하는 경우 형성되는 수자원 가격의 변화를 통하여 측정하였다. 수자원 공급의 지속가능성은 수자원 보호에 따른 물리적 보전 가능성과 장기적인 재무적 경쟁력을 바탕으로 측정하였다. 이 연구의 결론 가운데 본 연구와 관련된 사항으로는 수자원 잠재가격에 의한 배분에 비하여 가격을 통한 정책적 의지를 반영하여 수자원의 가격을 결정하는 경우, 보다 효율적이고 지속가능한 수자원 배분이 가능하다는 결과이다.

2. 이론적 배경

일반적으로 자원의 제약 하에 경제의 목표를 최대화하기 위해서는 해당 자원을 가장 효율적으로 사용하는 또는 목표함수의 값을 가장 증대시키는 방식으로 자원을 한계적으로 배분하는 것을 의미한다. 예를 들어 가뭄, 수질환경규제의 강화, 기후변화에 따른 온실가스의 감축, 가뭄 등 자연재해에 따른 물 부족, 부적절한 댐건설 등에 따른 수질의 급격한 악화 등 다양한 원인에 의하여 야기되는 수자원 제약은 특정 수계의 수자원 배분 여부에 따라 경제적 피해 규모가 다르게 산정된다. 수자원 제약이 발생하는 경우 기존의 배분 상태와 다르게 지역 내 총생산 또는 사회후생을 극대화하기 위한 새로운 배분 방식의 결정이 가능하다는 것을 의미한다.

이를 간단한 에지워스 박스로 나타내면 다음과 같다. A지역과 B지역에 주어진 초기 배분상태, 즉 수자원 제약 이전 기타경제변수의 초기부존이 W로 표시되어 있다. 그리고 A와 B의 무차별곡선이 주어져 있고, 통상적인 시장이 존재한다면 수자원과 기타경제변수 사이의 상대적 가격 체계 p가 그림에서와 같이 정의된다. 이때 수자원 제약이 발생하는 경우 즉 에지워스 박스의 수자원 부분이 작아지는 상황에서 적정한 수자원 배분이 이루어지는 경우 A, B 모두의 자원배분의 상태는 해당 지역 전체의 사회후생을 최대화할 수 있다. 이는 마치 완전경쟁시장으로서 균형을 달성하게 하는 가격체계, p^*가 존재하고, 이에 따라 새롭게 결정되는 배분 이 수자원 제약 이후에도 파레토 최적 배분을 나타내는 것과 같은 논리이다.

$$\sum_i px_i = \sum_i pw_i$$

여기서 가로축은 수자원, 세로축은 기타 경제변수이다. 다음 〈그림 1〉에서 굵은선의 에지워스박스와 균형 배분상태는 수자원 제약 이전, 점선의 에지워스 박스와 균형 배분 상태는 수자원 제약 이후를 나타낸다.

둘째, 수자원 제약에 따른 최적 배분과 관련하여 중요한 논의는 지역경제별로 수자원 소비의 한계효용에 관한 논의이다. 물에 대한 효용함수가 오목concave하고 기수적cardinal이라면 지역 간 물 가격 균등화 또는 동일한 잠재가격 수준에서 배분하는 것이 차별적이거나 정책적 의지에 의거하여 배분하는 경우보다 후생측면에서 잠재적으로 우월하다는 점이다.

먼저 다음 조건을 만족하는 물 효용함수가 〈그림 2〉에 나타나 있다.

① 물의 더 많은 이용은 분명히 더 적은 이용보다 더 선호된다 ($\frac{\partial U}{\partial W} > 0$).

② 한계효용체감의 법칙이 성립된다 ($\frac{\partial^2 U}{\partial W^2} < 0$).

③ 효용은 기수적으로서 지역 간 비교가 가능하다. 물에 대한 소비가 증가할수록 물의 한계효용이 체감하는데 한계효용이 물의 가격을 결정하기 때문에 소비자의 물에 대한 지불용의가격은 하락한다. 반대로 수자원이 부족할 경우 물 가격은 상승한다.

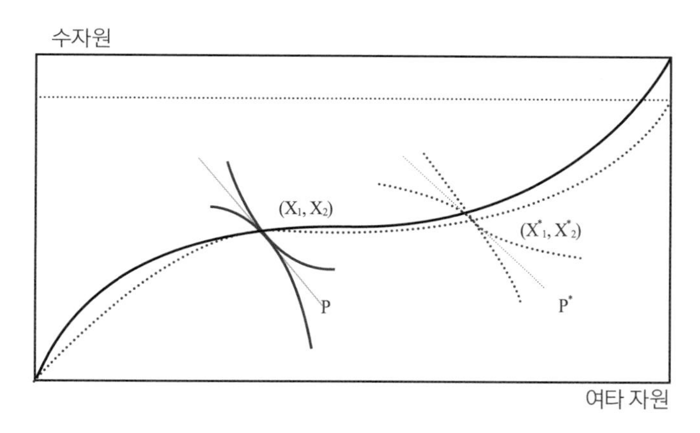

〈그림 1〉 에지워스 박스와 수자원 배분

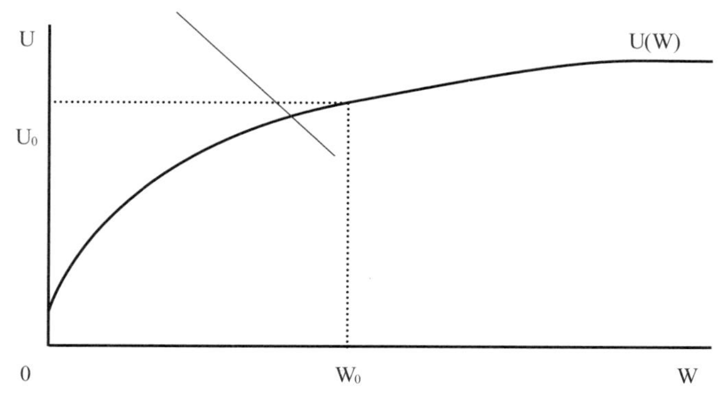

〈그림 2〉 물 효용함수

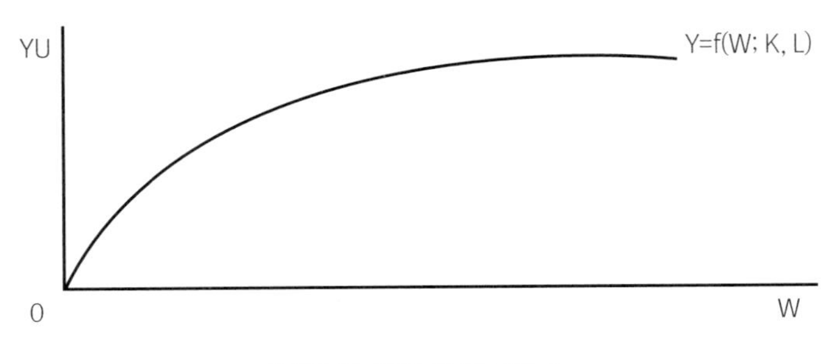

〈그림 3〉 물과 총생산함수

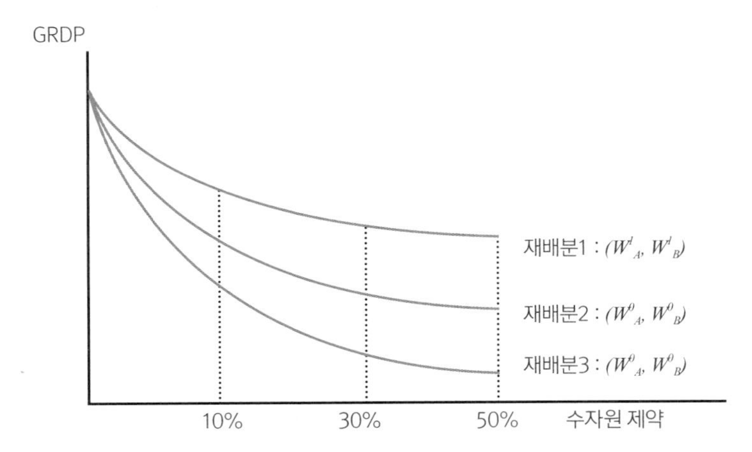

〈그림 4〉 수자원 제약 및 배분 방식에 따른 총생산곡선의 변화

셋째, 지역 경제활동 수준, 수자원 소비와 관련된 논의이다. 특정 지역의 총생산함수를 다음과 같이 정의하자. 여기서 총생산함수는 물에 대하여 연속continuous, 오목함수concave function이며 〈그림 3〉과 같이 나타낼 수 있다. 국민경제 전체를 A지역과 B지역으로 나누고 각각의 물 투입량을 W_A, W_B 라고 하면 전체 지역의 총 물 투입량은 다음과 같다.

$$W = W_A + W_B$$

이러한 수자원 투입에 따라 달성하게 되는 지역의 총생산이 〈그림 4〉에 제시되며, 수자원 투입의 한계생산량은 체감하는 일반적인 함수형태를 보여주고 있다. 이제 구분된 A지역과 B지역에서 수자원 제약 이전의 물수요량이 각각 (W_A^0, W_B^0)라고 가정하자. 수자원 제약이 발생하였을 경우에는 다양한 방식의 배분이 가능하다. 특정 지역의 농업 등 취약 산업이나 생활용수를 배려하는 방식, 정치적 협상력 순서에 의거하여 배분하는 방식 등이 있다. 이러한 배분 방식은 각각 여러 가지 기준에 의거하여 판별할 수 있으나, 본 연구에서는 제약 이후 이용가능한 수자원의 새로운 배분에 의거하여 발생하는 총사회후생 또는 대리변수로 총소비나 지역총생산을 극대화하는 방식을 최적 배분으로 간주하고자 한다.

이를 그림에서 살펴보면 다음과 같다. 그림에서와 같이 수자원 제약이 심화되는 경우 경제 전체의 총생산(또는 후생지표로서 총소비)은 하락하게 된다. 그러나 배분 방식에 의거하여 재배분1~재배분3과 같이 동일한 수자원 제약 하에서도 손실은 다르게 나타난다.

이러한 GRDP 손실의 차이는 기본적으로 부족한 수자원을 생산성 순위에 의거하여 배분하는 최적화 방식에 의하여 결정된다. 본 연구의 다음 실증모형은 해당 지역의 실증적인 자료를 이용하여 최적화 모형을 구성하고, 가장 손실이 낮은 재배분 방식의 결과를 도출하고자 한다.

Ⅲ. 낙동강 유역권 수자원 가치 추정 모형 구성

1. 선형계획모형의 일반 개요

본 연구에서는 대구, 경북, 부산, 울산, 경남 지역을 포함하는 영남권을 대상으로 낙동강 수계의 원수를 최적 배분하는 이론적·실증적 모형을 구성하고, 이를 갈수기 또는 가뭄 상황에 따른 수자원 공급제약 시나리오를 가정하여 5개 광역자치단체의 사회적 후생 또는 경제적 손실을 최소화하는 방안과 경로를 나타내는 결과를 도출하고자 한다.

선형계획법LP, linear programming이란 주어진 목적을 달성하기 위하여 어떻게 제한된 자원을 합리적으로 배분하느냐에 대한 의사결정 문제를 해결하기 위하여 개발된 수리적 기법이다. 구체적으로 표현하면 선형계획법은 1차식으로 나타낼 수 있는 여러 가지 제약조건 하에서 1차 방정식으로 된 목적함수의 최대화 혹은 최소화(예를 들면 이익의 최대화 혹은 비용의 최소화)를 달성할 수 있도록 자원을 배분하는 기법이다. 또한 제약조건이나 변수의 관계를 보다 유연하게 설정하여 현실 부합성이 높은 체계로 구성할 수도 있다. 예를 들어 방정식 체계를 2차 함수나 다른 형태의 함수로 설정하는 경우 선형계획법을 확대하는 비선형계획법NLP, non-linear programming을 구축할 수 있다.

선형계획법은 현재까지 알려져 있는 경영과학 분석기법 가운데에서 가장 중요하며 널리 이용되고 있다. 또한 경제 분야에서도 자원이나 요소의 제약 하에 후생함수, 소비함수 등 목적함수를 극대화하는 문제에 대한 접근 방법으로 많이 활용되고 있다. 수자원의 공급차질과 같은 자원의 제약 또는 제약여건의 변화와 같이 어떠한 경제적 문제를 분석할 때 선형계획법을 적용할 수 있는지 여부는 결국 대상 문제가 선형계획법이 요구하는 기본적 전제조건들을 만족시키고 있느냐에 의거하여 결정된다. 선형계획법은 다음과 같은 선형성linearity, 가분성divisibility, 그리고 확정성deterministic 등 모형 구성과 관련된 기본 전제를 충족시켜야 된다. 우선 선형성이란 목적함수와 제약조건이 선형(1차)의 등식과 부등식을 갖는다는 것이다. 그러나 선형성의 가정을 만족시키기 어렵거나, 현실을 보다 면밀하게 적용하기 위하여 문제의 상황을 선형모형으로 표현하지 않을 경우에는 앞서 설명된 비선형계획법을 이용하여야 한다. 본 연구에서는 수자원 문제의 재배분과 관련된 문제를 비교적 적은 자료로 균형 해를 도출한다는 목적에 따라 선형성을 충족시키는 모형을 구성한다.

둘째, 가분성의 가정은 선형계획법에 있어서 결정변수의 값이 소수로 나타날 수 있다는 것이다. 즉, 문제 해결에 따라 도출되는 균형 값이나 변수의 해가 소수로 시산된다는 것이다. 예를 들면 54.25개의 제품, 15.15명의 노동력 등이 가능하다는 것이다.

이 가정은 비현실적인 값의 도출이라기보다는 변수의 연속성을 보장하여 최적 수준의 값을 구한다는 수리적 원리에 따르기 때문이다. 물론 소수의 문제를 반드시 회피하여야 하는 경우 이러한 문제를 해결하기 위하여 개발된 기법으로 정수계획법IP, integer programming이 있으며, 정수계획법은 모든 결정변수들이 정수의 값을 가진다고 가정한다. 확정성은 사용하는 모든 모형계수model coefficients는 확정적이라는 것이다. 즉 단위당 수익, 단위당 필요 자원량, 사용가능한 자원량 등이 확정적인 값으로 알려져 있다고 하는 확정적인 여건을 전제로 한다. 예를 들어 본 연구에서 구성하는 수자원 소비량을 개별 지역 산출물 단위당 수자원 소비량 등 계수로 설정하는 경우 모형 내에서는 해당 계수가 변동하지 않는다. 그러나 다기간 모형 등에서는 체계적으로 변화한 계수를 적용하여 비교정태적인 성격을 강화할 수 있다.

최대화 또는 최소화 문제 모두 선형계획법을 통한 모형은 다음과 같은 일반적인 수식 체계로 표현할 수 있으며, 일반식general form은 선형계획 문제를 규정하는 기본 틀을 제공해 주고 있다. 본 연구의 접근과 같이 최대화 문제를 해결하기 위한 선형계획법 적용 사례를 일반적인 식으로 표현하면 다음과 같다.

최대화 : $f(x_1, x_2, ..., x_n)$

제약조건 : $g_1(x_1, x_2, ..., x_n) \leq b_1$

$g_2(x_1, x_2, ..., x_n) \leq b_2$

$g_m(x_1, x_2, ..., x_n) \leq b_m$

$x_1, x_2, ..., x_n \geq 0$

여기서 f : 최대화하고자 하는 목적함수의 값 (미지수, 비선형함수 가능)

g : 제약조건 함수식 (비선형함수 가능)

x : 의사 결정변수 (미지수)

본 연구에서 LP모형은 가뭄, 자연재해에 따른 관로 파손 등 수자원 공급차질이 발생하는 경우 5개 지자체 개별경제 및 산업부문별로 물사용 가치의 상대적 변화가 유발되며, 각 지자체는 각자 지역내 총생산GRDP을 극대화하는 방향으로 반응한다는 것을 기본가정으로 채택한다. 최종적으로 LP모형을 통하여 도출되는 결과를 경제 전체의 사회총순후생 관점에서 평가하고자 한다.

또한 본 연구에서는 물의 사회적 비용을 내생적으로 결정하지 않고 모형 밖에서 외생적으로 주어진 경우를 가정한다. 이는 5개 지역에서도 물시장이 존재하여 수자원의 가격이 형성되는 것이 아니고 정책적인 결정에 의하여 수자원의 실질 가격이 정해지는 현실을 반영한다. 또한 가뭄 등으로 수자원 제약이 영남권 5개 지역에서 발생한다고 가정한다. 본 연구에서는 이러한 제약을 10%, 20%, 30%, 40%, 50% 수자원 공급 감소라는 5개 시나리오를 설정한다. 영남권 5개 지역의 산업구조, 물 소비 행태 등 경제사회적 특성을 반영하여 지역 내 총생산의 손실을 가장 적게 하는 물 배분 상태를 모의시행을 통해 제시하고자 한다.

LP모형은 매우 다양한 형태로 구성되어 활용될 수 있다. 우선 해당 모형에서 추구하는 목적함수를 극대화하는 방식에 따라 경제 전체의 효율을 극대화하는 사회 계획자 접근법과 개별 단위 주체의 경제적 효율을 극대화하는 개별 단위 접근법으로 나뉠 수 있다. 예를 들어 아래의 목적함수와 같이 정의되는 경우 모형은 수자원 소비를 고려한 개별 지자체의 경제적 성과의 합계를 극대화하는 것으로 사회 전체의 관점에서 가장 효율적인 상황을 추구하는 모형이다. 두 가지 접근법은 수자원이 산업별, 부문별로 효율적으로 재배분되는 효율화를 추구한다는 점에서는 동일하지만, 지자체별로 수자원의 상대적인 중요성이 다른 경우 사회적 계획자 모형의 경우에는 이를 다시 지자체별로 배분하여 효율성을 추구한다는 점이 모형 구성상의 차이로 볼 수 있다. 이는 지역 간 완전한 수자원의 이동이 가능한 경우에 해당한다.

일반적으로 선형계획법은 비선형계획법 등과 함께 수리적 계획접근의 한 방식으로 목적함수를 설정하고 이와 관련된 다양한 제약함수, 항등식, 변수 등을 이론적으로 부합하는 방식으로 구성하여 이용 가능한 자원과 여건하에 목적함수를 최적화하는 개별 변수들의 해를 도출하는 방법론이다. 주요 프로그램으로는 GAMS/CPLEX 또는 MINOS 등을 이용하여 실증분석을 수행한다.

2. 실증모형의 구축

본 연구의 NLP모형 구성을 위하여, 우선 5개 광역자치단체의 현재 부문별 수자원 소비구조를 바탕으로 경제활동 단위당 수자원 소비계수를 도출하여 적용한다. 앞서 설명된 다양한 수자원 제약 시나리오에 따라 개별지역의 수자원 제약을 5개 광역지자체 독립적으로 적용하거나(SC1), 5개 지역 전체에 대하여 적용한다(SC2). 모형은 지역 총후생 또는 지역 총생산GRDP을 목적함수로 하여 이를 극대화하는 방향으로 모의시행된다. 최종적으로 이러한 NLP모형을 통하여 도출되는 결과는 경제 전체의 사회총순후생 관점에서 평가된다.

모형의 목적함수는 분석대상이 되는 낙동강 수계를 공유하는 영남권 5개 지방자치단체의 사회적 후생인 지역 내 총생산GRDP에서 물 소비에 따른 사회적 비용을 차감한 것으로 정의된다. 모형의 시행은 목적함수의 값을 극대화하는 최적화 과정을 기반으로 한다. 이러한 접근방식은 기본적으로 투입-산출모형에서는 수자원의 배분상태가 지역경제 전체의 개별산업마다 일률적인 영향을 미치는 것으로 가정하는 것과 달리, 개별산업들이 보다 효율적으로 수자원을 활용하여 경제 전체의 부가가치를 극대화한다는 논리를 바탕으로 한다. 분석모형은 낙동강 수계에 수자원 공급제약이 발생하는 경우 경제 내의 변화가 경제 전체에 파급되는 경로와 규모에 대한 일반적 방향을 체계적으로 추정한다. 또한 다양한 수자원 제약에 따른 재배분 시나리오 하에 총산출의 변화 및 부가가치 창출, 고용변화 등 거시경제변수의 변화도 추정할 수 있다.

아래의 목적함수는 물 소비를 위한 지출과 경제적 후생을 서로 대체적인 것으로 가정한 것이다. 즉, 지역 경제의 후생을 나타내는 지표인 지역총생산(또는 지역총소득)에서 수자원의 가격 변화에 따라 발생하는 수자원 소비 지출이 차감되어, 다른 재화나 서비스를 위해서 소비될 수 있는 유효한 지역총소득 규모를 산정한다는 의미를 내포하고 있다.

$$Max : TSWF = \sum i(Y_i - p_w W)$$

$TSWF$ = 지역 전체 사회적 후생
Y = 지역 내 총생산
p_w = 수자원 단위당 사회적 비용
W = 수자원 소비량

생산함수는 개별 산업부문별로 경제활동 수준을 결정하는 기술적 관계를 정의하는 한편, 콥-더글러스Cobb-Douglas형 함수로 구성된다. 경제 전체의 부가가치는 본원적 생산요소인 노동과 자본을 통하여 결정되고, 주어진 콥-더글러스 생산함수 체계에서 비용 최소화 원리에 따른 1차 조건을 만족한다고 가정된다. 이때 생산요소 비용 최소화 원리는 개별산업부문에 적용되지 않고 경제 전체에 적용된다. 이는 본 연구가 개별산업부문의 생산함수 추정을 위한 방대한 시계열 자료 사용을 회피하여 자료 구성의 용이성과 신뢰성을 확보하기 위한 것이다. 또한 생산요소의 부문 간 이동을 허용하여 경제 전체에 대하여 일관성 있는 모형을 채택함으로써 NLP모형의 균형 해를 용이하게 도출하고 보다 직접적인 시사점을 도출하기 위한 것이다. 또한 지역 전체 경제활동을 대상으로 하는 모형을 선택함에 따라 개별산업의 경제적 성과 변화에 대한 미세한 접근보다는 수자원 배분이 미치는 지역 단위 경제 전체의 효과에 대한 영향을 일관성 있게 파악하기 위하여 설정한 접근방법으로 볼 수 있다.

아래 식에서 한 지역 경제의 총생산 또는 총소득은 노동(L), 자본(K) 등 본원적 생산요소와 투입되는 핵심 자원으로서 수자원(W) 수준에 의하여 결정된다고 설정되었다. 또한 노동과 자본, 그리고 수자원은 한계 요소 생산 계수에 의하여 지역 총소득에 미치는 한계적인 기여를 나타낸다. 또한 콤-더글라스 생산함수 가정에 따라 세 가지 생산 요소가 가격이나 한계생산물 가치의 변화에 따라 요소 투입이 서로 대체될 수 있음을 허용하고 있다. 즉, 수자원의 가격이 높아지면, 지역 경제 전체적으로는 상대적으로 수자원을 덜 사용하게 되고 노동이나 자본의 투입량을 늘려 최적 생산이 가능하도록 대응한다는 의미이다. 물론 이러한 가정은 단기적으로는 요소 투입의 경직성으로 인하여 가정하기 어려운 전제이기는 하지만 수자원 배분의 장기적인 속성을 고려하면 요소 간 대체성은 충분히 허용될 수 있는 가정으로 판단된다.

$$Y_i = A_i L_i^{\alpha} K_i^{\beta} W_i^{\gamma}$$

A = 기술 수준 상수, L = 노동, K = 자본
α = 노동에 대한 한계 생산 계수
β = 자본에 대한 한계 생산 계수
γ = 수자원에 대한 한계 생산 계수

아래 식은 지역 내의 노동과 자본이 지역 내 부존하고 있는 총 생산요소 수준에 의하여 제한된다는 의미이다. 이는 특정 지역의 경제활동수준이 지역 내에서 공급가능한 자본의 최대 수준(K^*)과 노동의 최대 수준(L^*)을 초과하기 어렵다는 가정이다. 물론 지역 간 노동이나 자본이 원활하게 이동이 가능하다면 이러한 요소부존량 제약식도 다소 완화되거나 변경된 형태로

적용 가능하다. 본 연구에서는 수자원 배분이 지역 간 개별적으로 정해지는 상황을 반영하기 위하여 지역 간 요소투입의 이동이 크게 발생하지 않는다는 가정에 근거하여 개별 지역별로 요소투입 제약식을 적용하고 있다.

$$\sum_{i=1}^{n} K_i \leq K^* \quad \sum_{i=1}^{n} L_i \leq L^*$$

L^* = 지역경제 총노동공급

K^* = 지역경제 총자본공급

한편 개별산업부문의 생산 활동 수준은 목표연도의 총공급-총수요 균형식Material balance equation에 의하여 결정된다. 앞서 설명한 것과 같이 본원적 생산요소인 노동과 자본은 모형이 장기적인 균형 상태를 가정함에 따라 개별산업부문 간 자유롭게 이동한다고 전제되며, 또한 총생산활동은 기준연도에 있어 이용가능한 생산요소의 총량에 제한된다고 가정된다. 국민총생산 혹은 총부가가치 생산은 소비, 투자, 수출, 그리고 수입으로 표현된다. 총수요-총공급 균형식은 경제의 총수요가 경제활동에 의해 조달되는 총공급량을 초과하지 못한다는 제약식으로 중간투입수요와 소비, 투자, 수출 등 최종수요의 합계인 총수요는 수입과 총산출량의 합계인 총공급 간의 부등식 관계로 설정된다. 본 연구에서는 아래의 총수요-총공급 균형식을 보다 단순화하여 적용한다. 이는 모형 구성을 위한 지역 수출과 수입, 전국 경제 내에서 다른 지역과의 이입, 이출 등의 자료 획득의 어려움으로 인하여, 지역 내 수입, 수출은 2005년 지역산업연관표의 수출과 수입의 산출량 대비 비중이 2008년에도 동일하게 적용되는 것을 가정하고 있다. 또한 지역 간 이입과 이출은 수출과 수입에 포함되어 비중이 변화하지 않는 것으로 가정한다. 향후 연구에서는 지역 간 거래 구조의 변화에 대한 보다 정확한 자료를 바탕으로 추가적인 함수 형태를 구성하여 수출입과 이출입에 대한 모형식을 구성하는 방안을 강구할 수 있다.

개별 지역의 산업구분은 모형의 단순화와 수자원 자료와의 일관성 유지를 위하여 농업, 제조업, 서비스업 부문으로 구분되며, 최종수요로서 가계가 독립적으로 구분되어 설정된다. 아래의 경제모형에는 가계부문은 생산부문이 아니기 때문에 포함되지 않고 있으며, 가계의 활동 또는 가계 소비는 최종수요부문(*FD*)의 일부분으로 정의되어 최종수요로서 수자원 소비수준을 시산하는데 적용된다.

$$X_i + M_i \geq \sum_{j=1}^{n} a_{ij} X_j + FD_i$$

i, j = 산업부문, 1 ... n, (본 연구에서는 농업, 제조업, 서비스업)
a = 중간 투입계수,
X = 총산출량
FD = 최종 수요 (민간 및 정부소비, 투자, 수출 포함), M을 차감하면, 앞의 Y와 같음.

개별 지역의 수자원 총소비는 산업부문의 중간투입 수자원 소비(*WS*)와 가계의 최종 수자원 소비(*WS*)의 합계로 구성된다. 산업부문 수자원 소비량은 본 모형에서 정의한 농업, 제조업, 서비스업 등 3개 산업부문의 생산 활동에 투입되는 수자원 소비량을 의미하며, 총산출량의 계수에 의하여 도출된다. 즉 개별 산업부문은 해당 산업의 최종 산출물을 생산하기 위하여 투입요소로서 수자원을 활용하며, 이는 산업연관표의 중간투입요소와 마찬가지로 산업 활동과 일정한 관계를 갖고 투입되는 것이다. 가계부문의 최종 수자원 소비는 총소비의 일정 수준으로 설정된다. 최종적으로 지역 경제 전체의 수자원 소비량은 해당 지역 내의 전체 수자원 소비가능 총량에 의하여 제약된다.

가계부문의 최종 수자원 소비는 총소비의 일정 수준으로 설정된다. 최종적으로 지역 경제 전체의 수자원 소비량은 해당 지역 내의 전체 수자원 소비가능 총량에 의하여 제약된다.

$$WS = \alpha_{1,i} AG_i + \alpha_{2,i} MAN_i + \alpha_{3,i} SER_i$$

$$WC = \alpha_4 AC$$

$$TW = WC + WS \qquad TW \le TW^*$$

$\alpha_1 \sim \alpha_3$ = 산업부문별 수자원 소비계수

α_4 = 가계부문 수자원 소비계수

WS = 전체 산업부문별 수자원 소비 합계

TW = 최종수요 포함 전체 수자원 소비량

*TW** = 전체 수자원 소비량 제약

AG = 농업부문 총산출량

MAN = 제조업부문 총산출량

SER = 서비스업부문 총산출량

본 모형접근에서 설정되는 시나리오인 SC1은 5개 지역을 개별 자치단체가 수자원 제약 시 수자원의 배분이 허용되지 않는 상태에서 최적화를 수행한다는 내용으로 구성되고, SC2는 5개 지역 전체가 수자원 제약 시 정책 수행이나 지역 간 수자원 거래 등을 통하여 지역별, 산업부문별로 수자원을 배분하는 방식으로 최적화를 수행하면서 수자원을 소비한다는 가정이다.

즉 본 연구에서 목표로 하고 있는 수자원 배분에 따른 경제적 효율성 또는 지역별 경제적 효과와 전체 경제효과의 변화 분석은 수자원의 배분 방식에 의하여 결정된다. 새롭게 제안된 수자원의 배분은 앞서 설명된 생산함수와 경제적 구조에 의거하여 개별지역이 산업별로 수자원의 소비를 가장 효율적인 상태로 사용하도록 유도한다. 이에 따라서 개별지역은 산업별

산출량과 부가가치가 새롭게 결정되며, 이러한 경제적인 성과 변화를 합계로 산출한 것이 해당 지역의 전체 경제적 효과로 시산된다.

3. 주요 자료의 구축

분석을 위한 경제활동 부문은 중간투입요소와 최종수요자원으로서 수자원 소비의 특성이 확연하게 구분되는 대분류인 농업, 제조업, 서비스업 등 3개 산업생산 활동부문과 외생적으로 모형을 구성하여 민간소비량을 산출하는 가계 부문을 물사용 부문으로 포함한다. 개별지역의 기본적인 경제활동 구조는 가장 최근의 지역 투입산출표인 2015년 한국은행의 지역 투입산출표 자료를 이용한다. 경제활동 수준은 2017년의 국민계정과 지역계정의 부문별 자료를 활용한다. 이때 개별 산업별 투입 구조는 2015년과 2017년이 비교적 짧은 기간임을 감안하여 동일하다고 가정한다.

노동 및 자본은 통계청의 산업별 고용인구추계와 국부통계를 바탕으로 본 연구를 산업분류에 부합하도록 3개 부문으로 재조정된 자료를 사용한다. 자본(K)에 대해서는 기존의 연구인 표학길(2007)의 방식을 원용하여 추정하였다. 주요 자료로는 광공업 통계조사보고서 및 서비스 산업 총조사 보고서의 유형고정자산을 사용하였으며, 지역별·업종별 자본스톡을 일관성 있게 추계하였다. 주요 항목으로는 광업제조업통계의 유형자산과 비업무용 토지를 제외한 토지, 건물 및 구축물, 기계장치, 차량, 선박 및 운반구, 건설 중인 자산 등이 포함되어 있고, 서비스 총조사와 도소매 통계의 세부산업별 감가상각 및 대손상각 시계열 자료를 사용하였다. 자본의 경우 산업연관표 부속표로 제시되는 부문별 고정자본형성표를 기초로 광공업통계조사의 유형고정자산, 기업경영분석의 감가상각 자료를 이용하여 기준연도로 추정하여 작성하였다.

노동(L)은 기본적으로 한국은행 산업연관표 분류에 대응하는 3개 산업부문의 취업통계를 사용하였다. 우선 한국은행의 각 부문별 취업자 및 피용자수를 기본으로 하여 자료가 없는 개별 연도의 경우 사업체 기초통계조사보고서, 광공업 통계조사보고서, 농어업 총조사보고서, 도소매 및 서비스업 조사보고서 등 각종 통계자료를 이용하여 보간법을 적용하여 간접적으로 추계하였다.

수자원 소비는 2020년 상수도 통계와 2020년 국가수자원관리통합정보시스템WAMIS의 자료를 기준으로 지역별, 산업별로 추계하였다. 우선 WAMIS에서 제공하는 낙동강 유역권 5개 자치단체의 농업용수, 공업용수, 생활용수의 2017년 소비량을 기초자료로 확정하였다.[2] 이후 생활용수를 생산활동에 중간 투입요소로 사용되는 서비스용과 생산활동에 활용되지 않고 개별 가계에서 최종적으로 소비하는 가정용으로 구분하기 위하여 상수도 통계의 지자체 수도사업자 업종별 부과량을 이용하여 배분하여 확정하였다. 이러한 지역별, 산업별 수자원 소비는 지역의 산업부문별 총산출량(총생산량)의 단위 값으로 시산되어 수자원 투입계수로 도출된다. 이때 수자원 계수는 중장기 모형을 구성할 경우 수자원 기술, 소비행태 변화 등에 의하여 추세적으로 감소하는 계수로 구성될 수 있다. 본 연구에서는 10%, 20%, 30%, 40%, 50% 수자원 제약 발생을 가정하여 지역별 또는 5개 지역 전체의 수자원 공급량 제약을 확정하였다. 수자원 제약 이후 모형 모의시행을 통하여 주요 경제 변수, 특히 지역 총생산의 변화를 추정하였다.

2) 5개 지자체가 한강 등 다른 유역권에서 소비하는 수량은 포함하지 않음. 이는 실제 사용량은 모든 권역을 포함하는 것이 적절하지만, 본 연구가 낙동강 유역에 대한 시나리오 설정과 수자원 배분을 주요 연구대상으로 선정한 것에 따름.

Ⅳ. 분석 결과와 논의

수자원 제약에 따른 지역별, 산업부문별 재배분 모형 추정효과는 시나리오별로 상이하게 나타난다. 주요 결과는 다음의 그림과 표에 제시되어 있다. 수자원 제약이 각각 10%~50%일 경우 개별 자치단체가 독립적으로 반응하는 경우(SC1)에는 지역 간 수자원 배분이 허용되지 않기 때문에 가장 큰 GRDP 손실이 발생하는 것으로 나타났다. 물론 이 경우에도 지역 내 농업, 공업, 서비스업 간 수자원 배분은 허용된다. 10% 제약인 경우 GRDP는 5개 지역 전체로 약 4.3% 하락하고, 50% 제약 시에는 41.3% 하락하여 제약 없는 경우의 GRDP 399조에서 각각 382조, 234조로 하락하는 것으로 나타났다. 수자원 제약에 비하여 GRDP 손실이 상대적으로 적은 것은 개별 지역 경제 수준에서도 목적함수의 극대화 목표를 달성하기 위한 원칙에 의하여 수자원을 보다 효율적인 부문에 재배분함으로써 GRDP 손실을 최소화하려는 노력에 기인한다.

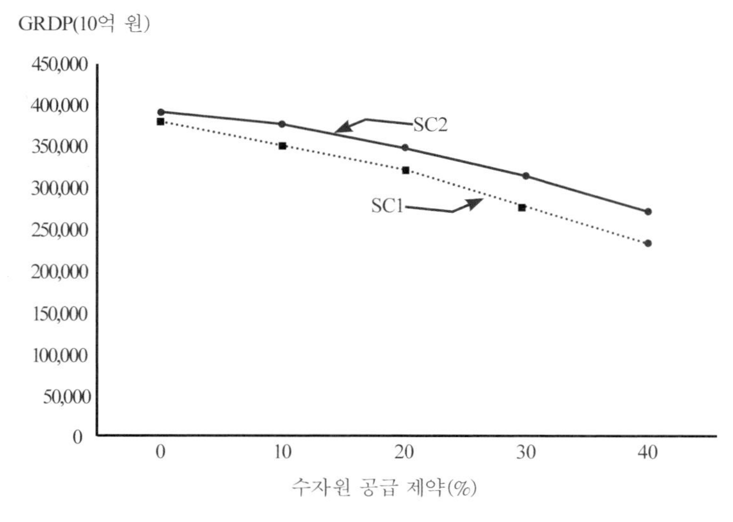

〈그림 4〉 수자원 제약 시나리오별 GRDP 변화 비교 (5개 지역 전체, 10억 원)

한편 5개 지역 전체에 걸쳐서 지역 간, 산업 간 수자원 재배분이 허용되는 경우(SC2)에는 SC1의 결과보다는 다소 낮은 GRDP 손실을 나타내고 있다. 이는 지역 간 수자원 재배분이 추가적으로 허용된다는 모형의 설정에 의거하여 희소한 물을 지역과 산업 전체에 있어서 GRDP 증대에 기여하는 순서대로 재배분하기 때문에 상대적으로 효율성 개선이 이루어짐을 반영한다. SC2의 추정결과에 따르면 5개 지역 전체 기준으로 10%, 50% 제약 가정 하에 각각 1.3%, 31.5%의 GRDP 감소효과를 나타냈다. SC1의 결과에 비하여 상대적으로 현저하게 낮은 감소율로 분석된다.

잠재가격의 추정결과는 개별 제약이 독립적으로 작용하는 경우(SC1)와 지역 간 물 배분 가능한 경우(SC2)에 따라 각각 〈표 1〉와 〈표 2〉에 제시되어 있다.

〈표 1〉 SC1 GRDP 추정 결과 (5개 지역 전체)

수자원 제약(%)	총 수자원 이용량 (백만㎥/년)	GRDP (10 억 원)	GRDP 감소율(%)	잠재가격 (원/㎥)
0	7,837	398,725	-	-
10	7,057	381,555	4.3	3,369
20	6,273	352,059	11.7	14,267
30	5,489	321,357	19.4	33,157
40	4,705	279,259	30.0	65,699
50	3,921	234,084	41.3	110,952

〈표 2〉 SC2 GRDP 추정 결과 (5개 지역 전체)

수자원 제약(%)	총 수자원 이용량 (백만㎥/년)	GRDP (10 억 원)	GRDP 감소율(%)	잠재가격 (원/㎥)
0	7,837	398,725	-	-
10	7,057	393,720	1.3	1,824
20	6,273	358,853	10.0	12,537
30	5,489	348,357	12.6	22,835
40	4,705	317,344	20.4	46,276
50	3,921	273,276	31.5	85,961

10%와 50% 가정에 대하여 SC1에서는 수자원의 잠재가격이 ㎥당 3,369원, 110,952원으로 도출되었다. SC2의 추정 결과에 따르면, 수자원의 잠재가격이 ㎥당 1,824원, 85,961원으로 도출되었다. 이러한 결과는 실제로 지역별 수자원 배분의 허용 유무와 지역별 물 사용 수준 및 분포, 산업별 특성에 따라 수자원 제약의 실제 효과가 매우 차별적으로 발생할 수 있음을 의미한다.

개별 지역 제약과 지역 간 배분이 허용되는 경우의 매우 특징적인 결과가 대표지역인 대구와 부산에 대한 추정결과로 〈부록표 2-1〉~〈부록표 3-2〉에 제시되어 있다. 대구지역의 경우 배분이 없이 개별적으로 제약되는 경우 10%와 50% 잠재가격이 각각 13,321원, 297,550원으로 추정되었고, 배분이 허용되는 경우 각각 16,484원, 209,165원으로 추정되었다. 이는 비교적 큰 차이가 없는 것으로 산업구조와 수자원 요소의 중간투입 비중 등에 의하여 상대적으로 수자원 제약의 영향에 민감하지 않음을 나타낸다. 또한 배분이 허용되는 경우 초기 제약인 10% 수준에서는 다른 지역에 수자원을 과도하게 배분하여 개별 지역 측면에서는 잠재가격이 높아지는 현상도 발생하였다.

그러나 다른 대표 지역인 부산의 경우 배분이 없이 개별적으로 제약되는 경우 10%와 50% 잠재가격이 각각 1,380원, 283,106원으로 추정되었고, 배분이 허용되는 경우 각각 342원, 25,514원으로 추정되었다.

두 지역의 시나리오별 모형 추정결과의 차이는 현재의 3대 산업분류로 파악하기는 용이하지 않다. 대분류 산업 내 세부 산업구조와 물 소비량의 관계에 대한 심층적 연구가 필요한 사안이다. 그러나 대구와 부산 모두 광역시로 총산출에 있어서 농업부문이 매우 낮고(대구 0.4%, 부산 1.1%), 서비스업의 비중이 높다(대구 63.4%, 부산 67.3%). 물 소비 단위당 산출량 수준(물 백만㎥/10억 원)은 대구와 부산 각각 농업부문에서는 3.7과 16.1, 제조업 부문에서는 527.3과 912.1, 서비스부문에서는 662.2와 904.9로 전산업에 걸쳐서 부산의 계수가 매우 큰 격차로 높게 나타나고 있다. 따라서 부산의 경우 극단적인 수자원 제약의 경우 산업 간 배분에 따라 물의 잠재가치가 상대적으로 크게 변화하는 요인으로 작용할 수 있는 것으로 해석된다. 또한 모형에서 극단적인 해를 방지하기 위하여 부문별 산출량에 대하여 특정 수준의 상위와 하위 제약을 설정하고 있는 것도 수자원 배분으로 인한 자원 제약의 손실의 격차를 매우 크게 나타내는 요인으로 해석된다. 또다른 이유로는 농업부문과 비농업부문 간의 수자원 재배분이 가능하다는 점도 극단적인 격차의 요인으로 작용한다.

그럼에도 불구하고 수자원의 지역간, 산업간 거래는 제약이 발생하는 경우 경제적 손실을 크게 줄이는 데 기여한다는 점은 확인된다. 그동안 지속적으로 제기되어 왔던 지역 간 수리권 정의와 설정 논의, 지역 간 수자원의 적절한 배분이나 거래의 필요성을 반영하는 결과로 추론된다. 이를 기초 자치단체 간 배분 수준까지 확대하여 해석하는 경우 진주와 부산의 수리권 논쟁에 대해서도 최소 수준의 적절한 거래나 배분을 통하여 경제적 손실을 크게 감소시킬 수 있다는 결론도 유도된다.

경제활동과 물 사용수준이 낮은 지역의 수자원 제약은 지역 경제 또는 국가 경제 전체 관점에서 경제적 손실이 적게 발생하며, 높은 지역의 경제적 손실 효과는 매우 높다. 따라서 자원 제약 또는 공급 차질에 따른 희소 자원 재배분 문제도 형평성 기준을 충족하는 선에서 위의 결과와 같이 경제적 집약도, 수자원 이용집약도 등을 고려하여 재배분하는 경우 상대적으로 손실을 적게 할 수 있다는 시사점을 제시한다.

다만 본 연구 모형이 상대적으로 단기적인 수자원 제약에 따른 경제적 영향이 직접 파급된다는 가정에 의거해 구성되어 있어, 추정결과가 매우 높은 경제적 손실을 나타내고 있는 점은 유의해야 한다. 실제 수자원, 전력, 가스 등 네트워크 서비스의 자원 제약은 다양한 자연 조건, 재해, 사고, 기타 인위적 공급 차질 등에 의거하여 발생하며, 초단기의 경우 해당 자원의 대체가 불가능하여 손실은 자원 제약 수준에 비례하여 발생한다. 그러나 일정 기간 내에서는 경제의 적응 능력resiliency에 따라 보다 손실이 적게 발생하는 것이 일반적이다. 즉, 자원 자체의 단기적 효율성 제고, 강제 조치mandatory conservation, 대체 자원의 활용 등에 의하여 경제적 손실을 회피하려는 노력이 발생한다. 그러나 실제 이러한 적응 능력 관련 정보나 기술적 내용은 매우 논쟁적이고 방대한 자료를 필요로 한다. 이러한 추가적인 가정은 본 연구의 모형에서 수자원 계수를 함수적 형태로 설정하여 모형 추정을 하는 경우 시산이 가능하다.

Ⅴ. 결론 및 시사점

본 연구는 비선형계획법에 의거한 모형을 통하여 낙동강 수계를 공유하는 5개 광역자치단체에 대하여 지자체별, 산업 대분류별 용수 이용 현황을 살펴보고, 물 부족에 따른 경제활동의 제약 상황을 시나리오로 구성하여 분석하였다. 분석결과에 따르면 수자원 제약이 각각 10%~50%일 경우 개별 자치단체가 독립적으로 반응하는 경우(SC1)에는 지역 간 수자원 배분이 허용되지 않기 때문에 가장 큰 GRDP 손실이 발생하는 것으로 나타났다. 10% 제약인 경우 GRDP는 5개 지역 전체로 약 4.3% 하락하고, 50% 제약 시에는 41.3% 하락하여 제약 없는 경우의 GRDP 399조에서 각각 382조 원, 234조 원으로 하락하는 것으로 나타났다. 수자원 제약에 비하여 GRDP 손실이 상대적으로 적은 것은 개별 지역 경제 수준에서도 목적함수의 극대화 목표에 의거하여 수자원을 보다 효율적인 부문에 재배분함으로써 GRDP 손실을 최소화하려는 노력에 기인한다.

5개 지역 전체에 걸쳐서 지역 간, 산업 간 수자원 재배분이 허용되는 경우(SC2)에서는 10% 제약 시 GRDP가 1.3% 하락하고, 50% 제약 시 31.5%가 하락하여 각각 393조 원, 273조 원으로 하락하는 등 SC1의 결과보다는 상대적으로 현저히 낮은 GRDP 손실을 보였다. 이는 지역 간 수자원 재배분이 추가적으로 허용된다는 모형의 설정에 의거하여 희소한 물을 지역과 산업 전체의 상황을 고려해 재배분하기 때문에 상대적으로 효율성 개선이 이루어짐을 반영한다.

대표지역인 대구와 부산지역의 경우 수자원 제약 시 지역 간 배분 허용 유무에 따라 잠재가격이 매우 상이하게 나타났다. 대구의 경우 50% 제약 시 허용이 되지 않는 경우와 허용되는 경우 각각 297,550원, 209,165원으로 추정되어 소폭의 손실 감소를 나타냈으나, 부산의 경우 같은 가정 하에 각각 283,106원, 25,514원으로 추정되어 매우 큰 손실 회피가 가능하다는 결과가 도출되었다. 모형 단순성을 감안하더라도 업종별, 지역별로 수자원의 배분이 이루어지는 보다 허용적이고 체계적인 보상과 관련된 논의가 필요한 것으로 해석된다.

본 연구와 같은 접근법은 단순한 가정과 모형의 결과 도출을 위한 상위, 하위의 제약으로 다소 극단적인 결과가 초래될 수 있기 때문에 정량적 결과 수준에 대한 해석은 매우 신중해야 한다는 제약이 있다. 그러나 결과에서 제시하는 수자원 제약과 경제적 손실의 변화 방향, 잠재가격 수준 등은 수자원 정책 실무에 유용한 정보를 제공하는 것으로 판단된다. 또한 기존 연구가 전국 단위를 중심으로 이루어진 것에 비하여 지역 단위의 수자원 제약과 잠재가격 분석노력은 향후에 보다 정교한 가정과 모형 구성, 신뢰성 있는 자료의 구축을 통하여 지속적으로 수행되어야 할 것으로 판단된다. 강 유역 수자원 공급의 특성상 댐의 위치에 따라 수자원 제약이 차별적으로 발생하고, 지역 자치단체 간에 물리적으로 제약된 수자원 이용 가능성 여부에 의거하여 실제 수자원 제약이 차별적으로 나타날 수 있다는 점을 감안할 필요가 있다. 향후 연구에서는 보다 엄밀한 공학적, 수문학적 정보와 연구를 바탕으로, 이러한 수자원의 네트워크 서비스적인 성격을 감안하여 노드node 구분 등을 고려한 시나리오를 설정하여 실제 효과를 시산하는 것이 필요하다.

〈부록〉

1. 수자원 관련 자료

〈부록표 1-1〉 지역별, 산업별 용수이용량

(단위:백만㎥/년)

	농업용	공업용	서비스용	가정용	합계
대구	89.0	74.7	126.6	169.4	459.7
경북	2,808.4	550.7	357.9	170.5	3,887.5
부산	74.8	60.9	185.6	204.5	525.8
울산	127.5	311.1	70.6	75.8	585.0
경남	1,623.7	255.0	302.8	197.3	2,378.9
합계	4,723.6	1,252.4	1,043.6	817.4	7,837.0

2. 시나리오 분석 세부 결과

1) 시나리오 결과 : 주요 개별지역 분석결과

〈부록표 2-1〉 SC1 GRDP 추정 결과 (대구 지역 전체)

수자원 제약 (%)	총 수자원 이용량 (백만㎥/년)	GRDP (10억원)	GRDP 감소율(%)	잠재가격 (원/㎥)
0	460	50,777	-	-
10	414	47,161	7.1	13,321
20	368	41,255	22.6	52,350
30	322	35,384	33.6	116,859
40	276	31,830	40.3	186,785
50	230	25,941	51.3	297,550

〈부록표 2-2〉 SC2 GRDP 추정 결과 (대구 지역 전체)

수자원 제약 (%)	총 수자원 이용량 (백만㎥/년)	GRDP (10억원)	GRDP 감소율(%)	잠재가격 (원/㎥)
0	460	50,777	-	-
10	414	45,699	10.0	16,484
20	368	45,699	14.3	33,060
30	322	44,381	16.8	58,226
40	276	40,413	24.2	112,171
50	230	34,073	36.1	209,165

〈부록표 3-1〉 SC1 GRDP 추정 결과 (부산 지역 전체)

수자원 제약 (%)	총 수자원 이용량 (백만㎥/년)	GRDP (10억원)	GRDP 감소율(%)	잠재가격 (원/㎥)
0	526	81,028	-	-
10	474	81,109	0.9	1,380
20	421	74,770	8.6	26,824
30	368	70,074	14.4	67,030
40	316	60,426	26.2	162,743
50	263	52,048	36.4	283,106

〈부록표 3-2〉 SC2 GRDP 추정 결과 (부산 지역 전체)

수자원 제약 (%)	총 수자원 이용량 (백만㎥/년)	GRDP (10억원)	GRDP 감소율(%)	잠재가격 (원/㎥)
0	526	81,028	-	-
10	474	80,028	2.2	342
20	421	72,925	10.9	3,383
30	368	71,077	13.1	6,131
40	316	64,815	20.8	12,939
50	263	54,991	32.8	25,514

〈부록표 4-1〉 SC1 GRDP 추정 결과 (울산 지역 전체)

수자원 제약 (%)	총 수자원 이용량 (백만㎥/년)	GRDP (10억원)	GRDP 감소율(%)	잠재가격 (원/㎥)
0	585	62,273	-	-
10	527	61,342	1.5	1,584
20	468	59,703	4.1	8,766
30	410	56,536	9.2	29,383
40	351	51,142	17.9	76,041
50	293	47,445	23.8	126,660

〈부록표 4-2〉 SC2 GRDP 추정 결과 (울산 지역 전체)

수자원 제약 (%)	총 수자원 이용량 (백만㎥/년)	GRDP (10억원)	GRDP 감소율(%)	잠재가격 (원/㎥)
0	585	62,273	-	-
10	527	62,079	0.3	33
20	468	55,782	10.4	2,214
30	410	54,593	12.3	3,933
40	351	49,889	19.9	8,460
50	293	44,828	28.0	14,902

〈부록표 5-1〉 SC1 GRDP 추정 결과 (경북 지역 전체)

수자원 제약 (%)	총 수자원 이용량 (백만㎥/년)	GRDP (10억원)	GRDP 감소율(%)	잠재가격 (원/㎥)
0	3,888	108,990	-	-
10	3,501	94,321	9.1	3,755
20	3,112	83,438	23.4	13,117
30	2,723	78,452	28.0	23,536
40	2,334	61,672	43.4	48,646
50	1,945	45,353	58.4	81,803

〈부록표 5-2〉 SC2 GRDP 추정 결과 (경북 지역 전체)

수자원 제약 (%)	총 수자원 이용량 (백만㎥/년)	GRDP (10억원)	GRDP 감소율(%)	잠재가격 (원/㎥)
0	3,888	108,990	-	-
10	3,501	94,321	9.1	3,755
20	3,112	93,421	14.3	7,992
30	2,723	90,098	17.3	14,560
40	2,334	81,918	24.8	27,832
50	1,945	71,018	34.8	48,811

〈부록표 6-1〉 SC1 GRDP 추정 결과 (경남 지역 전체)

수자원 제약 (%)	총 수자원 이용량 (백만㎥/년)	GRDP (10억원)	GRDP 감소율(%)	잠재가격 (원/㎥)
0	2,379	101,670	-	-
10	2,142	97,623	3.5	1,693
20	1,904	92,892	8.6	7,363
30	1,666	80,911	20.4	26,144
40	1,428	74,188	27.0	46,170
50	1,190	63,296	37.7	80,609

〈부록표 6-2〉 SC2 GRDP 추정 결과 (경남 지역 전체)

수자원 제약 (%)	총 수자원 이용량 (백만㎥/년)	GRDP (10억원)	GRDP 감소율(%)	잠재가격 (원/㎥)
0	2,379	101,670	-	-
10	2,142	100,490	0.6	49
20	1,904	91,025	10.5	0,893
30	1,666	88,208	13.2	1,695
40	1,428	80,309	21.0	3,589
50	1,190	68,366	32.8	6,996

참고문헌

국토해양부, 2012. 국가수자원관리종합정보시스템(wamis).

권오상, 이태호, 허정회, 2009. "확률제약 계획모형법을 이용한 농업용수의 경제적 가치 평가". 한국수자원학회논문집. 42(4): 281-295.

김길호, 김덕환, 김경탁, 김형수, 2018. "산업단지 내 공업용수 공급의 경제적 가치 및 한계생산가치 변동성에 관한 연구", 한국습지학회지. 20(2): 190-199.

김길호, 이충성, 이상원, 심명필, 2009. '생산함수 접근법에 의한 공업용수 공급편익 산정 방안', 대한토목학회논문집 B.29(2B): 173-179.

김종원, 김창현, 최지용, 임동순, 류문현, 배유진, 송은서, 2012. 녹색성장·광역·통합시대의 선진적 수자원 관리방안(Ⅱ): 물 배분의 합리성 제고 정책, 국토연구원 연구보고서 12-06-01.

류문현, 장석원, 박두호, 2011. "기후변화와 가뭄: 가뭄시 물의 잠재가격 및 피해 추정연구", 한국습지학회지 13(2): 209-218.

통계청, 2020. 국가통계포털(http://kosis.kr/index/index.do).

통계청, 2020. e나라지표(http://www.index.go.kr).

한국은행, 2020. 경제통계시스템(http://ecos.bok.or.kr/).

환경부, 2019. 상수도 통계.

환경부, 2020. 물시장종합정보센터(www.wabis.or.kr)

환경부, 2020. 국가수자원관리통합정보시스템(WAMIS)(http://wamis.go.kr/).

Dachraoui, K. and T. M. Harchaoui, 2004. Water Use, Shadow Prices ad tnhe Canadian Business Sector Productivity Performance, Economic Analysis (EA) Research Papenr Series, No. 026.

Henry. M. S. and Bowen. E. J., 1982. "Water Allocation Under Alternative

Water Supply Conditions", Socio-Economic Planning Sciences 16(5): 217-221.

Lee, S., D. Oh, J. Lee, 2018. "A new approach to measuring shadow price: Reconciling engineering and economic perspectives", Energy Economics 46: 66-77.

Liu, X., X. Chen, and S. Wang, 2009. "Evaluating and Predicting Shadow Prices of Water Resources in China and Its Nine Major River Basins", Water Resour Manage 23: 1467-1478.

Oh, H. K. and H. C. Lee, 2018. "Analyzing the Shadow Price of Industrial Water Resources and Water Shortage Scenario: An Application of Water Input-Output Linear Programming", 한국위기관리논집, 14(12): 155-168.

Warda, F. and M. Pulido-Velazquez, 2008. "Water conservation in irrigation can increase water use", Proceedings of the National Academy of Sciences, 105(47): 18-31.

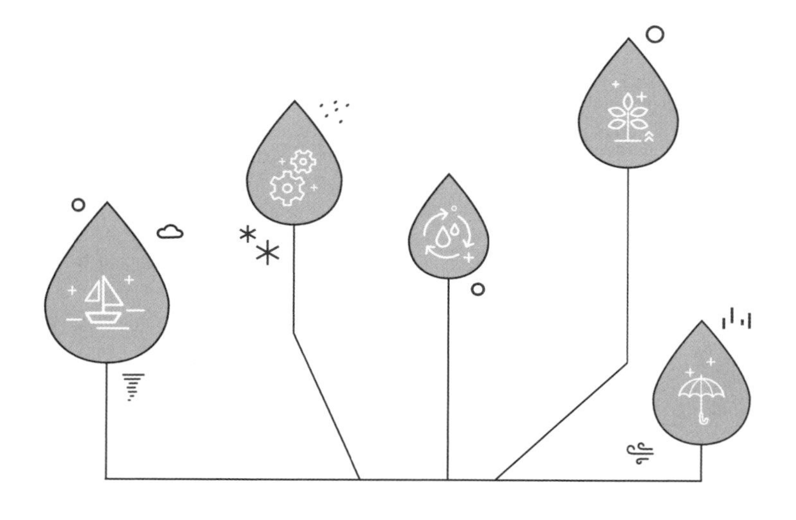

재이용수를 고려한
국내 수도 시스템의 효율성 분석 연구

김 창 희 (인천대학교 경영학부 교수)
김 영 준 (인천대학교 경영학과 석사과정)

초록

물의 안정적인 이용을 위한 물부족 현상의 완화는 전세계적인 과제라 할 수 있다. 이에 본 연구에서는 수자원 인프라의 관점에서 관리 및 개발을 하기 위한 초석을 닦고자 재이용수를 고려하여 국내 수도 시스템의 효율성을 분석하였다.

본 연구에서는 국외 문헌들 중 상수도/하수도/중수도 등의 효율성 분석을 진행한 연구를 참고하여 문헌 조사를 실시하였고, 공통된 요인을 활용하여 상수도 시스템, 하수도 시스템, 중수도 시스템을 측정하는 연구 모형을 제안하였다.

분석 방법으로는 네트워크 및 부트스트랩 자료포락분석 모형을 이용하였으며, 이를 이용하여 수도 시스템 효율성의 상관관계 분석도 함께 진행하여 해당 결과를 결론과 연구 분석 결과 부분에 제시하였다.

분석 결과 각 시도별로 상수도, 하수도, 중수도 시스템의 효율성이 상이하였으며, 수도 시스템의 효율성 증대를 위해 개선 노력이 필요한 부분에 대해 제언하였다. 이에 본 연구의 결론에서는 각 시도별로 상수도, 하수도, 중수도 시스템의 효율성 분석 결과와 이를 통한 효율성 제고 노력이 필요함을 역설하였다.

이에 본 연구는 재이용수를 고려하여 국내 수도 시스템의 효율성을 분석하는 시스템 모형을 제시하였으며, 이를 활용해 각 시도의 효율성을 분석함으로써 향후 재이용수를 활용한 연구의 기반을 마련하였다는 점에서 그 의의가 있다.

Ⅰ. 서론

물은 모든 자연생명의 중요한 원천일 뿐만 아니라, 지속가능한 발전의 핵심 천연자원이다. 뿐만 아니라 물은 사회경제적 발전과 건강한 생태계, 그리고 인간의 생존을 위해 필수적이며, 사람들을 위한 수많은 혜택과 다양한 서비스·제품의 생산 원천이다. 물을 안정적으로 이용할 수 있는 곳에서는 경제적 기회가 창출되며, 물을 신뢰할 수 없거나 수질이 부적절한 경우 혹은 물과 관련된 위험이 있는 경우에는 더 이상의 성장은 불가능하다. 이처럼 인간의 생명과 한 국가의 사회 안정, 경제 성장 및 발전과 직결되는 물은 효율적으로 관리가 될 경우 국가의 사회적, 경제적, 환경적 시스템에 대한 복원력을 강화하여 국가의 지속가능한 발전에 큰 동력을 제공하지만, 반대의 경우 심각한 도전이 될 수 있다.

그러나 물관리가 지속가능한 사회경제적 발전을 위해 필수적임에도 오늘날 사회에서는 종종 물이 잘못 사용되거나 낭비되고 있으며, 환경오염과 기후변화, 산업 성장과 소비패턴의 급속한 변화 등은 물 부족 문제를 더욱 심화시키고 있다. 이는 세계 경제 및 사회, 그리고 생존에 대한 위협을 증가시키고 있으나, 우리는 물 소비와 가용성의 계절적 변동으로 이와 같은 문제를 과소평가 하였다. 그 결과 물의 가치는 점점 중요해지고 있으며, 우리가 감당할 수 없는 방향으로 나아가 지속가능한 발전을 위협하고 있다. 이는 물관리와 재사용이 대중의 큰 관심을 받는 이유이다. 물의 책임 있는 사용과 재사용은 물 공급의 지속가능성과 미래를 위해 필수적이다. 지속가능한 발전은 생명이 의존하는 생태적 과정이 유지되고, 현재와 미래의 삶이 개선될 수 있도록 자원을 활용·절약·강화하는 방법으로 달성될 수 있다.

폐수 처리와 재이용수 활용은 물 보존을 통해 고품질의 수자원에 대한 수요를 줄여 환경에 도움을 주는 방법으로, 우리가 실천할 수 있는 지속가능한 발전 방법 중 하나이다. 재이용수의 이용은 신선한 식수를 보존하게 하며, 자연 생태계에 물이 머물 수 있도록 한다. 또한 하수 흐름을 감소시켜 폐수처리장치의 부하를 감소시킴으로써 폐수처리장치의 수명 연장과 시스템 고도화 및 확장에 필요한 자본지출을 지연시키는 효과가 있다. 이외에도 대부분의 주요 도시의 하수도는 낙후되어 있기 때문에 인구가 증가함에 따라 과부하 문제는 더욱 악화되고 있어 재이용수는 적극적으로 활용될 필요가 있다.

이러한 배경에서 지속가능한 발전을 위해 재이용수를 고려한 수자원 인프라의 관리 및 개발이 이루어져야 한다. 하지만 지역 수자원 시스템의 광범위한 물-에너지-오염물질 결합은 지속 가능한 수자원 인프라 관리의 복잡성을 증가시키며[1], 지속 가능하고 탄력적인 수자원 인프라 개발은 다양한 거버넌스 수준에서의 장기적·경제적 투입이 필요하기 때문에 매우 신중할 필요가 있다.[2]

따라서 지속가능한 수자원 인프라 개발을 위해서는 수자원 사용 관리의 기저 시설인 수도 시스템의 성과평가가 선행될 필요가 있다. 그러나 수도 시스템의 성과평가 역시 건설, 유지보수, 운영을 주도하는 다양한 상호연결 요소들로 인해 복잡하며, 시설 규모, 활용된 기술, 지리적 및 기상학적 조건 변화는 지역 규모에서의 수도 체계 평가를 더욱 어렵게 한다. 이에 효과적인

1) Han et al.(2015)

2) Hossain et al.(2015)

수자원 인프라 성과평가를 위해서는 대규모 비교를 통해 수자원 시설을 지속 가능한 실천으로 안내할 수 있는 철저하고 체계적인 벤치마킹이 필요하다.

따라서 본 연구에서는 자료포락분석을 이용하여 국내 17개 지역의 수도 시스템 효율성을 분석한다.

Ⅱ. 문헌연구

1. 상수도 시스템 효율성

상수도 시스템과 관련한 효율성 연구는 국내외를 불문하고 〈표 1〉과 같이 매우 활발하게 이루어져 왔으며, 이는 크게 상수도의 취수 및 급수 기능과 관련하여 '물 공급 효율성'과 '물이용 효율성'으로 구분할 수 있다.

상수도 시스템의 물 공급 효율성을 분석한 연구로는 Lombardi et al.(2019), 현승현과 김정렬(2018), 김나윤 외(2015), 고강흥 외(2008) 등이 있다. 해당 연구들에서 사용된 투입요소는 매우 다양하나 직원수, 유지관리비의 이용 빈도가 가장 높았으며, 특히 Dong et al.(2018)은 상수도 시스템 운영에 있어 전기가 주요 에너지원이자 운영비의 가장 큰 비율을 차지하기 때문에 전기사용량을 투입요소로 이용해야 한다고 강조하였다. 또한 산출요소로는 급수수익수납액, 물급수량이 가장 많이 사용되었다.

상수도 시스템의 물 이용 효율성을 측정한 연구로는 Yao et al.(2018), Deng et al.(2016), Yang and Li.(2017), Zhou et al.(2018) 등이 있다. 해당 연구에서 자본, 물 사용량이 투입요소로 가장 많이 활용되었으며, 산출요소로는 GDP, GRDP가 가장 많이 활용되었다.

〈표 1〉 상수도 시스템 효율성 연구

연구자	의사결정단위	투입요소	산출요소	연구기법
Yao et al. 2018	30 regions of China	Labour, Capital, Energy, Water	Industrial product, Wastewater, Waste gas, Solid waste	DEA SBM
Deng et al . 2016	31 regions of China	Labour, Capital	GDP, Sewage	DEA SBM
Yang and Li. 2017	30 regions of China	Labor, Capital, Total Energy Consumption, Total Water Consumption	GRDP, Water pollution	DEA SBM
Lombardi et al. 2019	68 Italian water utility companies	Residents, Materials Cost, Cost of services, Cost of leases, Labour cost, Capital cost	Water Distributed, Water Pumped, Network length	DEA
Zhou et al. 2018	Water use subsystem in 30 regions of China	Economic water use; Water consumption of economic development, Capital Social water use: Water consumption of social development, General public expenditure	Economic water use; GDP, Proportion of scondary industy, wastewater discharge Social water use: Income of urban households, Urban population proportion, wastewater discharge	two-stage SBM DEA
Dong et al. 2018	157 Cities in China Urban Water Association	Fixed assets investment,	Clean water supplied, Wastewater treated, COD removed, SS removed, TN removed	DEA
현승현과 김정렬 2018	국내 127개 지방상수도	행정직원수, 전문기술직 직원수, 유지관리비, 요금 현실화율	총급수량, 급수수익 수납액, 유수율	DEA
김나윤 외 2015	충청북도 10개 지방자치 단체	직원수, 유지관리비	수도요금수입액, 연간총생산량, 유수율	DEA
고광흥 외 2008	시·군 160개 수도사업장	인건비, 시설공사비, 유지관리비, 원리금상환액	수도요금수입액, 수돗물생산량	DEA

2. 하수도 시스템 효율성

상수도 시스템과 마찬가지로, 하수도 시스템과 관련한 효율성 연구 또한 물관리와 환경문제의 대두에 따라 〈표 2〉와 같이 국내외에서 매우 활발하게 이루어졌다. 근래의 연구들을 살펴보면 하수도 시스템의 효율성 연구는 주로 하수처리시설의 처리용량 및 운영요소에 따른 '하수처리효율성'과 '수질개선을 고려한 하수처리 효율성' 등 2개 방향으로 구분할 수 있다.

하수처리 효율성을 분석한 연구로는 Zhou et al.(2018), Walker et al.(2019), Feng et al.(2019), 윤성일(2016), 신유호와 최정우(2015) 등이 있으며, 투입요소로 운영비용, 자본비용, 물건비 등의 사업비와 직원수가 주로 활용되었으며, 산출요소로 하수(폐수)처리량이 가장 많이 활용되었다.

또한 수질개선을 고려한 하수처리 효율성을 분석한 연구인 Jiang et al.(2020), An et al.(2018), 현승현(2019) 등에서는 일반적인 하수처리효율성 연구와 동일한 투입 및 산출요소를 활용하는 한편, 하수도 처리에 따른 수질개선 지표로 화학적산소요구량 감소량, 암모니아질소 감소량, 생화학적 산소요구량 감소량 등을 하수도 시스템의 산출요소로 사용하였다.

〈표 2〉 하수도 시스템 효율성 연구

연구자	의사결정단위	투입요소	산출요소	연구기법
Zhou et al. 2018	Wastewater treatment subsystem in 30 regions of China	Economic wastewater discharge, Social wastewater discharge, Total investment in Wastewater Treatment	Wastewater disposal, Final wastewater discharge	two-stage SBM DEA
Walker et al. 2019	13 water and sewerage companies in the UK and Ireland	Operational expenditure, Capital expenditure, Operational GHG emissions, Length of mains and sewage pipes	Water delivered & wastewater treated	double-boots trap DEA
Feng et al. 2019	518 wastewater treatment plants in 10 regions of China	Equipment investment, Electricity usage, Employee	Wastewater treatment, Sewage sludge water content	SBM DEA
Jiang et al. 2020	861 wastewater treatment plants in China	Operating costs, Electricity consumption, Number of labors	Chemical oxygen demand(COD) removal, ammonia nitrogen removal rate, reclaimed water yield, dry sludge yield.	SBM DEA
An et al. 2018	31 mainland provinces in China	Number of Wastewater Treatment Plants, Treatment Capacity of Wastewater Treatment Plant, Annual Operating Expenses	Actual Treatment Capacity of Urban Wastewater, Removal of Chemical Oxygen Demand, Removal of Ammonia	Super-Efficiency DEA
현승현 2019	국내 116개 공공하수처리시설	시설용량, 행정직직원수, 기술직원수, 기타직원수, 사업비	하수처리량, BOD감소량, COD감소량, TN감소량, TP감소량	DEA-SBM
윤성일 2016	국내 75개 지방하수도 공기업	직원수, 순가동설비자산	연간 하수처리량, 영업수익	Game Cross efficiency DEA
신유호, 최정우 2015	국내 72개 기초자치단체 하수도공기업	인건비, 물건비	평균하수처리량, 요금현실화율, 영업수지비율	DEA

3. 중수도 시스템 효율성

물 부족 문제의 극복과 수자원 보호에 대한 관심으로 해외에서는 중수도 시스템에 대한 효율성 연구가 〈표 3〉과 같이 활발하게 이루어지고 있다. 하지만 재이용수와 관련한 국내 효율성 연구는 전무한 것으로 보인다. 이는 물 재이용 관련 제도 및 정책이 지속적으로 보완되어 왔음에도, 국내의 재이용수 사용은 해외에 비하여 아직까지 보편화 및 활성화되지 않았으며, 일부 시군구에서는 이에 대한 실태 조사가 실시되지 않는 등 다양한 원인이 있을 것이라 판단된다. 해외의 연구를 살펴보면 중수도 시스템 효율성 역시 크게 '재이용수 처리효율성'과 '재이용수 이용효율성' 등 2가지로 구분할 수 있으나, 대다수의 연구들이 순환 모형을 사용해 두 효율성 모두를 분석하고 있다.

해당 연구들에서 재이용수 처리효율성 측정을 위한 투입요소로는 폐수방출량, 폐수발생량, 폐수처리비용, 투자비용, 시설설립비용, 유지관리비 등이 사용되며, 산출요소로는 재이용수 생산량, 저수량, 빗물수집면적 등이 사용되고 있다.[3)]

또한 재이용수 이용 효율성을 위한 투입요소로는 재이용수 생산량, 처리된 폐수 방출량, 폐수발생량 등이 사용되며, 산출요소로는 경제적 이익, 재이용수 이용량 등이 사용되고 있다.[4)]

---

3) Yang et al(2014), RECYCLING(2017), Hu et al(2018)

4) Yang et al(2014), Wu et al(2015), Wu et al(2017), RECYCLING(2017), Hu et al(2018)

〈표 3〉 중수도 시스템 효율성 연구

연구자	의사결정단위	투입요소	산출요소	연구기법
Wu et al. 2015	30 provincial level regions in mainland China	Investment in treatment of industrial waste water, waste gas and solid waste, Industrial waste water discharge, Industrial waste gas emission, Industrial solid waste generated	Output value of products made from waste water, waste gas & solid waste	2 stages network DEA
Wu et al. 2017	30 provincial level regions in mainland China	Waste water, Full-time staff for environment protection, Investment of treating waste water and sewage	Waste water discharged (undesirable outputs), Reusable water/ consumption(good outputs)	2 stages DEA
Yang et al. 2014	29 provinces in China	Fresh water utilization: Fresh water	Fresh water utilization: Economic profit, waste water Waste water emission: Processing water, Emitted waste water Waste water regeneration: Regenerative water	Net-work DEA based model
RECY-CLING 2017	23 Method to recycling and reuse rainwater	Early phrase establishment cost, Estimated maintenance management cost	Reutilization, Water storage, Area of rain water collection	DEA
Hu et al. 2018	10 Cities in the Minjiang River Basin, China	Water use system: Capital invested, Water supply, Reused water Wastewater treatment system: Capital invested, Wastewater treatment, wastewater	Water use system: Wastewater, GDP Wastewater treatment system: Chemical organic demand, Ammonia nitrogen, Reused water	2 stages DEA

Ⅲ. 연구방법론

1. 자료포락분석DEA, Data Envelopment Analysis

자료포락분석은 비모수적 기법으로 콥-더글라스Cobb-Douglas 생산함수와 같은 특정 형태의 생산함수를 가정하여 모수를 추정하는 환경변경분석SFA, Stochastic Frontier Analysis과 는 달리, 선형계획법LP, Linear Programming을 기반으로 평가 대상인 의사결정단위DMU, Decision Making Unit의 투입 및 산출요소 간의 효율적 프런티어를 생성하고, 각 의사결정단위들의 효율적 프런티어로부터의 상대적 거리를 측정하여 효율성을 측정하는 방법이다. 이는 다수의 투입 및 산출요수를 단위와 상관없이 사용할 수 있으며, 잔차에 대한 통계적 분포를 가정할 필요가 없어 비교적 사용이 용이한 장점이 있어 다양한 분야에서 성과평가 및 벤치마킹의 강력한 도구로써 널리 활용되고 있다.

하지만 전통적 자료포락분석은 투입요소가 산출요소에 미치는 영향을 분석할 수 없으며, 특히 내부 프로세스인 블랙박스 효율성Black-box Efficiency을 고려하지 못한다는 한계가 있다.[5] 이에 전통적 자료포락분석의 한계를 극복하기 위해 프로세스를 2단계로 구분하여 효율성을 측정하는 독립적 2단계 자료포락분석 모형이 개발되었으나[6], 이 역시 두 단계 간의 유기적 연결을 고려하지 못하며 두 단계 간의 상충관계가 발생하여 분석 결과가 왜곡될 수 있다는 지적을 받았다.[7]

5) Wang et al., 1997; Fáre and Grosskopf, 2000

6) Seiford and Zhu, 1999

7) Chen and Zhu, 2004

이에 블랙박스 효율성을 고려하기 위해 내부의 과정을 중간생산물Intermediate Factor을 이용하여 연결하는 2단계의 네트워크 자료포락분석Network DEA이 개발되었다. 네트워크 자료포락분석 모형은 1단계에서 m개의 투입요소 $x_{ij}(i=1,2...,m)$와 D개의 산출요소 $z_{dj}(d=1,2...,D)$를 이용하여 효율성을 측정하며, 2단계에서 중간생산물로써 1단계의 산출요소 $z_{dj}(d=1,2...,D)$를 투입요소로 하고 s개의 산출요소 $y_{rj}(r=1,2...,s)$를 이용하는 형태를 갖는다. 여기서 네트워크 자료포락분석의 효율성 평가는 중간생산물 $z_{dj}(d=1,2...,D)$를 의사결정변수로 두고 선형계획을 통해 1단계와 2단계의 효율성을 합쳐 최적화하는 과정에서 이루어진다. 본 연구에서는 수도시스템의 효율성을 측정을 위해 중간생산물이 고정된 링크Fixed Link로 연결되었으며, 1단계와 2단계의 효율성이 전체 효율성에 동일한 영향을 미치는 Tone and Tsutsui(2009)의 네트워크 자료포락분석 모형을 활용한다. 본 연구의 네트워크 자료포락분석 모형은 다음의 수식과 같다.

$$
\begin{aligned}
&\textit{Maximize} \quad \sum_{i=1}^{m}\frac{s_i^-}{x_{io}}+\sum_{i=1}^{m}\frac{s_i^+}{y_{io}} \\
&\textit{Subject to} \quad \sum_{j=1}^{n}\lambda_j x_{ij}+S_i^- = x_{io} \quad i=1,...,m \\
&\qquad\qquad\quad \sum_{j=1}^{n}u_j y_{rj}-S_i^+ = y_{ro} \quad r=1,...,s \\
&\qquad\qquad\quad \sum_{j=1}^{n}\lambda_j z_{dj} = \sum_{j=1}^{n}u_j z_{dj} \quad d=1,...,D
\end{aligned}
$$

또한 전통적 자료포락분석 결과 도출된 효율성 값은 편의Bias를 수반하고 있을 뿐만 아니라, 신뢰구간Confidence Intervals 설정이 불가능한 한계가 있다. 이에 본 연구에서는 부트스트랩 자료포락분석Bootstrap DEA을 이용하여 각 수도 시스템의 단계별 효율성을 평가한다. 부트스트랩은 반복적인 복원추출에 따라 도출된 경험적 분포를 활용하여 모집단의 분포를 추정하는 기법으로, 이를 적용한 부트스트랩 자료포락분석은 표준오차와 신뢰구간을 설정할 수 있어 기존의 자료포락분석 모형의 한계를 극복할 수 있다. 본 연구는 Simar and Wilson(1998)의 다섯 절차에 따라 부트스트랩 자료포락분석을 수행하고, Simar and Wilson(2000)에 따라 해당 절차를 2,000회 반복수행하며, Kneip et al.(2008)에 따라 신뢰구간을 추정한다.

2. 데이터 수집, 투입 및 산출요소 선정

본 연구에서는 상수도, 하수도, 중수도 시스템의 효율성을 측정하기 위해 2018년 기준 상수도통계, 하수도통계, 산업폐수발생 및 처리현황, 경제활동인구조사, 지역통합재정통계, 지역소득을 활용하여 국내 17개 지역(서울특별시, 부산광역시, 대구광역시, 인천광역시, 광주광역시, 대전광역시, 울산광역시, 세종특별자치시, 경기도, 강원도, 충청북도, 충청남도, 전라북도, 전라남도, 경상북도, 경상남도, 제주특별자치도)의 데이터를 수집하였다.

또한 본 연구는 문헌연구를 참조하여 투입 및 산출요소를 선정하였다. 하지만 수도 시스템은 국가별로 상이하기 때문에 해외 수도 시스템 효율성 연구에 사용된 투입 및 산출요소를 국내 수도 시스템 효율성 연구에 그대로 사용하는 것은 분석 결과를 왜곡할 가능성이 있으며, 국내 수도 시스템의 실제에 보다 부합하도록 각 요소와 시스템의 성격을 고려하여 투입 및 산출요소를 선정할 필요가 있다. 이에 본 연구의 국내 수도 시스템 프로세스에 따른 투입 및 산출요소 선정은 다음과 같다.

먼저 상수도 시스템을 살펴보면, 수돗물 생산은 수원형태에 따라 다소 상이한 점은 있으나 취수장에서 취수펌프를 이용하여 강, 호수, 저수지 등으로부터 원수를 끌어들이는 것으로 시작된다. 이후 이 용수는 정수장으로 보내지고, 송수펌프에 따라 송수관 및 배수관을 통하여 이동되며 약품처리, 응집, 침전, 여과, 소독 과정을 거쳐 각 지역으로 배수 및 급수된다. 이렇게 각 지역으로 공급된 물은 지방예산과 더불어 지역 경제활동인구의 경제활동 자원으로 활용되며 최종적으로 지역내총생산을 창출한다.

이에 본 연구는 상수도 시스템의 투입요소로 취수장 및 정수장에서의 수돗물 생산을 위한 연간전기사용량(x1, kWh)과 유지관리비(x2, 천원), 수돗물 공급에 따른 생산 활동에 필요한 경제활동인구(x3, 명), 지방예산(x4, 백만원)을 선정하였으며, 산출요소로 총급수량(z1, ㎥), 지역총생산(y1, 10억 원)을 선정하였다. 상수도 시스템의 투입 및 산출요소의 기술통계량은 〈표 4〉와 같다.

〈표 4〉 상수도 시스템 효율성 연구

	x1	x2	x3	x4	z1	y1
Max	510,359,785	1,100,701,371	7,058	22,807,183	1,553,772,884	446,863,723
Median	70,407,596	161,759,595	988	2,392,217	256,768,194	72,950,734
Min	0	18,982,373	152	670,652	27,711,958	10,398,756
Mean	119,057,597	217,231,688	1,641	4,959,898	379,605,577	106,550,505
St.dev	135,592,355	242,923,204	1,747	6,249,244	375,218,870	119,902,225

다음으로 하수도 시스템을 살펴보면, 가정과 공장에서 발생된 폐수와 하수는 하수처리장에서 침사지, 최종침전지, 생물반응조, 최종침전지를 거치며, 최종적으로 여과와 소독시설을 통해 강과 하천으로 방류되고, 침전지에서 발생한 슬러지는 농축조, 소화조, 탈수기를 거쳐 최종 처분된다. 이때 별도배출허용기준을 만족하는 개별폐수배출업소(2~5종)의 산업폐수는 산업폐수의 공공하수처리시설 연계처리 지침에 따라 하수처리장에서 연계처리가 이루어지고, 개별폐수배출업소(1~5종)에서 발생되는 일부의 산업폐수는 폐수종말처리시설 설치 및 운영관리지침에 따라 폐수종말처리장에서 처리된다. 이후 하수처리장에서 처리된 폐수와 하수는 하수재이용시설이 설치된 시설에서 활용되는데, 대부분의 하수종말처리시설에서는 2차 처리나 모래여과 등 목적에 부합한 재처리를 통해 재이용수를 처리시설 내의 포기조, 소포수, 배관역세수 및 펌프축봉수 등에 사용하고 있으며, 대형공장의 용수부족 극복을 위한 공업용수, 하천의 염수화를 방지하기 위한 하천유지용수, 농업용수로 사용되거나, 개별순환방식에 따라 대형건물의 화장실 세정용수로 활용되고 있다.

이에 본 연구는 하수도 시스템의 투입요소로 하수처리장에 유입되는 가정 및 공장으로부터의 폐수 및 하수 발생량(x5, ㎥/일), 하수도 시스템 운영을 위한 하수도 사업비용(x6, 백만원), 하수재이용수의 사용을 위한 하수재이용시설 설치 시설 수(x7, 개)를 선정하였으며, 산출요소로 하수처리 결과 발생되는 하수처리량(z2, ㎥/일) 및 산업폐수연계처리량(z3, ㎥/일)과 하수재이용수 이용량(y2, 천톤/년)를 선정하였다. 하수도 시스템의 투입 및 산출요소의 기술통계량은 〈표 5〉와 같다.

〈표 5〉 하수도 시스템 효율성 연구

	x5	x6	x7	z2	z3	y2
Max	4,751,917	9,590,822	34	4,747,980	121,834	293,922
Median	925,405	1,839,142	3	662,276	5,150	43,163
Min	107,794	292,549	0	63,947	65	769
Mean	1,133,257	2,653,339	6	1,139,366	15,789	65,454
St.dev	1,072,592	2,668,385	8	1,267,466	29,389	70,090

마지막으로 중수도 시스템을 살펴보면, 일정 기준을 충족하여 공공수역으로 배출된 처리방류수는 중수도처리시설(정수처리장)에서 재처리되어 앞서 언급한 것과 같이 공업용수, 하천유지용수, 농업용수, 중수도 등 다양한 용도로 활용되거나 고농도 농축수로 만들어져 다시금 방류된다. 여기서 중수도 시스템의 방류수 처리에 따른 중수 생산은 하수도 시스템의 하수재이용수로 분류될 수 있으나, 방류에 따른 재처리 과정의 차이와 연구모형의 지향성orientation을 고려하여 본 연구에서는 이를 중수도 시스템에 포함시켰다. 이외에도 중수도 시스템의 대표적인 수자원으로 빗물 재이용은 강우 시 버려지는 빗물을 빗물관리시설을 통해 지하침투와 저류조 등에 저장하는 방법으로, 지반 침하 및 하류 홍수의 방지, 지하수 함양, 표면유출 방지, 침수피해 저감 등 생태환경 다양화 및 쾌적성 증대를 목적으로 빗물을 지하에 침투시키거나 청소용수, 조경용수 등의 재이용수로 활용되고 있다.

이에 본 연구에서는 중수도 시스템의 투입요소로 중수도처리시설에 유입되는 폐수방류량(x8, m^3/일), 중수도 시스템 및 빗물 운영을 위한 중수도 및 빗물 운영비용(x9) 및 빗물 이용시설 설치비용(x10, 백만원), 중수 및 빗물 사용을 위한 중수도 및 빗물 재이용시설 설치 시설 수(x11, 개)를 선정하였으며, 산출요소로 중수도처리시설 및 빗물저장 시설에 따른 중수도 처리용량(z3, ㎥/일) 및 저류조용량(z4, ㎥), 중수 및 빗물 이용량(y3, ㎥/일)을 선정하였다. 중수도 시스템의 투입 및 산출요소의 기술통계량은 〈표 6〉과 같다.

〈표 6〉 중수도 시스템 효율성 연구

	x8	x9	x10	x11	z3	z4	y3
Max	1,045,840	101,027	64,150	193	477,878	4,005,245	352,853
Median	193,890	1,414	7,570	30	34,401	15,965	11,323
Min	16,119	2	1,240	8	0	5,381	67
Mean	289,492	9,028	14,081	44	106,421	282,036	59,203
St.dev	263,200	23,579	15,741	42	148,772	932,510	91,567

3. 연구모형

본 연구의 자료포락분석 모형은 〈그림 1〉과 같다.

먼저, 상수도 시스템 효율성은 각 지역에 물을 공급하여 지역의 생산을 창출하는 상수도 시스템의 기능으로 정의할 수 있으며, 상수도 시스템을 통해 이루어지는 취수활동부터 생산 활동까지의 일련의 프로세스 효율성인 만큼 각 단계의 투입 및 산출요소를 사용하는 2단계 네트워크 DEA를 통해 측정된다. 또한 물 공급 효율성은 수돗물을 취수하여 공급하는 상수도 시스템의 기능으로 정의할 수 있으며, 투입요소로 취수 및 정수장에서 사용되는 전기사용량, 유지관리비를 사용하고, 산출요소로 총급수량을 사용하는 부트스트랩 DEA를 통해 측정된다. 그리고 물이용 효율성은 공급된 물을 활용하여 지역총생산을 창출하는 상수도시스템의 기능이라 정의할 수 있으며, 투입요소로 해당 지역의 급수량과 경제활동인구, 지방예산을 사용하며, 산출요소로 지역총생산을 사용하는 부트스트랩 DEA를 통해 측정된다.

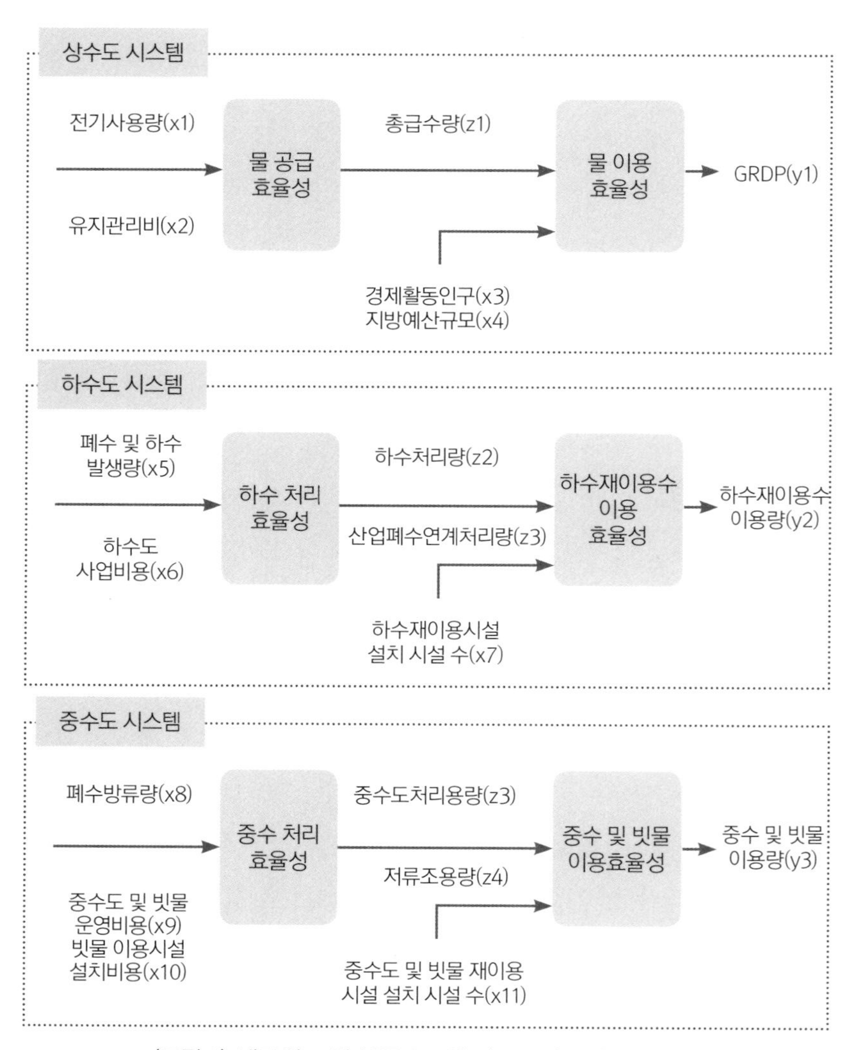

〈그림 1〉 네트워크 및 부트스트랩 자료포락분석 모형

다음으로, 하수도 시스템 효율성은 각 지역의 폐수 및 하수를 처리하여 지역의 재이용수 이용을 창출하는 하수도 시스템의 기능으로 정의할 수 있으며, 상수도 시스템과 동일하게 각 단계의 투입 및 산출요소를 사용하는 2단계 네트워크 DEA를 이용하여 측정된다. 또한 하수처리 효율성은 이름 그대로 폐수와 하수를 처리하는 하수도 시스템의 기능으로 정의할 수 있으며, 투입요소로 지역 경제활동으로 발생되는 폐수 및 하수발생량과 하수도 사업비용을 사용하고, 산출요소로 하수처리량과 산업폐수 연계 처리량을 사용하는 부트스트랩 DEA를 통해 측정된다. 그리고 재이용수 이용 효율성은 처리수를 재처리하여 이용하는 하수도 시스템의 기능이라 정의할 수 있으며, 투입요소로 하수처리량과 하수재이용시설 설치 시설수를 사용하고, 산출요소로 하수재이용수 이용량을 사용하는 부트스트랩 DEA를 통해 측정된다.

마지막으로, 중수도 시스템 효율성은 각 지역의 방류수와 빗물을 처리하여 지역의 중수도 및 빗물 이용을 창출하는 중수도 시스템의 기능으로 정의할 수 있으며, 하수도 시스템과 마찬가지로 각 단계의 투입 및 산출요소를 사용하는 2단계 네트워크 DEA를 이용하여 측정된다. 또한 중수도처리 효율성은 방류수와 빗물을 처리하는 중수도 시스템의 기능이라 정의할 수 있으며, 투입요소로 폐수방수량, 중수도 및 빗물 운영비용, 빗물 이용시설 설치비용을 사용하고, 산출요소로 중수도처리용량과 저류조용량을 사용하는 부트스트랩 DEA를 이용하여 측정한다. 그리고 중수도 이용 효율성은 처리된 방류수와 저장된 빗물을 이용하는 중수도 시스템의 기능으로 정의할 수 있으며, 투입요소로 중수도처리용량, 저류조용량, 중수도 및 빗물 재이용시설 설치 시설 수를 사용하고, 산출요소로 중수도 및 빗물 이용량을 사용하는 부트스트랩 DEA를 이용하여 측정한다.

Ⅳ. 분석결과

1. 수도 시스템의 효율성 분석

본 연구의 자료포락분석 모형에 따라 국내 17개 지역 수도 시스템의 효율성 분석 결과 〈표 7〉과 같이 나타났다.

먼저 상수도 시스템을 살펴보면, 서울, 울산, 세종, 경기, 충북, 충남, 전북, 경북, 제주 9개 지역의 상수도 시스템 효율성이 1인 것으로 나타나 물 공급부터 생산 활동까지의 상수도 시스템 기능 전반이 매우 효율적으로 이루어지고 있는 것을 알 수 있다. 또한 서울, 광주, 대전, 세종, 경기, 충남, 제주 7개 지역은 물 공급 효율성이 1인 것으로 나타나 지역의 수도 공급을 위해 전기와 유지관리비를 최적 수준으로 활용하고 있는 것을 알 수 있다. 그리고 서울, 울산, 세종, 경기, 충남 5개 지역의 물이용 효율성은 1인 것으로 나타나 해당 지역이 공급된 물을 효율적으로 활용하여 타 지역 대비 최적의 생산 활동을 하고 있는 것을 알 수 있다. 특히 서울, 세종, 경기, 충남은 상수도 시스템 효율성, 물 공급 효율성, 물이용 효율성 모두 1의 값을 가져 17개 지역 중 가장 효율적인 상수도 시스템을 운영 중인 것을 알 수 있다.

마지막으로 중수도 시스템을 살펴보면, 광주, 대전, 울산, 세종, 경기, 강원, 충남, 제주 8개 지역의 중수도 시스템 효율성이 1인 것으로 나타나 중수도처리부터 중수도 이용까지 중수도 시스템 기능 전반이 매우 효율적인 것을 알 수 있다. 또한 광주, 울산, 세종, 경기, 강원, 충남, 전남, 경북, 제주 9개 지역은 중수도 처리 효율성이 1로 나타나 최적 수준의 비용으로 하수처리수와 빗물을 재처리 또는 저장하는 것을 알 수 있다.

〈표 7〉 수도 시스템 효율성

	상수도 시스템	물공급	물이용	하수도 시스템	하수 처리	재이용 수 이용	중수도 시스템	중수 처리	중수 이용
서울	1.000	1.000	1.000	1.000	1.000	1.000	0.090	0.766	0.087
부산	0.637	0.727	0.630	1.000	0.833	0.951	0.054	0.056	0.053
대구	0.536	0.749	0.510	1.000	0.903	1.000	0.039	0.178	0.039
인천	0.687	0.966	0.665	0.836	0.476	0.829	0.023	0.075	0.023
광주	0.711	1.000	0.563	1.000	1.000	0.432	1.000	1.000	1.000
대전	0.954	1.000	0.624	0.193	1.000	0.191	1.000	0.132	1.000
울산	1.000	0.614	1.000	1.000	1.000	0.623	1.000	1.000	1.000
세종	1.000	1.000	1.000	1.000	1.000	1.000	1.000	1.000	1.000
경기	1.000	1.000	1.000	1.000	1.000	1.000	1.000	1.000	0.546
강원	0.840	0.571	0.587	0.352	0.575	0.352	1.000	1.000	1.000
충북	1.000	0.777	0.808	0.900	0.334	0.877	0.095	0.074	0.094
충남	1.000	1.000	1.000	0.779	0.319	0.779	1.000	1.000	1.000
전북	1.000	0.880	0.645	0.647	0.709	0.565	0.015	0.754	0.014
전남	0.965	0.678	0.872	0.398	0.373	0.394	0.661	1.000	0.530
경북	1.000	0.619	0.897	1.000	0.511	1.000	0.340	1.000	0.340
경남	0.851	0.763	0.810	0.436	0.674	0.431	0.027	0.299	0.026
제주	1.000	1.000	0.449	0.082	1.000	0.082	1.000	1.000	0.201

그리고 광주, 대전, 울산, 세종, 강원, 충남 6개 지역은 중수도 이용 효율성이 1인 것으로 나타나 시설 설치와 중수도 재처리 및 저장에 따른 중수도 활용이 매우 효율적으로 이루어지고 있음을 알 수 있다. 특히, 광주, 울산, 세종, 강원, 충남 5개 지역은 중수도 시스템 효율성, 중수도 처리 효율성,

중수도 이용 효율성 모두 1인 것으로 나타나 국내 17개 지역 중 가장 효율적인 중수도 시스템을 운영 중인 것을 알 수 있다.

2. 수도 시스템 효율성의 상관관계 분석

각 수도 시스템은 유기적으로 연계되어 있으며, 수도 시스템의 기능은 공급(처리)과 이용의 두 단계가 일련의 프로세스로 이루어진다. 하지만 효율성 측정 결과 일부 지역의 상수도, 하수도, 중수도 시스템 효율성 간에는 상당한 수준 차이가 있는 것으로 나타났다. 또한 수도 시스템 효율성은 매우 우수함에도 특정 하위 단계의 효율성은 열등하거나 반대로 수도 시스템 효율성은 열등함에도 특정 하위 단계의 효율성은 매우 우수하게 나타나는 등, 수도 시스템 효율성과 단계별 효율성 간에도 상당한 수준 차이가 있는 것으로 나타났다. 이에 본 연구에서는 상관분석을 이용하여 상수도, 하수도, 중수도 시스템 효율성 간의 관계와 각 수도 시스템과 해당 수도 시스템의 단계별 효율성 간의 관계를 확인하였다.

먼저 상수도, 하수도, 중수도 시스템 효율성의 상관분석 결과 〈표 8〉과 같으며, 분석결과 상수도 시스템 효율성, 하수도 시스템 효율성, 중수도 시스템 효율성 간에는 유의한 상관관계가 없는 것으로 나타났다.

〈표 8〉 수도 시스템 효율성의 상관관계

		상수도 시스템	하수도 시스템	중수도 시스템
상수도 시스템	Pearson Correlation	1	-.213	.376
	Sig.(2-tailed)		.412	.137
하수도 시스템	Pearson Correlation	-.213	1	-.258
	Sig.(2-tailed)	.412		.317
중수도 시스템	Pearson Correlation	.376	-.258	1
	Sig.(2-tailed)	.137	.317	

그리고 상수도 시스템 효율성, 물 공급 효율성, 물 이용 효율성의 상관분석 결과 〈표 9〉와 같으며, 분석결과 상수도 시스템 효율성과 물 이용 효율성 간에는 0.05의 유의수준에서 강한 양(+)의 상관관계가 있는 것으로 나타났다.

〈표 9〉 상수도 시스템 효율성의 상관관계

		상수도 시스템	하수도 시스템	중수도 시스템
상수도 시스템	Pearson Correlation	1	.141	.594*
	Sig.(2-tailed)		.588	.012
하수도 시스템	Pearson Correlation	.141	1	.016
	Sig.(2-tailed)	.588		.953
중수도 시스템	Pearson Correlation	.594*	.016	1
	Sig.(2-tailed)	.012	.953	

주:*은 5% 수준에서 통계적으로 유의하다.

다음으로 하수도 시스템 효율성, 하수처리 효율성, 하수 재이용수 이용 효율성의 상관분석 결과는 〈표 10〉과 같으며, 분석결과 하수도 시스템 효율성과 하수 재이용수 이용 효율성 간에는 0.01의 유의수준에서 매우 강한 양(+)의 상관관계가 있는 것으로 나타났다.

〈표 10〉 하수도 시스템 효율성의 상관관계

		하수도 시스템	하수처리	재이용수 이용
하수도 시스템	Pearson Correlation	1	.099	.877**
	Sig.(2-tailed)		.705	.000
하수처리	Pearson Correlation	.099	1	-.067
	Sig.(2-tailed)	.705		.799
재이용수 이용	Pearson Correlation	.877**	-.067	1
	Sig.(2-tailed)	.000	.799	

주:**는 1% 수준에서 통계적으로 유의하다.

마지막으로 중수도 시스템 효율성, 중수처리 효율성, 중수 이용 효율성의 상관분석 결과는 〈표 11〉과 같다. 분석결과 중수도 시스템 효율성은 중수처리 효율성과 0.01의 유의수준에서 강한 양(+)의 상관관계가 있으며, 중수 이용 효율성과 0.01의 유의수준에서 매우 강한 양(+)의 상관관계가 있는 것으로 나타났다. 또한 중수처리 효율성은 중수 이용 효율성과 0.05의 유의수준에서 강한 양(+)의 상관관계가 있는 것으로 나타났다.

〈표 11〉 중수도 시스템 효율성의 상관관계

		중수도 시스템	중수처리	중수 이용
중수도 시스템	Pearson Correlation	1	.653**	.886**
	Sig.(2-tailed)		.004	.000
중수처리	Pearson Correlation	.653**	1	.536*
	Sig.(2-tailed)	.004		.026
중수 이용	Pearson Correlation	.886**	.536*	1
	Sig.(2-tailed)	.000	.026	

주: *은 5% 수준에서 통계적으로 유의하고, **는 1% 수준에서 통계적으로 유의하다.

V. 결론

서울특별시는 상수도 시스템과 하수도 시스템의 효율성은 우수한 것으로 나타났으나 중수도 시스템의 효율성은 매우 열등하여 많은 개선 노력이 필요하다. 특히 중수도 시스템 효율성과 중수 이용 효율성 간 매우 강한 양의 상관관계를 고려했을 때, 서울특별시의 낮은 중수도 시스템 효율성은 매우 낮은 중수 이용 효율성에 기인하는 것으로 보인다. 따라서 서울특별시는 중수를 적극적으로 활용하여 중수도 시스템 효율성을 개선할 필요가 있다.

부산광역시는 하수도 시스템 효율성을 제외한 나머지 수도 시스템의 효율성이 모두 열등하여 상수도 및 중수도 시스템의 효율성 개선 노력이 필요하다. 특히 중수도 시스템의 경우 중수 처리 및 중수 이용 효율성 모두 매우 열악한 것으로 나타나 중수도 시스템 전반에 대한 개선을 촉구해야 한다.

대구광역시 또한 하수도 시스템 효율성을 제외한 나머지 수도 시스템의 효율성이 열등하여 상수도 및 중수도 시스템의 효율성 제고 노력이 필요하다. 특히 중수도시스템의 경우 중수 처리 및 중수 이용 효율성이 모두 매우 낮은 수치로 나타나 중수도 시스템을 개선할 필요가 있다.

인천광역시는 상수도, 하수도, 중수도 시스템 모두 비효율적인 운영을 하고 있는 것으로 나타나 수도 시스템 전반에 대한 개선 노력이 필요하다. 또한 중수도 시스템 효율성의 경우 부산광역시와 동일하게 중수 처리 및 중수 이용 효율성 모두 매우 열악한 것으로 나타나 중수도 시스템에 대한 각별한 개선 방안을 마련할 필요가 있다.

광주광역시는 하수도 시스템과 중수도 시스템 효율성이 매우 우수한 것으로 나타났으나 상수도 시스템 효율성은 비효율적으로 운영되는 것으로 나타났으며, 특히 물 공급 효율성은 매우 우수함에도 물 이용 효율성은 열등한 것으로 나타났다. 상수도 시스템 효율성과 물 이용 효율성 간 강한 양의 상관관계를 고려했을 때, 광주광역시는 상수도 시스템 효율성 제고를 위해 물 이용에 따른 효율적인 생산 활동을 촉구할 필요가 있다.

대전광역시는 상수도 시스템과 중수도 시스템의 효율성은 우수하나 하수도 시스템의 효율성은 매우 열등하여 많은 개선 노력이 필요하다. 특히 하수도 시스템 효율성과 재이용수 이용 효율성의 매우 강한 효율성을 고려했을 때, 국내 최저 수준의 재이용수 이용 효율성은 시급히 개선될 필요가 있다.

울산광역시는 상수도, 하수도, 중수도 시스템 전반의 효율성이 매우 우수하지만, 물 공급 효율성과 재이용수 이용 효율성은 비교적 비효율적으로 나타나 어느 정도의 개선 노력이 필요하다.

세종특별자치시는 상수도, 하수도, 중수도 시스템 효율성 뿐만 아니라, 각 수도 시스템의 하위 효율성들 또한 매우 우수한 것으로 나타나, 현상 유지를 위한 노력이 필요하다.

경기도는 상수도, 하수도, 중수도 시스템 효율성 모두 매우 우수하나, 중수 이용 효율성이 비교적 낮은 수준으로 나타나 적극적인 중수 이용을 통해 해당 효율성을 개선할 필요가 있다.

강원도는 중수도 시스템 효율성을 제외하고, 모든 수도 시스템의 효율성이 비교적 낮은 수준으로 나타났다. 상수도 시스템 및 하수도 시스템 효율성과 각 시스템의 이용 효율성 간 강한 상관관계를 고려했을 때, 이는 열등한 물 이용 효율성과 재이용수 이용 효율성에 기인하는 것으로 강원도는 생산 활동 및 재이용수 이용을 적극 장려하여 해당 시스템들의 효율성을 제고할 필요가 있다.

충청북도는 상수도 시스템과 하수도 시스템 효율성이 우수하나, 중수도 시스템 효율성과 중수도 시스템의 하위 효율성 모두 최저 수준으로 나타나 중수 처리 및 이용을 적극적으로 장려하고 촉진하는 등 중수도 시스템 효율성 제고를 위한 각고의 노력이 필요하다.

충청남도는 상수도 시스템과 중수도 시스템의 효율성은 매우 우수한 것으로 나타났으나, 다소 비효율적인 하수도 시스템을 운영하는 것으로 나타났다. 충청남도는 하수도 시스템 전반에 대한 효율성 개선이 필요하며 특히 하수처리 효율성 개선에 보다 집중할 필요가 있다.

전라북도는 상수도 시스템 효율성은 우수하나 중간 수준의 하수도 시스템 효율성과 국내 최저의 중수도 시스템 효율성을 가진 것으로 나타났다. 특히 중수 이용 효율성은 국내 최저로 전라북도는 중수를 적극적으로 활용하여 중수도 시스템 효율성을 제고할 필요가 있다.

전라남도는 우수한 상수도 시스템 효율성과 중간 수준의 중수도 시스템 효율성, 매우 낮은 수준의 하수도 시스템 효율성으로 나타났다. 특히 하수도 시스템의 하수처리 효율성, 재이용수 이용 효율성 모두 열등한 수준으로 하수도 시스템 전반에 대한 개선 노력이 필요하다.

경상북도는 상수도 시스템과 하수도 시스템의 효율성은 우수하나 중수도 시스템의 효율성은 매우 낮은 것으로 나타났다. 열등한 중수도 이용 효율성에 기인한 것으로 경상북도는 중수를 적극적으로 활용하여 중수도 시스템 효율성을 개선할 필요가 있다.

경상남도는 상수도 시스템 효율성이 비교적 우수하나 하수도 시스템 효율성은 열등하고 중수도 시스템 효율성은 국내 최저 수준인 것으로 나타났다. 수도 시스템의 상관관계를 고려했을 때, 낮은 재이용수 및 중수 이용 효율성은 하수도 시스템 효율성과 중수도 시스템의 비효율을 야기하며, 특히 매우 낮은 중수처리 효율성은 중수도 시스템 효율성을 더욱 악화시키므로 경상남도는 보다 많은 중수도 처리 및 이용과 재이용수 활용을 적극 장려하여 각 수도 시스템의 효율성을 개선할 필요가 있다.

제주도는 상수도 시스템과 중수도 시스템 효율성이 매우 우수한 것으로 나타났으나, 각 수도 시스템의 이용 효율성은 모두 매우 낮은 수준으로 나타났다. 제주도는 현재의 우수한 수도 시스템 효율성 유지를 위해 해당 이용 효율성들에 대한 개선 노력을 기울여야 한다.

본 연구에서 진행한 지자체별 효율성 향상 방안 등을 살펴보면, 모든 지자체가 모든 형태의 효율성(상수도, 중수도, 하수도 효율성)에 좋은 성과를 내고 있지는 못한 것을 알 수 있다. 이는 각 지자체별 특성에 기인할 수 있다. 본 연구에서는 이와 관련하여 각 지자체별 어떤 효율성이 타 지자체에 비해 우수하고, 열등한지에 대해 설명하였고, 이는 정책의 초안으로 활용될 수 있다.

더불어, 본 연구의 결과를 활용해 각 지자체별 벤치마킹할 대상을 찾는 것도 해당 지자체의 부족한 효율성 지표를 채우기 위한 좋은 방안이 될 수 있다. 예를 들어, 경상북도는 중수도 시스템 효율성과 이용 효율성이 모두 낮다. 이에 반해 강원도는 중수도 시스템 효율성을 제외한 다른 수도 시스템의 효율성이 낮다. 이 경우, 강원도와 경상북도의 수도 시스템을 서로 벤치마킹하기 위해 협력한다면 서로의 부족한 부분을 채워주는 시너지가 발생될 수 있다.

〈부록〉 수도 시스템별 효율성 정의 및 변수 설명

효율성 구분	효율성 정의	변 수	설 명	참고문헌
상수도 시스템	1단계 효율성: 전기사용량 및 유지 관리비(수돗물 등 상수도를 운영하기 위한 운영 비용) 대비 얼마만큼 급수하였는지(총급수량)를 나타내는 상대적 효율성	전기사용량	수돗물 생산을 위한 연간전기사용량	Yao et al.(2018), Yang and Li.(2017), Dong et al.(2018), Lombardi et al.(2019), Deng et al.(2016), Hu et al.(2018), Zhou et al.(2018), 현승현과 김정렬(2018), 김나윤 외(2015), 고광흥 외(2008)
		유지관리비	상수도 운영비용	
		경제활동 인구	물을 활용하여 생산 활동을 하는 인구의 수	
	2단계 효율성: 1단계 효율성의 산출물인 총 급수량에 경제 활동 인구와 지방 예산 규모 등을 추가 투입 변수로 넣어 얼마만큼의 GRDP를 달성하였는지를 측정	지방예산 규모	지역의 생산 활동을 위한 공공예산	
		총급수량	상수도를 통해 각 지역으로 공급되는 물의 총량	
		GRDP	생산 활동에 따른 지역 총생산	
하수도 시스템	1단계 효율성: 폐수 및 하수 발생량과 하수도 사업 비용 등 초기 하수를 처리하는 효율성과 관련된 지표를 활용하여 하수 처리량과 산업폐수 처리량을 산출로 하는 하수 처리에 대한 상대적인 효율성 지표를 도출	폐수 및 하수 발생량	가정 및 공장에서 발생된 폐수 및 하수량	Zhou et al.(2018), An et al.(2018), Wu et al.(2015), Yang et al.(2014), Hu et al.(2018), Walker et al.(2019), Jiang et al.(2020), Feng et al.(2019), 현승현(2019), 윤성일(2016), 신용호와 최정우(2015)
		하수도 사업비용	하수도 운영비용	
		하수처리량	하수도의 하수처리량	
	2단계 효율성: 하수 처리량과 산업폐수 연계처리량을 포함하여 하수 재이용시설 설치 시설 수를 투입 요소로 하여 하수 재이용수의 이용량을 산출하는 형태의 하수 재이용수 이용 효율성	산업폐수 연계처리량	처리된 개별폐수배출업소의 산업폐수량	
		하수 재이용 시설 설치 수	하수도 재이용수 사용이 가능한 시설의 수	
		하수 재이용수 이용량	사용된 하수재이용수의 양	
중수도 시스템	1단계 효율성: 폐수의 방류량과 중수도 및 빗물의 운영 비용, 빗물 이용 시설 설치 비용 등을 투입으로 하고 중수도 처리 용량과 저류조 용량을 산출로 하는 상대적인 중수 처리 효율성	폐수방류량	중수도로 유입되는 방류된 폐수의 양	Zhou et al.(2018), Wu et al.(2015), Wu et al.(2017), Hu et al.(2018), Yang et al.(2014), RECYCLING (2017)
		중수도 및 빗물 운영비용	중수도 및 빗물재이용 운영비용	
		빗물 이용 시설 설치 비용	빗물 재이용을 위한 시설 설치비용	
		중수도 처리용량	중수로 처리된 폐수 및 빗물의 양	
	2단계 효율성: 1단계 효율성의 투입 요소인 중수도 처리 용량과 저류조 용량에 중수도 및 빗물 재이용시설 설치 시설 수를 투입으로 하고 중수 및 빗물 이용량을 산출 요소로 하는 상대적인 효율성	저류조용량	저류조에 저장되는 빗물의 양	
		중수도 및 빗물 재이용 시설 설치수	중수와 빗물 사용이 가능한 시설의 수	
		중수 및 빗물 이용량	사용된 중수 및 빗물의 양	

참고문헌

고광흥, 이동규, 이도희, 2008. 상수도사업의 효율적 운영관리 방안을 위한 DEA 성과분석. 회계와정책연구, 13(1), 123-150.

김나윤, 이만형, 김선덕, 2015. 자료포락분석을 이용한 상수도사업 효율성 분석. 도시행정학보(한국도시행정학회 논문집), 28(4), 269-288.

신유호, 최정우, 2015. 지방하수도 공기업 효율성의 결정요인 연구. 한국지방재정논집, 20(1), 57-82.

윤성일, 2016. 지방하수도공기업 효율성이 부채에 미치는 영향에 관한 연구. 한국지방공기업학회보, 12, 1-24.

현승현, 김정렬, 2018. DEA 모형을 통한 지방상수도 운영효율성 비교분석: 기초자치단체 중심으로. 한국행정논집, 30(1), 165-193.

현승현, 2019. 지방 공공하수처리시설의 운영효율성 비교 분석. 한국지방공기업학회보, 15, 71-88.

An, M., He, W., Degefu, D. M., Liao, Z., Zhang, Z., and Yuan, L., 2018. Spatial Patterns of Urban Wastewater Discharge and Treatment Plants Efficiency in China. International journal of environmental research and public health, 15(9), 1892.

Chen, Y., and Zhu, J., 2004. Measuring information technology's indirect impact on firm performance. Information Technology and Management, 5(1), 9-22.

Deng, G., Li, L., and Song, Y., 2016. Provincial water use efficiency measurement and factor analysis in China: Based on SBM-DEA model. Ecological Indicators, 69, 12-18.

Dong, X., Du, X., Li, K., Zeng, S., and Bledsoe, B. P., 2018. Benchmarking sustainability of urban water infrastructure systems in China. Journal of cleaner production, 170, 330-338.

Fáre, R., and Grosskopf, S., 2000. Network dea. Socio-economic Planning Sciences, 34(1), 35-49

Feng, Y., Feng, J. K., Lee, J. H., Lu, C. C., and Chiu, Y. H., 2020. UNDESIRABLE OUTPUT IN EFFICIENCY: EVIDENCE FROM WASTEWATER TREATMENT PLANTS IN CHINA. APPLIED ECOLOGY AND ENVIRONMENTAL RESEARCH, 17(4), 9279-9290.

Hu, Z., Yan, S., Yao, L., and Moudi, M., 2018. Efficiency evaluation with feedback for regional water use and wastewater treatment. Journal of hydrology, 562, 703-711.

Jiang, H., Hua, M., Zhang, J., Cheng, P., Ye, Z., Huang, M., and Jin, Q., 2020. Sustainability efficiency assessment of wastewater treatment plants in China: a data envelopment analysis based on cluster benchmarking. Journal of Cleaner Production, 244, 118729.

Kneip, A., Simar, L., and Wilson, P. W., 2008. Asymptotics and consistent bootstraps for DEA estimators in nonparametric frontier models. Econometric Theory, 24(06), 1663-1697.

Lombardi, G. V., Stefani, G., Paci, A., Becagli, C., Miliacca, M., Gastaldi, M., ... and Almeida, C. M. V. B., 2019. The sustainability of the Italian water sector: An empirical analysis by DEA. Journal of Cleaner Production, 227, 1035-1043.

RECYCLING, C. R. P. B., 2017. THE ENERGY SAVING STRATEGY ON THE SUSTAINABLE CAMPUS RENOVATION PLAN BY RECYCLING AND REUSE OF RAINWATER IN TAIWAN. APPLIED ECOLOGY AND ENVIRONMENTAL RESEARCH, 15(2), 111-122.

Seiford, L. M., and Zhu, J., 1999. Profitability and marketability of the top 55 US commercial banks. Management science, 45(9), 1270-1288.

Simar, L., and Wilson, P. W., 1998. Sensitivity analysis of efficiency scores:

How to bootstrap in nonparametric frontier models. Management Science, 44(1), 49-61.

Simar, L., and Wilson, P. W., 2000. A general methodology for bootstrapping in non-parametric frontier models. Journal of Applied Statistics, 27(6), 779-802.

Tone, K., and Tsutsui, M., 2009. Network DEA: A slacks-based measure approach. European Journal of Operational Research, 197(1), 243-252.

Walker, N. L., Norton, A., Harris, I., Williams, A. P., and Styles, D., 2019. Economic and environmental efficiency of UK and Ireland water companies: influence of exogenous factors and rurality. Journal of environmental management, 241, 363-373.

Wang, C. H., Gopal, R. D., and Zionts, S., 1997. Use of data envelopment analysis in assessing information technology impact on firm performance. Annals of Operations Research, 73, 191-213.

Wu, H., Lv, K., Liang, L., and Hu, H., 2017. Measuring performance of sustainable manufacturing with recyclable wastes: A case from China's iron and steel industry. Omega, 66, 38-47.

Wu, J., Zhu, Q., Chu, J., and Liang, L., 2015. Two-stage network structures with undesirable intermediate outputs reused: A DEA based approach. Computational Economics, 46(3), 455-477.

Yang, F., Du, F., Liang, L., and Yang, Z., 2014. Forecasting the production abilities of recycling systems: A DEA based research. Journal of Applied Mathematics, 2014.

Yang, W., and Li, L., 2017. Analysis of total factor efficiency of water resource and energy in China: A study based on DEA-SBM model. Sustainability, 9(8), 1316.

Yao, X., Feng, W., Zhang, X., Wang, W., Zhang, C., and You, S., 2018.

Measurement and decomposition of industrial green total factor water efficiency in China. Journal of Cleaner Production, 198, 1144-1156.

Zhou, X., Luo, R., Yao, L., Cao, S., Wang, S., and Lev, B., 2018. Assessing integrated water use and wastewater treatment systems in China: A mixed network structure two-stage SBM DEA model. Journal of Cleaner Production, 185, 533-546.

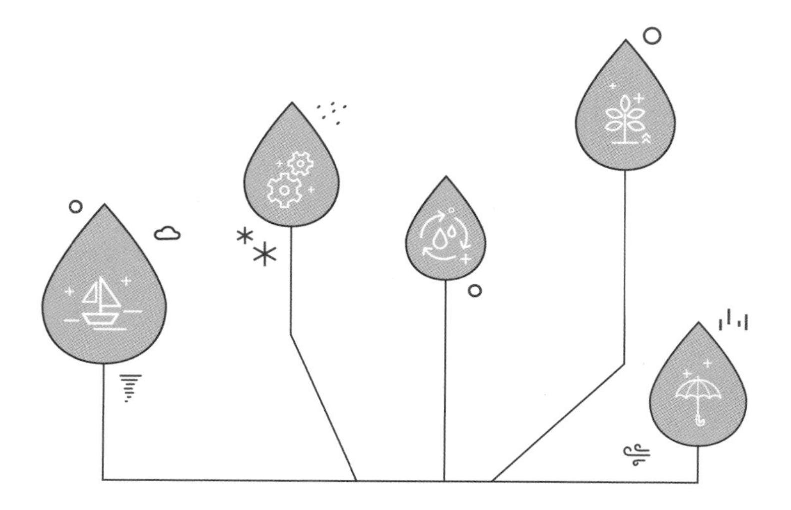

Valuing Water
물과 가치*

3장·물의 사회적 형평성

도시의 복합적 환경문제 해결을 위한 자연계 및 인공계 물순환 연계

김 이 형 (공주대학교 건설환경공학부 교수)

초록

도시화로 인한 높은 불투수면적과 단절된 생태축, 물-녹지 연계 미흡 등은 기후변화 적응 및 대응 능력을 약화시킴으로써 도시민 삶의 질, 안전, 지속가능성에 영향을 준다.

도시화는 도시침수, 비점오염, 열섬현상, 싱크홀, 식생고사 등 다양한 도시 환경문제를 발생시킨다. 도시환경문제 해결을 위해서는 토지이용계획, 사회기반시설 설계, 용지단위 계획 및 설계 단계에 LID 적용이 필요하다.

특히 사회기반시설의 그린인프라 설계와 도시 내 블루-그린 네트워크BGN 구축은 도시의 자연적 물순환 구축에 중요한 설계인자이다. 특히 BGN 계획은 '보이는 물길-녹지 연계Visible BGN 기법'과 '보이지 않는 지하물길-녹지 연계Invisible BGN 기법'을 통해 가능하다.

이러한 도시 물순환 구축을 위해서는 다양한 수질의 용수가 필요하며, 도시가 가진 인공계 및 자연계 수자원을 상호연계할 때 도시 환경문제 해결이 가능하다. 도시의 인공계 및 자연계 물순환의 효율적 연계를 위해서는 도시의 수량, 수생태, 수질, 인문사회, 도시, 거버넌스 등에 대한 과학적 유역진단이 필요하다.

유역진단을 통한 인공계 및 자연계 물순환 연계는 도시의 개별 재정사업을 비용효율적으로 연계시킴으로써 도시환경문제를 해결할 수 있다.

I. 서론

물은 생태계를 구성하는 가장 중요한 구성요소이나 도시화와 기후변화로 인하여 양적 및 질적으로 영향을 받고 있다. 도시화 과정은 인간 생활 편이를 위한 지표 형질 변경 과정이며, 자연적 지표가 도로, 주차장, 건물 등과 같은 인공적 지표로 바뀌어가는 과정이다. 도시화로 인한 불투수층의 증가는 자연환경(대기, 물, 토양 등)의 오염, 물순환 및 물질순환 왜곡, 에너지 흐름 단절 및 생태계 훼손 등의 도시환경 문제를 유발한다. 그 중 물순환 왜곡은 도시의 에너지, 생태계 및 도시환경 등에 큰 영향을 주는 중요한 인자이다. 도시화는 침투 저하, 지표유출 증가, 도시 침수문제 등의 물순환 문제와 함께 비점오염 물질 유출, 싱크홀, 열섬현상 등의 문제를 유발한다. 도시화와 함께 세계적으로 발생하는 기후변화도 도시생태계 및 시민의 삶의 질에 영향을 준다. 특히 기후변화로 인한 강우의 불균형은 가뭄과 홍수 발생 빈도를 증가시키면서 생태계 훼손과 함께 인명과 재산의 심각한 문제를 발생시킨다.[1)]

한국의 도시화율은 1970년대 이후 2000년대까지 급속한 증가를 보이면서 약 80%에 도달한 이후 완만한 증가추세를 보이고 있다. 세계경제를 이끄는 경제규모 G20 국가의 도시화율을 살펴보면 일본, 아르헨티나, 브라질 등이 90%를 넘고 있으며, 사우디아라비아, 영국, 오스트레일리아 등이 90% 근처에 도달하고 있고, 한국, 터키, 캐나다, 멕시코, 미국, 프랑스 등[2)]이 뒤를 잇고 있다. 사람이 도시에 밀집되어 살면서부터 도시환경문제는

1) Choi et al.(2018), Flores et al.(2016)

2) Demographia(2015)

시작되었다. 그러나 경제발전과 생활수준의 향상은 시민들이 안전하고 깨끗한 도시환경에 살고자 하는 욕구를 증가시켰다. 도시환경문제가 인구의 밀집과 자연의 훼손에 의하여 발생되었기에 정책입안자와 전문가는 안전한 도시를 위하여 도시침수를 막는 우수체계를 도입하였으며, 깨끗한 환경을 위하여 수질처리시설을 늘리고 녹지를 증가시켰다. 이러한 노력으로 안전과 수질정화는 어느 정도 달성하였다. 그러나 도시안전을 위한 빠른 배수는 도시를 건조시켜 자연적 물순환을 왜곡하여 도시 열섬현상을 초래하였으며, 다량의 비점오염물질을 수계로 배출시켜 하류 하천의 수질에 영향을 주게 되었다. 도시 내 인공적 물순환(상수-하수)과 연계된 수처리시설의 도입은 도시 내 하천 수질정화에 기여하였으나 상류하천의 취수량을 늘려 하천의 생태용수 부족을 초래하였다. 또한 하류하천에 다량의 오염물질을 배출시켜 녹조 발생 및 수질오염을 발생시키는 원인이 되었다. 도시 내 인공녹지(공원, 조경, 수변공간 등)의 증가는 식물에게 공급할 생태용수를 추가로 요구하고 있으며, 이로 인하여 상류하천으로부터의 취수량은 증가하고 있다.[3)]

도시화와 기후변화 등으로 발생하는 많은 도시환경 문제(도시침수, 비점오염, 열섬현상, 싱크홀, 식생고사 등)는 물을 저류하거나 배제하는 방식으로 해결할 수 있다. 도시침수는 물의 배제를 통하여 해결할 수 있으며, 비점오염, 열섬현상, 싱크홀 및 식생고사 등은 물을 저류함으로써 해결할 수 있다. 도시환경문제 해결에 물의 저류와 배제라고 하는 상반된 개념의 도입은 정책입안자 및 도시설계자에게 관리의 어려움을 초래하고 있다. 따라서, 본 연구에서는 도시가 가진 물문제와 도시환경문제를 진단하고 해결방안을 제시하고자 한다.

3) Geronimo et al.(2014), Gurung et al.(2018)

Ⅱ. 도시화 현황 및 도시환경문제

1. 세계의 도시화 현황

UN 경제사회국의 세계 도시예측World Urbanization Prospects 보고서에서는 2018년 기준 세계 인구의 약 55%가 도시에 거주하고 있으며, 2050년까지 68%까지 증가할 것으로 예측하고 있다. 2018년 기준으로 북미지역 인구의 약 82%가 도시에 거주하고 있으며, 남미와 중미지역 81%, 유럽 74%, 오세아니아 68%, 아시아 50% 및 아프리카 약 43%가 도시에 거주하고 있다.

도시 거주 인구는 오세아니아를 제외하고 매년 증가추세를 보일 것으로 예상되며, 2050년에는 모든 지역이 50~90% 사이를 보일 것으로 예측되고 있다. 2018년 기준 인구 천만 이상의 메가시티mega city는 33개이나 2030년까지 43개로 증가할 것으로 예측되고 있으며, 5백만~1,000만 사이 대도시는 48개에서 66개로 증가할 것으로 예상된다. 2030년에 백만~5백만 사이 중규모 도시는 597개, 50만~백만 사이 도시는 710개, 그리고 50만 이하 도시는 수천개에 달할 것으로 보고되고 있다.[4]

이러한 도시인구 증가는 환경오염(수질, 대기, 폐기물 등), 안전문제(홍수, 침수 등), 빈민문제 등 다양한 문제를 발생시킬 것으로 예측된다. 한국의 도시화율은 2020년 81.4%로 세계 평균(56.2%)에 비하여 매우 높은 수준으로, 2050년에는 86.4%(세계 평균 68.4%)에 도달할 것으로 예측되고 있다.[5]

4) UN DESA(2018)

5) 통계청, 국가통계포털(2020)

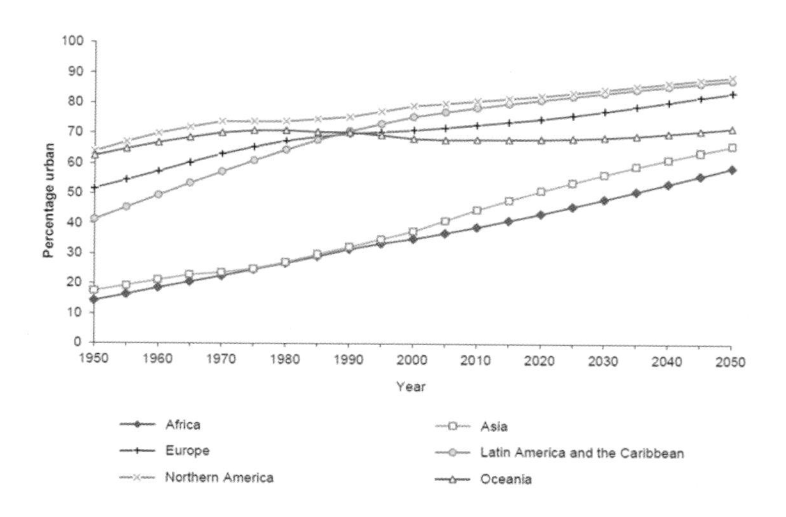

〈그림 1〉 1950~2050 기간 동안 지역별 도시 거주 인구 비율(UN DESA, 2018)

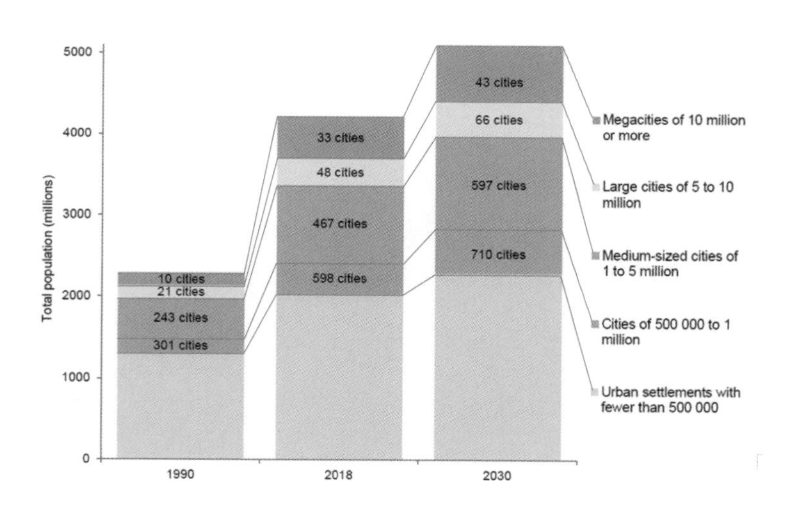

〈그림 2〉 세계의 도시 거주 인구별 도시개수(UN DESA, 2018)

도시화의 진행은 도시 내 대기, 물, 토양, 생태 등에 지속적 영향을 주고 있으며, 기후변화는 도시환경문제를 가속화시킨다. 도시화로 인한 높은 불투수면적과 단절된 생태축, 물-녹지 연계 미흡 등은 기후변화 적응 및 대응 능력을 약화시킴으로써 도시민 삶의 질, 안전, 지속가능성에 큰 영향을 가중시킨다. 따라서 UN은 도시화 및 기후변화로 발생하는 다양한 문제를 해결하고자 2015년 이후 15년간 이행을 목표로 지속 가능 개발목표SDGs[6]를 채택하였다. SDGs의 주요 목표는 빈곤퇴치, 환경과 사회, 교육 등 여러 분야에서 발생하는 다차원적인 문제들을 해결하기 위하여 채택되었다. 그 중에서 도시환경 관련 의제는 6번(깨끗한 물과 위생), 11번(안정적 도시와 공동체), 13번(환경보호), 14번(수자원 보호), 15번(생태계 보호) 등이다.

2. 한국 도시화 분석

국내 현대식 도시개발은 1960년대 공업화 및 경제개발정책에 편승하여 추진되었으며, 최초의 신도시는 인구 15만 명 규모의 울산 신시가지이다. 1970년대에는 중화학공업 육성정책에 따라 임해지역에 산업기지 도시건설이 추진되면서 신공업도시가 조성되었다. 이 시기에 인구 30만 규모 도시가 창원에 계획되면서 신도시라는 용어가 처음으로 사용되었다. 이후 신도시 조성은 대덕연구학원도시, 여천 공업도시, 구미공단 배후도시, 서울강남 신시가지, 과천·반월 신도시 등으로 확대되었다. 1980년대에는 목동과 상계동에 주택중심의 도시 내 신도시Newtown in town 건설이 추진되었으며, 이후 주택 200만호 건설의 일환으로 수도권에 제1기 신도시가 본격적으로 조성되기 시작하였다. 일반적으로 제1기 신도시는 분당, 일산, 평촌, 산본 및 중동 신도시로 분류된다. 1990년대 들어 대규모 신도시의 동시 개발에 대한

6) Sustainable Development Goals

비판에 따라 소규모 분산적 택지개발과 준농림지 개발 허용으로 신도시가 개발되면서 기반시설 부족 등으로 인하여 심각한 난개발을 초래하였다. 이러한 신도시에 대한 부정적 이미지 전환과 소규모 분산적 개발을 대체하는 계획도시 개념의 도시건설이 2000년대 들어 추진되면서 성남·판교, 화성·동탄, 김포·한강, 파주·운정, 수원·광교, 양주, 위례, 고덕·국제화, 인천·검단, 아산, 대전·도안 등 제2기 신도시가 추진되고 있다.[7)]

제1기 신도시(제2기 신도시)의 사업부지 내 주택부지 면적은 약 35.6%(31.3%)이며, 상업 및 업무지역은 6.2%(5.2%), 도로는 18.8%(18.2%)로 비슷한 비율을 보였다. 그러나 공원녹지 면적은 제1기 신도시의 평균 16.4%에 비하여 제2기 신도시에서는 30.2%로 큰 증가를 보였다. 이러한 이유는 경제발전으로 인한 주민 삶의 질 향상 요구로 신도시의 평균 계획인구가 평균 23만 명에서 2기 신도시에서는 14만 명으로 크게 줄면서 녹지율을 높였기 때문이다. 제2기 신도시는 경제발전과 주민들의 생활 수준에 맞추어 주민들에게 쾌적한 도시환경 제공을 위하여 녹지, 수변공간, 바람길 등을 고려하면서 계획되었으며 추진되고 있다. 그러나 도시환경 제공을 위한 녹지, 수변공간 및 바람길이 상호 연계되지 않고, 사회 인프라와 융합되지 못하면서 시너지 효과를 나타내지는 못하고 있다. 즉, 신도시가 사회 인프라에 다양한 기능을 연계하는 그린 인프라green infrastructure로 조성되지 않고, 전통적인 단일 사회 인프라의 단일 기능인 그레이 인프라grey infrastructure로 조성되면서 복합적인 도시환경문제 해결에 크게 기여하지 못하고 있는 실정이다. 즉, 제2기 신도시는 늘어난 녹지로 인하여 제1기 신도시에 비하여 도시환경문제를 크게 개선시켰으나 파편화된 녹지, 왜곡된 물순환, 높은

7) KOSIS(2018)

불투수면적률, 물-녹지 연계 미흡 등으로 여전히 수질오염, 대기오염, 열섬현상 등의 문제를 발생시키고 있다.

〈표 1〉 국내 제1기 및 제2기 신도시 현황(국토교통부, 2017)

제1기 신도시 현황								
구 분	부지 (km^2)	주택 (%)	상업·업무 (%)	도로 (%)	공원·녹지 (%)	건설 (천호)	인구 (천명)	위치
분당	19.6	32.1	8.2	19.4	19.4	97.6	390	성남
일산	15.7	33.1	7.6	20.4	23.6	69.0	276	고양
평촌	5.1	37.3	3.9	21.6	15.7	42.0	168	안양
산본	4.2	42.9	2.4	7.1	14.3	42.0	168	군포
중동	5.5	32.7	9.1	25.5	9.1	41.4	166	부천
평균	**10.0**	**35.6**	**6.2**	**18.8**	**16.4**	**58.4**	**233.6**	
제2기 신도시 현황								
판교	8.9	26.6	3.1	17.6	37.5	29.3	88	성남
동탄 1	9.0	32.3	5.4	16.8	28.0	41.5	126	화성
동탄 2	24	31.8	4.6	17.5	31.4	116.5	286	화성
한강	11.7	34.4	3.6	19.2	30.9	61.3	167	김포
운정	16.6	36.4	3.5	19.6	27.3	88.2	217	파주
광교	11.3	18.4	4.9	14.6	43.8	31.1	78	수원
옥정	11.2	37.4	2.9	17.4	28.8	63.4	163	양주
위례	6.8	36.7	8.1	16.5	26.3	44.8	110	송파
국제화	13.3	29.1	4.2	18.0	25.6	57.2	140	고덕
검단	11.2	37.1	5.5	14.8	29.3	74.7	184	인천
탕정	8.8	31.5	6.2	25.5	27.7	33.3	86	아산
도안	6.1	24.3	10.2	20.8	26.1	24.5	69	대전
평균	**11.6**	**31.3**	**5.2**	**18.2**	**30.2**	**55.3**	**142.8**	

3. 도시 불투수면적률과 도시환경문제

도시개발로 인한 불투수면적의 확대는 자연적 물순환을 왜곡시켜 강우유출량 및 비점오염물질 발생량 증가, 지하수위 저하, 도시 가뭄 및 도시침수 빈도 증가 등 다양한 문제를 야기시킨다. 환경부(2013)에 따르면 전국 광역시 중에서 불투수면적률이 가장 높은 지역은 서울특별시(약 54.4%)이며, 부산광역시(30.3%)와 광주광역시(27.0%)가 다음을 잇고 있으며 대구, 인천 및 대전광역시의 불투수면적률도 20%를 상회한다.

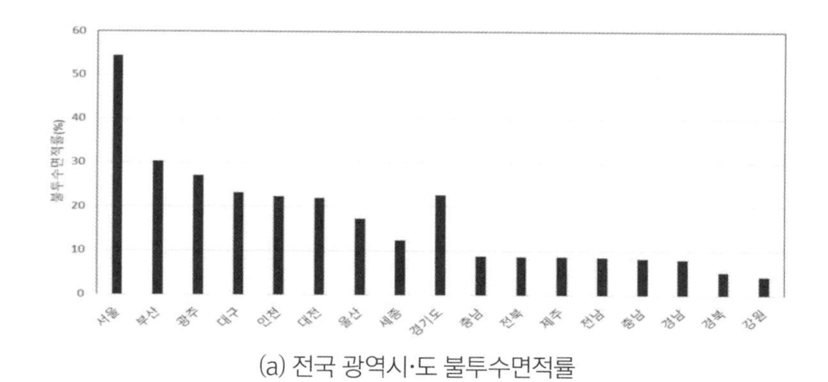

(a) 전국 광역시·도 불투수면적률

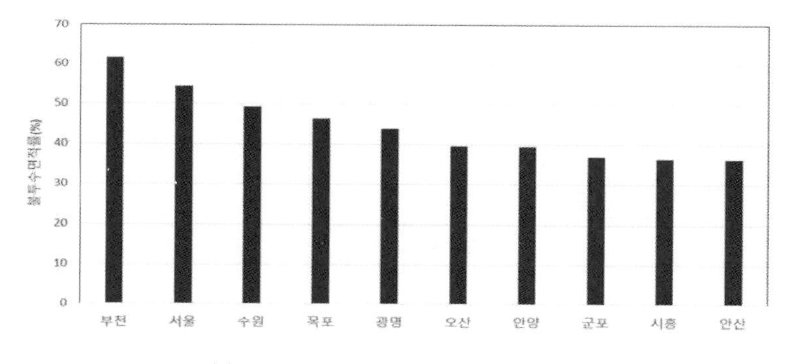

(b) 불투수면적률이 높은 지자체 순위

〈그림 3〉 전국 광역시·도 불투수면적률 및 불투수면적률 상위지역(환경부, 2013)

전국 도 단위에서는 경기도의 불투수면적률은 22.7%로, 전국 상위 10위 불투수면적률을 보이는 자치단체 중에서 서울과 목포를 제외한 8개 지자체가 경기도에 위치하고 있다. 특히 부천시는 61.7%, 수원시는 49.3%, 광명시 43.9%, 오산시 및 안양시가 39%로 매우 높은 불투수면적률을 보이고 있다.

도시의 높은 불투수면적은 강우 시 높은 유출율로 인한 도시침수, 비점오염물질 배출량 증가 등으로 도시하천의 수질, 수생태, 수량 등에 큰 영향을 준다. 특히 불투수면적 증가로 인한 자연적 물순환 왜곡은 강우 시 토양침투량을 저하시키고 지하수위 감소를 초래하여 싱크홀, 토양건조 및 대기 증발산 영향 감소 등 문제를 유발시킨다. 윤상웅 등(2014)이 분석한 2001년부터 2011년까지 국내 6개 대도시(서울, 부산, 대구, 인천, 대전 및 울산)의 지하수 수위 및 수질특성 자료에 의하면, 불투수성 지표면 증가 및 지하시설 지하수 유출 등과 같은 도시화 요인은 지하수위를 크게 변동시키고 있으며 도시외곽보다 도심지의 지하수위가 낮다고 보고하고 있다. 6개 대도시의 지하수 내 총대장균군coliform과 질산성질소NO_3-N는 증가하는 경향을 보이는 것으로 나타났다. 또한 대도시의 위치 및 토지이용 특성에 따라 지하수의 수질은 염소이온, 휘발성 유기화합물TCE, PCE, 중금속류Hg, Cr6+, As, Cd 및 CN 화합물 등 오염물질의 영향을 받는 것으로 나타났다.

일반적인 자연지표에서는 강우 시 약 50%가 지하침투를 통해 토양으로 침투되나 불투수면적율이 75%를 넘어서면 토양침투율이 15%로 줄고 유출이 55%로 늘어나면서 물로 인한 다양한 도시환경문제를 유발시킨다.[8] 도시지역 토지이용 중에서 불투수면적률이 높은 지역은 도로이며, 도로는 강우 시 강우유출수를 집수하여 수계로 배출시키는 배수체계가 연결되어

8) 환경부(2016)

있다. 이러한 이유로 도시 내 도로는 수질오염 물질을 배출시키고, 수생태를 훼손시키는 원인으로 지목되고 있다. 또한 도시 조경공간 등에서 배출되어 도로에 유입된 토사는 우수관거에 퇴적되면서 관거 통수능력을 감소시켜 도시침수, 관거청소 비용 증가 등 문제를 발생시킨다. 도시지역의 불투수면적 증가는 도시열섬현상에도 영향을 주어 도시 폭염과 가뭄을 증가시킨다. 실제 2018년도 한국은 극심한 고온으로 폭염이 지속되었으며, 도시는 더욱 심각한 현상을 보였다.[9)]

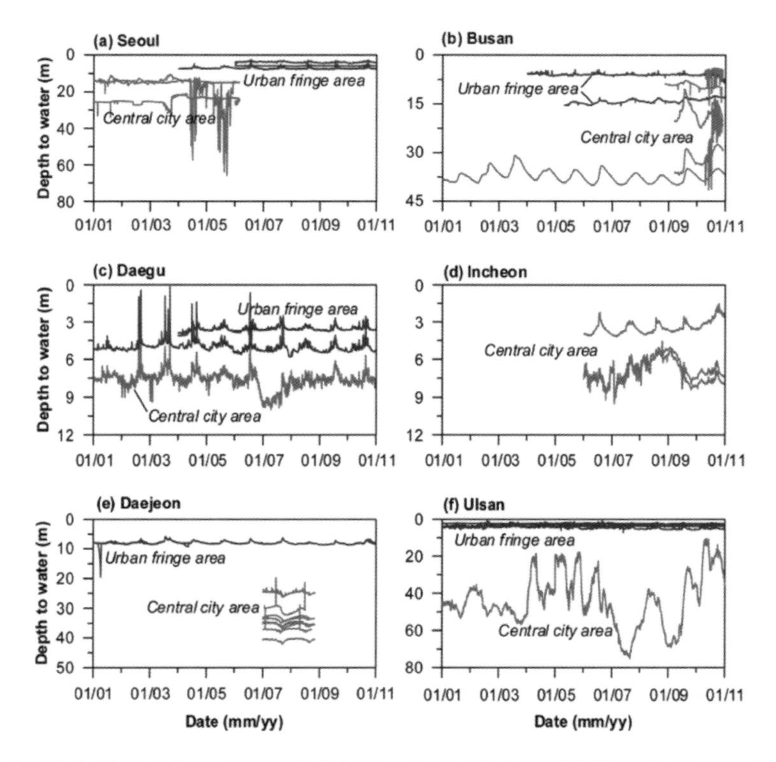

〈그림 4〉 전국 6대 도시의 주변지역 및 도심지 지하수위 변화(윤상웅 외, 2014)

9) KMA(2018)

도시지역의 모든 토지는 사람과 자동차의 활동을 위한 공간, 즉 건물, 주차장 및 도로로 구성되어 있다. 이 중에서 주차장 및 도로는 강우 시 빗물이 침투하지 못하는 불투수율이 매우 높은 토지이용이며, 사람과 자동차의 활동으로 인하여 건기 시 입자물질, 중금속, 유기물질, 유해화학물질 등이 축적되는 공간이다. 이러한 도시지역의 대기 및 수질 관련 오염물질은 강우 시 유출되어 수질악화 및 수생태계 파괴 등을 유발하는 비점오염물질로 작용한다.

〈표 2〉 도시적 토지이용에서의 비점오염 원단위 비교[10)]

참고문헌	토지이용	오염물질 원단위(㎏/㎢·day)				
		TSS	COD	TN	TP	Pb
Kim et al.(2012)	산업단지	143.9	52.5	6.7	1.75	0.10
MOE(1999)	도시			13.7	2.10	
Lee et al.(2008)	고속도로	399.5	356.3	12.3	2.46	
Go et al.(2009)	도로	580.1	331.2	14.7	1.43	
NFWMD(1994)	산업단지	213.7		3.1	1.46	
Novotny et al.(1997)	산업단지	262.2			0.41	0.74

도시지역은 높은 불투수율과 오염물질의 축적으로 인하여 강우 시 초기에 높은 농도의 오염물질을 유출하는 초기강우 현상을 나타낸다.[11)] 초기강우현상은 유역특성(면적, 경사, 토지이용, 형상 등), 강우특성(강우량, 강우지속시간, 강우 전 건조일수, 강우강도 등) 및 오염물질 항목에 의하여 다르지만 대체적으로 1시간 이내 발생하며 5~10mm 누적강우량에서 종료되는 것으로 나타난다.[12)] 도시지역의 각종 토지이용, 도로, 상업지역, 산업단지 등은 비점오염 유출이 높은 토지이용이다.

10) Maniquiz and Kim.,(2014)

11) 이소영 외(2008)

12) 김이형과 강주현(2004)

Ⅲ. 도시환경문제 개선위한 자연계 및 인공계 물순환 연계

1. 도시 자연계 물순환 구축 방안

도시는 인간의 활동을 위하여 도로지역, 상업지역, 주거지역, 공공지역, 산업지역, 공원녹지 등 다양한 토지이용으로 조성된다. 도시 조성 및 각종 개발사업은 녹지 및 수공간의 자연적 토지 피복 상태를 도로, 주차장, 조경 및 건축물 등의 인위적 공간으로 바꿈으로써 생태계가 주는 생태계서비스를 크게 훼손하여 열섬현상, 수질오염, 물순환 왜곡, 토양오염 등 다양한 환경문제를 유발시킨다. 특히 도시화로 인한 불투수면적률의 증가는 토양침투 감소 및 지표유출을 증가시킴으로써 첨두유량 증가에 따른 도시홍수, 지하침투 감소에 따른 지하수 고갈 및 하천 생태용수 부족, 비점오염 물질 유출 증가에 따른 수질오염, 도시열섬현상 등을 유발시킨다.

〈그림 5〉 도시의 물순환 왜곡 및 토사유출 현상을 보여주는 인프라 조성 방식

또한 인위적 및 자연적 원인으로 발생하는 기후변화climate change는 강우패턴 및 강우강도의 변화를 유발시킴으로써 물과 관련되는 환경영향을 더욱 가중시키고 있다. 그 동안 도시에 조성되는 사회 인프라시설은 물순환을 고려하지 않고 조성되어 다양한 문제를 유발했다. LID기법은 도시화 및 기후변화로 야기되는 도시환경문제를 해결하고자 하는 자연적 물순환 구축기법이다.

1) 자연적 물순환 구축을 위한 빗물관리 목표량

도시의 자연적 물순환 구축을 위한 빗물관리 목표량은 물환경보전법, 자연재해대책법 등 법·제도, 행복도시 6-3생활권, 불순환 선도도시, 서울특별시 빗물관리와 같은 사업 사례 등을 통해 산정될 수 있다. 물순환 선도도시 및 서울특별시 빗물관리의 물순환 평가 방법은 기존도시에 적합한 목표량 설정방법이다.

신도시의 경우 빗물관리 목표량은 불투수면적 관리를 목표로 설정할 수 있기에 물환경보전법, 자연재해대책법 및 행복도시 사례를 토대로 설정할 수 있다.

〈표 3〉 국내 물순환 평가의 지표와 기준

관련 법/제도/사업		물순환 평가			비 고
		지 표	기 준	단 위	
국내	물환경 보전법	불투면적률 물순환율 누적유출고	미정 미정 5㎜	- - ㎜	수 질
	자연재해 대책법	방재성능목표(확률강우량) 우수유출 저감량	- 최소 10% 이상	㎜ %	안 전
	행복도시 (6-3생활권)	누적강우 백분위수 개발 전/후 유출량	80퍼센타일 25㎜	- ㎜	수 량
	물순환 선도도시 (대전)	관리되는 불투수면적 불투수면적률 물순환회복률 물순환분담량(강우깊이)	- 불투수면적률 25% 25%에서의 물수지 8.2~29.3㎜	㎡, % ㎡, % % ㎜	수 량 (기존도시)
	서울특별시 빗물관리	연평균 유출량 빗물분담량	1962년 기준 3.5~7.5㎜/hr	㎜ ㎜/hr	수 량 (기존도시)

2) 도시 자연적 물순환 구축위한 단계별 LID 적용방안

도시조성사업 및 개발사업에서의 LID기법의 적용은 토지이용계획, 사회기반시설 설계, 용지단위 계획 및 설계 단계와 같이 3단계로 나뉘어 적용될 수 있다. 1단계 LID 적용(환경 저영향 토지이용 계획 수립 단계)은 토지이용 수립 단계에 환경에 저영향이 되도록 토지이용을 배치하는 기법이다. 여기에는 LID 토지이용 배치기법, 물과 녹지의 연계기법(물-녹지 연계, 녹지-녹지 연계, 물-물 연계)과 대규모 저류지나 인공습지 등을 계획하고 배치하는 기법이 포함된다.

1단계 LID를 계획 및 적용하여 환경영향을 최소화하는 토지이용 계획이 수립되어도 사회기반시설 설계 시 LID가 도입되지 않으면 불투수면적 증가와 강우 시 유출증가로 인한 환경영향은 필연적이다. 2단계 LID 적용

(그린인프라 설계 단계)은 도로, 공원녹지, 인도와 보도, 공공주차장 등과 같은 사회기반시설인 공공영역에 LID를 적용하는 단계이다. 즉, 사회기반시설 설계 시 물순환과 환경기능을 가지도록 하는 다기능 그린인프라 설계로 공간구조별 LID 적용이 가능하다. 3단계 LID는 개별 용지단위의 LID 적용으로 용지별(주거지역, 산업지역, 학교 등 공공지역, 상업지역 등) 세부 공간단위(건축물, 인도, 주차장, 조경공간 등)의 배치기법이며 공간구조별 그린인프라 적용도 포함된다.

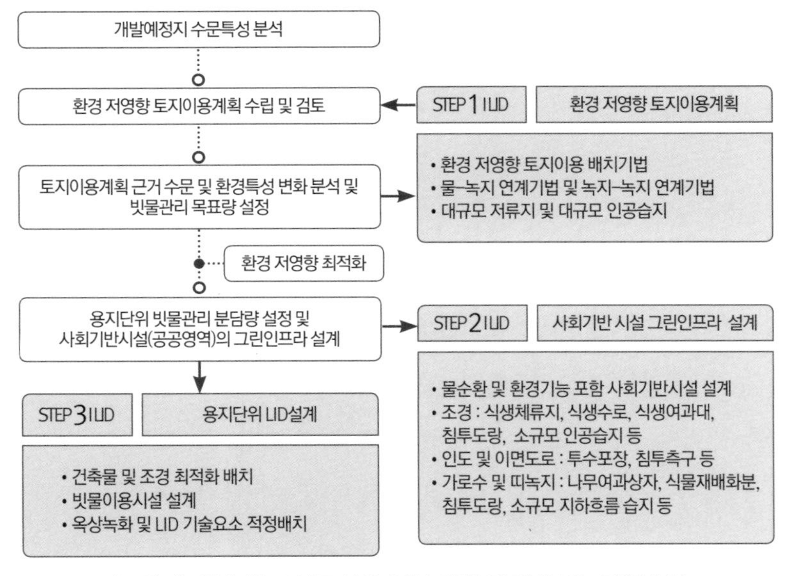

〈그림 6〉 물순환 도시조성을 위한 개발 단계별 LID 적용방안

3) 토지이용 계획 시 적용 LID 방향

도시의 토지이용은 인간의 행동 편의성, 바람길, 녹지길 등을 고려하여 계획된다. 그러나 물순환이 고려되지 못하는 토지이용 계획 수립은 도시침수, 비점오염, 열섬현상 등과 같은 다양한 도시환경문제를 발생시킨다. 도시화로 인한 도시환경문제는 아래와 같이 물순환이 고려되는 토지이용 계획을 통한 물질순환과 에너지 흐름의 구축을 통해 해결 가능하다.

불투수면적이 낮고 비점오염 발생 정도가 낮은 토지이용 유형을 수변공간 근처로 배치하여야 한다. 환경 저영향 토지이용의 순위는 공원녹지 〉 연구 및 교육 〉 공공기관 〉 단독 주거지역 〉 복합주거지역 〉 상업지역 〉 산업지역이다. 그러나 도시의 경제 활성화 및 원활한 물류 이동을 위하여 산업지역 및 상업지역이 부득이하게 수변 근처로 배치될 경우 공원녹지와 연계하여 완충기능이 나타나도록 토지이용을 계획하여야 한다.

도시 내 다양한 물순환(수평적 및 수직적 물길) 기능을 반영하여 토지이용 계획을 수립하여야 한다. 수직적 물순환은 강우, 지표수 및 지하수와 연관되는 침투, 저류 및 증발산 과정을 거치는 순환을 의미하며, 수평적 물순환은 도시 내 인프라를 거쳐 흐르는 다양한 수평적 자연적 흐름을 의미한다.

토지이용 계획 시 블루-그린 네트워크BGN, Blue-Green Network를 도시 전반에 구축되도록 토지이용을 계획하여야 한다. 물길은 하천 및 지하물길을 포함하며, 녹지길은 자연녹지, 인공녹지(수변녹지, 가로수, 띠녹지, 공원녹지 등)를 포함하여 상호 연계되도록 토지이용을 계획하여야 한다.

4) 사회기반시설 공간구조별 그린인프라 적용 방향

도시의 다양한 토지이용을 구성하는 사회기반시설은 화분, 화단, 조경녹지,

도로, 인도, 주차장, 배수시설 등 다양한 공간구조를 포함한다. 사회기반시설 설계 및 조성 시 물순환을 포함하는 다기능 그린인프라로 조성하면 환경적, 사회적, 경제적 혜택을 기대할 수 있다. 특히 신규 도시개발사업 및 각종 개발사업 진행 시 기반시설을 그린인프라로 계획하고 설계하게 되면 향후 도시 유지관리가 용이하다.

사회기반시설 중 건물옥상은 옥상녹화 및 빗물이용시설 설치를 통해 LID 조성이 가능하며, 우수관거는 침투통이나 침투도랑 설치를 통해 LID가 가능하다. 인도와 주차장은 투수포장(투수블록, 잔디블록 등)으로 조성하고, 가로수는 나무여과상자로 조성하며, 띠녹지는 물순환이 가능한 식물재배화분, 식생체류지, 식생수로, 침투화분, 침투도랑 등으로 LID가 가능하다. 투수포장 주차장을 조성할 시에는 인근 볼록형 조경공간 토사로 인한 막힘 현상이 발생할 수 있기에 조경공간의 표고를 약 50cm 이상 낮게 조성하여야 한다. 투수포장으로 조성된 주차장 인근의 조경공간에는 식생체류지, 침투도랑, 식생수로, 빗물정원 등을 조성하여 물순환 기능을 가지도록 조성하여야 한다. 일반적으로 주차장을 투수성 포장으로 조성하여도 잉여의 강우유출수가 발생하기에 조경공간을 활용하여 추가적 빗물관리와 월류관을 통한 배수체계를 도입하여야 한다. 주차장 및 자동차의 온도 저감을 위하여 주차공간별 나무여과상자, 식물재배화분 등과 연계할 시 복합적 효과가 가능하다. 그러나 집중호우로 인한 주차장의 침수 예방을 위해서는 일정유량 이상의 강우유출수를 신속히 배제하기 위한 월류시설이 필요하며 우수관거와 연계되어야 한다. 도로와 인접한 보도는 투수성 포장으로 계획하고 추가 빗물관리를 위하여 나무여과상자와 띠녹지(또는 식물재배화분)를 물순환 공간으로 활용하며, 블루-그린 네트워크가 형성될 수 있도록 가로수, 띠녹지, 식물재배화분 등이 서로 연계되도록 설계한다.

〈그림 7〉 기존 사회기반시설 공간구조의 그린인프라로의 전환[13]

화분과 화단 등의 조경녹지는 오목형 조경녹지로 계획하고, 식물재배화분, 식생체류지, 침투도랑 등을 조성함으로써 LID 조성이 가능하다. 특히 불투수면(건물, 주차장, 도로, 지붕 등) 인근에 위치하는 조경녹지는 토사유출의 원인이 되기에 불투수면의 경사를 조경공간으로 유도하여 강우유출수가 조경공간에서 저류, 침투 및 증발산이 가능하도록 경사를 설계하여야 한다. 불투수면과 인접한 조경녹지 공간은 폭 1m 이상(경우에 따라 폭 50cm 이상) 및 최대깊이 20cm 이상(경우에 따라 폭 50cm 이상)의 식생수로, 침투도랑, 식생체류지 등을 조성하여 강우 유출수가 흐르도록 조성하여야 한다. 조경녹지 공간의 면적이 넓은 경우에는 불투수면과 인접한 조경공간을

13) 김이형(2019)

오목형의 식생수로나 침투도랑으로 조성하고, 내부는 경관성을 고려하여 볼록형 및 오목형 등의 다양한 디자인을 고려할 수 있어야 한다. 조경녹지 공간의 불투수면을 따라 식재 및 관수계획이 수립될 경우 불투수면에서 유입된 빗물이 관수로 활용될 수 있도록 블루-그린 네트워크를 조성한다.[14]

(a) 그린인프라로 조성된 주차장 조경공간(미국 샌프란시스코)

(b) 그린인프라로 조성된 보도/인도(대전시청) 및 옥상녹화(아산시청)

〈그림 8〉 사회기반시설의 그린인프라 사례

조경녹지 공간에 조성되는 다양한 형태의 식생수로, 침투도랑, 식생체류지, 빗물정원 등은 상호 연계할 시 시너지 효과를 볼 수 있다. 또한 조경녹지로 강우유출수 유입 시 유기물질, 영양염류, 중금속 등의 비점오염물질의 효과적 제어를 위해서는 흡착기능을 가진 다공성 소재 등으로 토양치환을 수행할 필요가 있다. 조경공간에 조성되는 식재계획은 원활한 물질 순환, 에너지 흐름 및 경관성 확보를 위하여 다층구조로 조성한다.[15]

14) 이 경우 식재계획을 따라 식생수로, 침투도랑 등을 조성하여 물-녹지를 연계함.

15) Hong et al.(2017), Kim et al.(2015)

5) LID의 도시환경 개선효과

환경부는 사회기반시설에 그린인프라를 통한 다기능 효과를 검증하기 위하여 다양한 LID 적용 사업을 추진하였다. 우선 개발사업 및 도시지역 LID 확대 기반구축을 위해 2014년부터 '그린빗물 인프라 조성사업'을 추진하였다.

배수구역	집수구역	집수 면적률
384,578㎡	52,942㎡	13.77%

배수구역내 저감효율	오염물질 저감효율(%)					유출저감효율(%)
	TSS	BOD	TOC	T-N	T-P	
배수구역	13.1	10.7	8.7	9.7	9.7	8.6

기술요소별	오염물질 저감효율(%)					유출저감효율(%)
	TSS	BOD	TOC	T-N	T-P	
식물재배화분	90.9	88.1	86	86.3	83.3	83.9
나무여과상자	92.8	90.3	90.7	90.6	88.4	92.4
식생체류지	96.9	92.5	89.3	93.1	97.5	78.6
침투형 빗물받이	75.7	62.7	57	57.2	61.9	54.1
투수블록	97.2	91.8	88.7	89.7	98.1	69.4

구 분	대조군				LID 설치지역			
	1차년도	2차년도	3차년도	평균	1차년도	2차년도	3차년도	평균
지하수 함양률(%)	14.8	15.1	14.9	14.9	17.7	18.0	18.0	17.9

SS 저감량	11.5 ~ 159.5 kg/d (평균 56.5 kg/d)
지하수 함유량 증가	30,113㎥/년
기온감소	1.5℃ (최초년도 기준)
온실가스 저감	890 tCO_2- eq
공기질 개선	SOx 689kg/yr, NOx 549kg/yr
녹지면적 증가	3,035㎡ (LID 시설로 인한 녹지면적 증가)

〈그림 9〉 빗물유출제로화시범사업(전주시 서곡지구) LID 효과

그린빗물 인프라 조성사업은 도시지역 빗물유출수 관리에 LID의 적용성을 검증하고 LID 홍보를 위하여 관공서를 중심으로 중규모 사업(1～4㏊)으로 추진하였다. 또한 대규모 도시지역 배수분구(38～40㏊)를 중심으로 LID의 적용 가능성을 검토하기 위하여 2013년부터 '빗물유출 제로화 시범사업'을 청주시 오창과학산업단지와 전주시 서곡지구를 대상으로 추진하였다. 빗물유출 제로화사업의 LID 적용은 도시지역 물순환 구축과 비점오염 저감 및 복합적 환경개선 효과를 도출하였으며, 2016년에 선정된 5개 '물순환 선도도시 사업(대전광역시, 광주광역시, 울산광역시, 김해시, 안동시)'에 본격적으로 반영되고 있다.[16)]

2. 그린-블루 네트워크 구축방안

도시화는 파편화된 녹지, 단절된 물순환, 차량의 활동 등으로 인하여 환경오염, 열오염과 같은 다양한 도시환경 문제를 야기시킨다.

도시환경문제를 해결하기 위해서는 환경을 고려하는 도시조성기법(녹지길 연계, 수변공간, 바람길 조성 등)의 적용이 필요하다. 도시 공간구조 중에서 조경과 같은 녹지공간은 미생물의 호흡respiration과 식물의 광합성photosynthesis 작용으로 물질순환과 에너지 흐름이 일어나므로 도시환경문제 개선을 위한 필수적 공간이다. 따라서 녹지의 미생물과 식물의 활성화는 도시문제 해결에 중요한 인자이며, 물공급은 미생물과 식물의 활성화에 가장 중요한 고려사항이다. 도시의 수평적 및 수직적 물 흐름이 단절될 경우 열섬현상, 오염물질 축적, 가뭄/침수, 식물 고사, 싱크홀 등 다양한 문제가 발생한다.

16) 환경부(2019)

블루-그린 네트워크BGN는 물blue과 녹지green를 연계하는 기법으로 도시 내에 물질순환과 에너지 흐름을 만들어 자연과 인간이 공존하는 생태도시를 조성할 수 있게 한다. BGN 계획은 두가지 방안으로 적용[17]될 수 있다. 첫 번째 BGN 방안은 눈에 보이는 물길과 녹지를 연계Visible BGN하는 것으로 강이나 하천 주위에 완충녹지를 연결함으로써 조성할 수 있다. 두 번째 BGN 방안은 눈에 보이지 않는 지하물길을 만들고 녹지와 연계Invisible BGN하는 것으로 가로녹지(가로수, 띠녹지 등)에 LID 기법을 연계하여 지하물길을 만들어 주는 것이다.

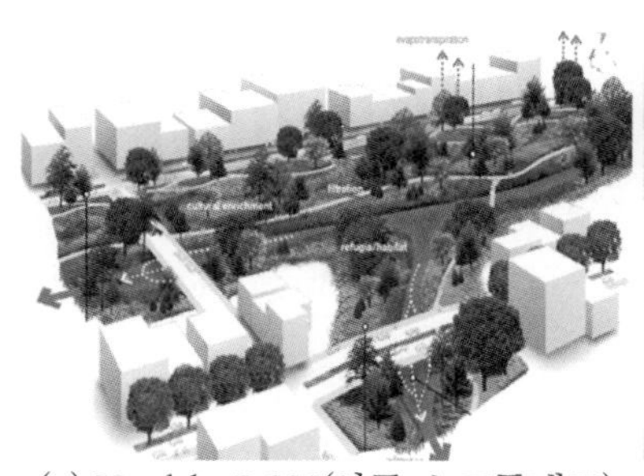

(a) Visible BGN(영국 스코틀랜드) (b) Invisible BGN(미국 휴스턴)

〈그림 10〉 블루-그린 네트워크의 적용사례

3. 도시유역 및 하천 연계 생태하천 복원 방안

도시지역의 높은 불투수면적과 지하공간의 활용은 도시 물순환을 왜곡시키면서 하천 건천화를 유발하여 수질 및 수생태 등에 영향을 주고 있다. 생태하천복원사업은 가뭄/홍수 저감, 수질 정화, 생물서식처 제공, 대기오염 개선 등의 목적으로 조성된다. 그러나 유역과 연계되지 않은 생태하천복원사업은 안정적 수량과 수질을 확보할 수 없기에 하천의

17) 김이형(2019)

지속가능성을 위해서는 유역 내 다양한 규모의 LID 기법 적용을 통한 수량 확보가 필수적이다. 과거 사람을 위한 하천개발은 수질오염, 수생태계 훼손 등 다양한 문제를 유발시켰다. 그러나 2000년대 이후 경제발전, 시민들의 의식수준 향상 및 생태공학 기술의 급격한 발전은 하천에 다양한 생태계서비스 기능을 부여하는 방향으로의 개발을 가능하게 하였다. 하천이 다양한 생태계서비스 기능을 가지기 위해서는 유역과 연계한 하천복원사업이 필요하다.

유역 연계 생태하천 복원사업의 대표적 사례는 독일 뮌헨의 이자르강 복원사업이다. 이자르강 복원은 하천의 제외지인 하천 내부에 하천의 자연성을 회복함과 동시에 유역에서 안정된 수질의 물을 공급하기 위한 LID 사업을 동시에 추진하였다. 유역의 LID 사업은 자연계 물순환을 구축하여 깨끗하고 풍부한 물을 이자르강에 공급함으로써 유역 연계 하천복원사업을 가능하게 하였다.

2000년대 이후 미국도 자연과 인간이 공존하는 방향으로 하천을 변모시키기 위하여 다양한 하천복원을 추진하고 있다. 미국의 하천복원도 자연기반 해법NBS, Nature-based Solutions 적용을 통한 유역 연계로 추진되고 있으며, 다양한 생태계서비스(지원·공급·문화·조절 기능)가 구현되도록 추진되고 있다.[18]

로스엔젤레스 강(캘리포니아) 복원과 신시네티(오하이오)의 오하이오강 유입지류인 트윈크릭Twin Creek 복원사례는 대표적 유역 연계 생태하천 복원사업에 해당한다. 로스엔젤레스강은 'From Concrete Ditch to Urban Oasis'라는 슬로건으로 추진 중에 있으며 유역에서 풍부하고 깨끗한 물을

18) UN Water(2018)

확보하기 위해 사회기반시설(도로, 주차장, 인도, 옥상, 공원 등)에 다양한 LID 기법을 적용하고 있다. 오하이오강 유입지류인 트윈크릭에서는 유역의 산업단지로 인하여 수질, 수량 및 수생태가 큰 스트레스를 겪었으며 유역 연계 하천복원사업을 통해 문제를 해결하였다. 본 사업에서는 유역의 LID 적용, 홍수터 복원, 하천 자연성 회복 등 다양한 기법을 적용하였다.

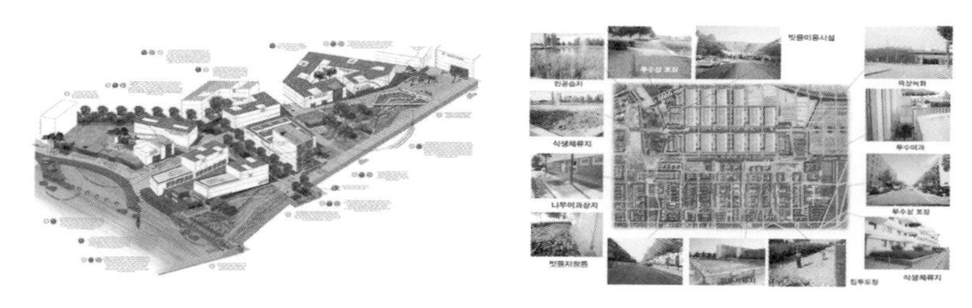

〈그림 11〉 독일 이자르강의 유역 연계 생태하천복원사업

(a) 로스엔젤레스강의 유역 연계 복원사업

(b) 오하이오 강 유입지류인 Twin Creek의 유역 연계 생태하천 복원사례

〈그림 12〉 미국의 유역 연계 생태하천복원사업 사례

4. 자연계 및 인공계 물순환 연계 방안

한국의 도시화율은 81.4%로 국민 대다수가 도시지역에 거주하고 있다. 도시는 사람의 생활 및 주거공간으로 활용되기에 물 공급과 처리를 위한 물 인프라 구축은 삶의 질과 직접적으로 연결된다. 한국은 높은 도시화율과 함께 세계적으로 높은 상하수도 보급률을 가지고 있다. 2018년 기준 한국의 급수보급률은 99.2%에 해당하며 지방 및 광역상수도 보급률은 97%로, 거의 전 국민이 상수도 혜택을 받고 있다. 한국의 하수도 보급률은 93.9%이며 고도처리인구 보급률은 90.5%로 수질적으로 깨끗한 물을 하천에 방류하고 있다.[19] 높은 상하수도보급률은 국민의 삶의 질을 크게 개선시켰으나 과도한 취수량으로 인한 하천 생태계는 심각한 영향을 받고 있다. 또한 고도처리를 통하여 하수처리수의 수질은 재이용이 가능한 수준이나 선진적이지 못한 하수관리(도시 말단의 집중형 하수처리)로 인하여 재이용율은 15.9%에 그치고 있다. 또한 재이용되는 하수처리수의 대부분이 장내용수로 사용되면서 실질적 도시 내 재이용은 매우 낮은 수준이다.

경제발전과 도시민 삶의 질 향상으로 도시에는 다양한 생태공간[20] 조성이 늘어나고 있으며, 생태용수 요구량도 늘어나고 있다. 또한 열섬현상을 비롯하여 도시환경문제 해결에 물순환 기술이 적용되면서 용수 요구량이 늘어나고 있다.[21] 도시 환경문제 해결에 필요한 용수는 상수도 수준의 수질이 아닌 용도별 다양한 수질을 요구한다. 즉, LID, 조경용수 및 생태하천은 일정량의 양분(질소, 인)을 가진 생태용수를 필요로 하며, 노면 청소를 위한 살수용수와 폭염저감을 위한 공중살수 용수는 오염물질이 없는 깨끗한 물을

19) 환경부 환경통계포털(2019)

20) LID, 조경녹지, 그린인프라, 생태하천 등

21) 김영만(2019)

요구한다. 이러한 다양성을 요구하는 도시의 신규 용수에 대하여 깨끗한 수질을 가진 상수를 활용하는 것은 비용효율적이지 못하며 지속가능성도 없다. 따라서 도시환경문제 해결을 위해 필요한 다양한 용수는 도시가 가진 수자원을 효율적으로 연계하여 활용할 때 지속가능성과 비용효율성을 확보할 수 있다.

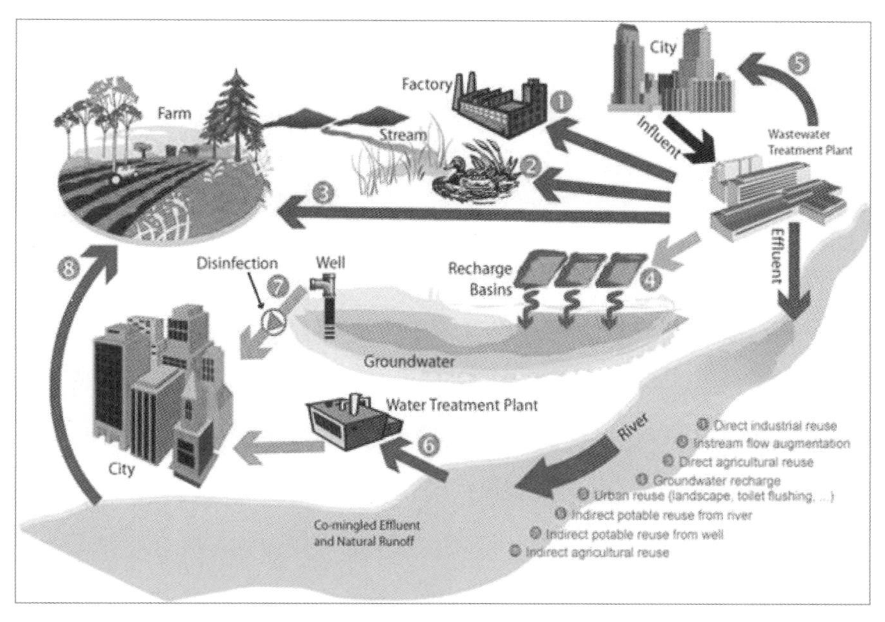

〈그림 13〉 도시의 인공계 물순환 및 자연계 물순환 연계전략(Alawode, 2019)

도시는 빗물, 지하수, 하천수와 같은 자연적 수자원과 상수, 중수, 하수처리수 등과 같은 인공적 수자원을 가지고 있다. 그 중에서 상수와 하수는 연속적 흐름으로 도시에 생명을 불어넣는 인공계 물순환에 해당한다. 도시의 자연적 수자원은 접근성, 활용가능성, 지속가능성 등 측면에서 인공적 수자원에 비하여 이용이 제한적이다. 이와 반대로 인공적 수자원인

상수, 하수처리수 및 중수는 접근성 및 지속가능성 측면에서 이용이 용이한 수자원에 해당하며, 처리기술의 고도화로 활용가능성이 높은 수자원에 해당한다.

도시가 가진 인공계 및 자연계 수자원을 상호연계할 때 도시 환경문제 해결을 위한 다양한 안정적 용수를 확보할 수 있다.

5. 도시 물관리를 위한 유역진단제

도시하천이 안고 있는 물환경 문제(녹조, 수질오염, 어류폐사, 홍수, 가뭄 등)는 유역 인자(오염원, 토지이용, 부하량, 주민활동, 물이용, 물관리 현황, 오염원관리, 지형과 지질 등)의 영향을 크게 받는다. 그동안 환경부의 도시 물환경 관련 사업은 하수도법(하수 관련 사업), 물환경보전법(수질 관련 사업), 물재이용법(재이용 사업) 등으로 다원화되어 비용효율적 사업 추진에 한계를 가졌다. 특히 약 94%의 높은 하수도보급률과 약 70%에 해당하는 4대강 유입 비점오염 기여율로 인하여 국가적 물환경 관련 재정사업이 비점오염 연계로 추진되어야 함에도 불구하고, 개별 법에 근거한 개별 사업은 재정 지출 대비 효율성을 크게 떨어뜨렸다. 특히 고도 하수처리 기술 도입으로 하수처리수 방류수의 수질은 수자원으로 분류될 만큼 개선되었으나 선진적이지 못한 하수 관련 정책(집중형 하수처리시설, 비점오염저감 없는 분류식 하수관거 사업 등)으로 하수처리수 재이용율은 약 15%로 정체되어 있다. 다행히 2018년 물관리일원화와 2019년 물관리기본법 시행으로 '유역기반 통합물관리'가 가능한 환경이 조성되었기에 유역진단 제도는 통합물관리를 가능하게 하는 제도가 될 것으로 평가된다.

과학적 유역진단(수량, 수생태, 수질, 인문사회, 도시, 거버넌스 등)을 통한 도시 내 재정사업의 추진은 인공계 및 자연계 물순환을 연계할 수 있는 중요한 제도이다. 유역진단제는 개별 재정사업을 비용효율적으로 연계함으로써 재정의 효율화 및 환경관리기능 극대화를 기대할 수 있다. 유역진단을 통한 유역 내 물관리사업은 원천적 수질오염물질 관리기능을 향상시켜 수질개선 및 녹조저감에 기여할 수 있다.

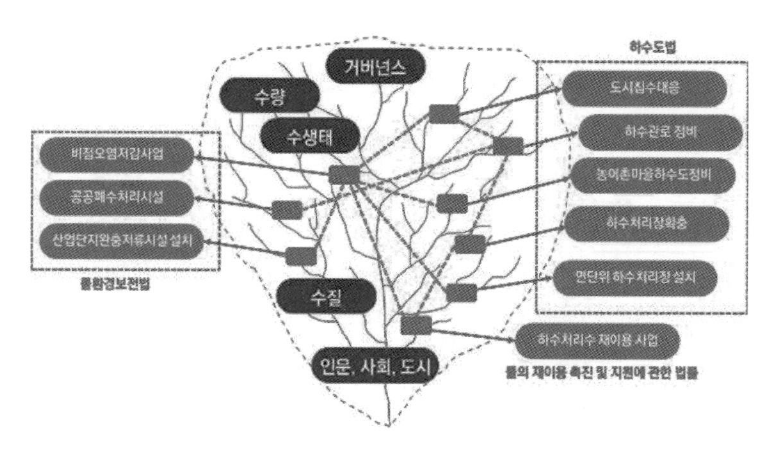

(a) 유역진단 통한 사업별 연계방안

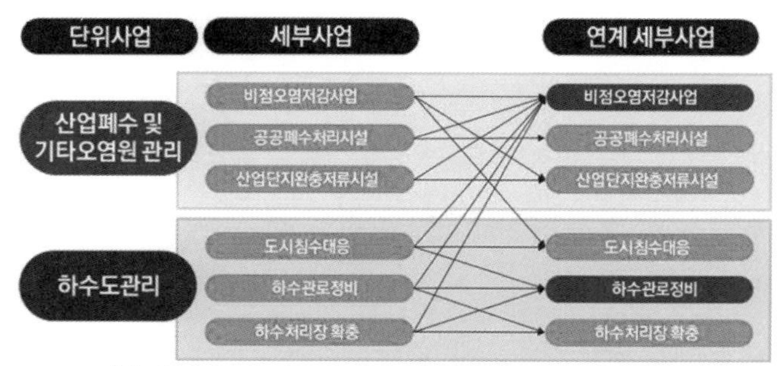

(b) 자연계 및 인공계 물순환 연계를 위한 세부사업

〈그림 14〉 유역진단을 통한 도시 인공계 및 자연계 물순환 연계방안

Ⅳ. 결론

도시화와 기후변화 등은 도시침수, 비점오염, 열섬현상, 싱크홀, 식생 고사 등의 다양한 도시 환경문제를 발생시킨다. 도시 환경문제는 물을 저류하거나 배제하는 방식으로 해결할 수 있다. 그러나 물의 저류와 배제라고 하는 상반된 개념의 도입은 정책입안자 및 도시설계자에게 관리의 어려움을 초래하고 있다. 따라서, 본 연구는 도시가 가진 물문제와 도시환경문제 해결을 위한 방안을 도출하고자 수행되었으며 아래와 같은 결론을 도출하였다.

① 도시환경문제 해결을 위해서는 도시조성사업 및 개발사업에 3단계의 LID 기법의 적용이 필요하다. 1단계 LID 적용은 환경 저영향 토지이용 계획 수립 단계로 LID 토지이용 배치기법, 물과 녹지의 연계기법, 대규모 저류지나 인공습지 등을 계획하고 배치하는 기법이 포함된다. 2단계 LID 적용은 도로, 공원녹지, 인도와 보도, 공공주차장 등과 같은 사회기반시설인 공공영역에 LID를 적용하는 단계이며, 3단계 LID는 개별 용지의 세부 공간단위 배치 및 공간구조별 그린인프라 적용이 포함된다.

② 도시의 자연적 물순환을 구축하기 위해서는 사회기반시설을 그린 인프라로 조성하여야 한다. 건물옥상은 옥상녹화 및 빗물이용시설을 설치하고, 우수관거는 침투통이나 침투도랑을 설치하며 인도와 주차장은 투수포장(투수블록, 잔디블록 등)으로 물순환을 구축할 수 있다. 가로수는 나무여과상자로 조성하며, 띠녹지는 물순환이 가능한 식물재배화분, 식생체류지, 식생수로, 침투화분, 침투도랑 등을 조성하며, 화분과 화단 등의 조경녹지는 오목형 조경녹지로 계획한다.

③ 도시의 물순환은 블루-그린 네트워크BGN 구축을 통해 가능하다. BGN 계획은 '보이는 물길-녹지 연계Visible BGN기법'과 '보이지 않는 지하물길-녹지

연계Invisible BGN기법'을 적용할 수 있다.

④ 경제발전으로 시민의 삶의 질 향상으로 도시에는 다양한 생태공간(LID, 조경녹지, 그린인프라, 생태하천 등) 조성과 함께 생태용수 요구량도 늘어나고 있다. 도시환경문제 해결에 물순환 기술의 적용은 다양한 수질의 용수 요구를 증가시키고 있다. 도시가 가진 인공계 및 자연계 수자원을 상호연계할 때 도시 환경문제 해결을 위한 다양한 안정적 용수를 확보할 수 있다.

⑤ 도시의 인공계 및 자연계 물순환의 효율적 연계를 위해서는 과학적 유역진단(수량, 수생태, 수질, 인문사회, 도시, 거버넌스 등)을 통한 도시 내 재정사업의 연계가 필요하다. 유역진단제는 인공계 및 자연계 물순환을 연계할 수 있는 제도로 개별 재정사업을 비용효율적으로 연계함으로써 도시환경문제를 해결할 수 있다.

참고문헌

김영만, 2019. 시민참여형 도시 물관리 방안 구축을 위한 도시환경 및 LID에 대한 인식평가, 공주대학교 대학원 박사학위 논문.

김이형, 2019. LID 기법 적용실무-LID 기술요소별 설계, 환경부 환경인재개발원, 2019년 8월 27일.

김이형, 2019. 그린인프라시설의 맞춤형 설계기술 선진화, 환경산업기술원 보고서.

김이형. 강주현, 2004. 고속도로 강우 유출수내 오염물질의 EMC 및 부하량 원단위 산정, 한국물환경학회지, 20(6), pp. 631-640.

윤상웅, 최현미, 이진용, 2014. 국내 6개 대도시의 지하수 수위 및 수질특성 비교, 지질학회지, 50(4), pp. 517-528.

이소영, 이은주, Marla C. Maniquiz, 김이형, 2008. 포장지역 비점오염원에서의 오염물질 유출원단위 산정, 한국물환경학회지, 24(5), pp. 543-549.

통계청, 2020. 국가통계포털(http://kosis.kr/), 통계청.

환경부 환경통계포털, 2019. http://stat.me.go.kr/nesis/main.do, 환경부.

환경부, 2013. 전국 불투수 면적률, 환경부.

환경부, 2016. 비점오염저감시설 설치 및 관리운영 매뉴얼, 환경부.

환경부, 2019. 빗물유출제로화 시범사업 백서, 환경부 및 환경공단.

Alawode, O. I., 2019. Prospects of Wastewater Reclamation and Reuse for Water Scarcity Mitigation and Environmental Pollution Control in Sub-Saharan Africa, Environmental Management and Sustainable Development, 8(4), pp. 1-20.

Choi, J., Maniquiz-Redillas, MC., Hong, H., and Kim, LH., 2018. Selection of cost-effective Green Stormwater Infrastructure(GSI) Applicable in Highly Impervious Urban Catchments, KSCE Journal of Civil Engineering, 22(1), pp.24-30.

Demographia, 2015. Demographia World Urban Areas, 15th Annual Edition.

Flores, PED., Maniquiz-Redillas, MC., Geronimo, FK, Alihan, JC., and Kim, LH., 2016. Transport of nonpoint source pollutants and stormwater runoff in a hybrid rain garden system, J. of Wetlands Research, 18(4), pp. 481-487.

Geronimo, FKF., Maniquiz-Redillas, MC., Tobio, JS., and Kim, LH., 2014. Treatment of suspended solids and heavy metals from urban stormwater runoff by a tree box filter, Water Sci. & Tec., 69(12), pp. 2460-2467.

Gurung, SB., Geronimo, FK., Hong, J., Kim, LH., 2018. Application of indices to evaluate LID facilities for sediment and heavy metal removal, Chemosphere, 206, pp. 693-700.

Hong, J., Maniquiz-Redillas, MC., Choi, J., Kim, LH., 2017. Assessment of bioretention pilot-scale systems for urban stormwater management, Desalination and Water Treatment, 63, pp. 412-417.

Kim, H, Jung, M., Mallari, KJ., Pak, G., Kim, S., Kim, S., Kim, LH., and Yoon, J., 2015. Assessment of porous pavement effectiveness on runoff reduction under climate change scenarios, Desalination and Water Treatment, 53(11), pp. 3142-3147.

KMA(Korea Meteorological Administration, 2018. Weather Information, http://www.weather.go.kr/weather/forecast/timeseries.jsp

KOSIS(Korea Statistical Information Service), 2018. http://kosis.kr/index/index.do

Maniquiz MC., and Kim, LH, 2014. Fractionation of heavy metals in runoff and discharge of a stormwater management system and its implications for treatment, Journal of Environmental Sciences 26, pp.

1214-1222.

MLIT(Ministry of Land, Infrastructure, and Transport), 2017. Regulations on the Determination, Structure and Installation Criteria of City and Military Planning Facilities.

UN DESA(Department of Economic and Social Affairs), 2018. 2018 Revision of World Urbanization Prospects.

UN Water, 2018. World Water Development Report, 2018. Nature-based Solutions for Water.

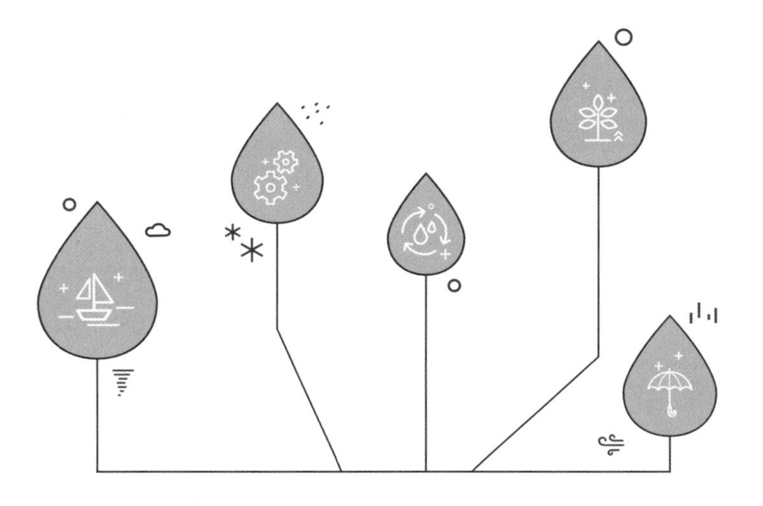

유역 통합을 위한 통합 물관리 법·제도 개선방안

- 호주의 통합 물관리에 대한 비교법적 연구로부터의 시사 -

윤 태 영 (아주대학교 법학전문대학원 교수)

초 록

2018년 물관리기본법이 제정되었다. 이후 후속 조치를 통해 시행착오를 줄이면서 통합 물관리를 효과적으로 추진하기 위해서는 다른 나라의 선진적인 법·제도적 상황을 비교법적으로 검토하여 참고할 필요가 있다.

가장 선진적으로 평가받는 국가 중 하나가 호주이다. 우리나라에는 호주에 대해 거의 알려져 있지 않아, 이 연구는 호주에서의 통합물관리를 위한 법·제도적 추진 상황을 그 배경에서부터 2007년 연방수법 제정 이후의 조치까지 조사·분석해 보았다.

호주 물관리에서 중요한 곳이 호주 최대의 유역면적을 가지고 있는 머레이-달링강 유역이다. 이곳은 물이 부족한데도 불구하고 관습법에 의한 물이용과 각 주의 권한 주장 등에 의해 수자원 관리에 진통을 겪어 왔던 곳이다. 그런데 이를 극복하면서 이제는 연방정부, 주정부 모두가 통합적인 물관리를 추진하여 어느 정도 성공을 거둔 것으로 평가받고 있다.

수리권을 토지와 분리시켜 시장을 통해 거래할 수 있는 대상으로 규정하고, 취수한계량을 엄격히 제한하고 다양한 재원을 들여 하천의 환경유량을 확보하였으며, 상향식 의사결정 방식을 정착시킨 것은 우리의 법·제도적 정책 개선방안에 많은 시사점을 준다.

Ⅰ. 서론

수도권을 비롯한 도시로의 인구 집중, 산업구조의 변화, 지구 온난화에 따른 기후변화 등 다양한 요인에 의해 우리나라의 물 환경은 큰 변화에 직면하고 있다. 여기에 그 어느 때보다 환경에 대한 중요성이 높아져, 갈수, 수해, 수질오염, 생태계 변화 속에서 건전한 물 환경의 유지 또는 회복이 중요하게 인식되어 왔다. 이러한 환경 속에서 지속가능한 물 순환체계를 구축해서 국민 삶의 질 향상에 기여하고 여러 부처에 분산된 물관리 체계를 정비하는 것을 목표로, 2018년 물관리기본법이 제정되었다.

물관리기본법은 통합 물관리 정책이라는 물관리 패러다임 전환의 계기로 평가받고 있다. 종래와 같이 각각의 문제에 대해 개별 기술 또는 정책으로 대응하는 것이 아니라, 수해 방지, 적정한 이수시스템의 구축에 의한 환경재로서 수자원의 지속적 이용, 수질 보전 및 개선 등 상호 관련된 이해관계를 조정하면서 유역 단위로 총괄하여 정책을 추진할 것을 지향하고 있다. 그런데 이러한 통합 물관리에는 '수해, 수리, 수질의 모든 문제에 있어 지역주민을 포함한 복수의 이해관계를 어떻게 조정할 것인가?'라는 어려운 문제점도 내포되어 있다.

통합 물관리 정책은 이러한 다각적인 관점과 문제점을 가지고 있기 때문에, 물관리기본법 제정 이후 환경부가 법·제도적 측면에서 통합 물관리를 위해 노력하고 있음에도 불구하고 여전히 통합 관리계획에 따른 마스터플랜을 제시하지 못하고 있는 것도 사실이다.

이러한 상황에서 우리나라의 수자원 및 유역관리에 있어 법·정책적으로 적절한 해결책을 찾기 위해서는 통합 물관리를 추진하기 위한 다른 나라의 선진적 또는 시험적인 법·제도적 시도를 비교법적으로 검토하여 참고하는 것이 필요하다. 본 연구에서는 호주의 통합 물관리 정책을 참고하여 시사점을 찾고자 한다. 호주는 우리나라보다도 훨씬 물이 귀한 국가인데, 우리보다 앞서 2007년 「연방수법」[1]을 제정하고 통합 물관리를 시도하여 선진적인 경험을 가지고 있기 때문이다.

특히 주목해 봐야 할 곳은 호주의 머레이-달링강 유역Murray-Darling Basin이다. 이곳은 호주 최대의 유역면적을 가지고 있고, 경제, 사회, 환경상 중요한 유역이나, 과거에는 100년 이상에 걸쳐 상호 권익 다툼을 반복하면서 관계된 각 주정부 등에 의해 관리되어 왔다. 이러한 각 주정부 등의 합의에 기초하여 협조·관리하는 종래 구조에서는 인프라 정비의 낙후, 수리권의 과잉부여나 물사용 상한의 무시 등이 반복되었다. 그렇지만 기후변화로 인한 이수 안전성의 위협, 물이용 증대가 하천환경에 미치는 영향에 따라, 새로운 접근방식이 필요하게 되었다. 이에 2007년 연방수법에서는 머레이-달링강 유역의 관리 권한을 연방정부기관에 위양하는 내용을 담게 되었고, 이에 근거하여 통합 물관리를 시행해 왔다. 2007년 연방수법에서는 전문가로 구성되는 독립기관인 머레이-달링강 유역관리청을 설치하고, 유역계획을 책정하였으며, 이에 따라 일관되게 유역을 통합 관리하여 모범적인 사례 중 하나로 평가받고 있다. 또한 수리권 개혁을 통해 수리권이 일반적으로 넓게 거래될 수 있는 대상이고, 토지 소유의 권한에 부수하지 않은 점을 명확하게 하였다. 이하에서는 국내 통합 물관리 정책에 대한 시사점을 얻기 위해 호주 통합 물관리 제도를 분석해보고자 한다.

1) Water Act, 2007

Ⅱ. 머레이-달링강 유역 수자원 관리의 역사 및 통합 물관리 추진 배경

1. 머레이-달링강 유역의 현황

머레이-달링강 유역Murray-Darling Basin은 약 106만㎢로 호주의 약 14퍼센트에 해당하는 호주 남동부의 광범위한 지역을 차지하고 있다.

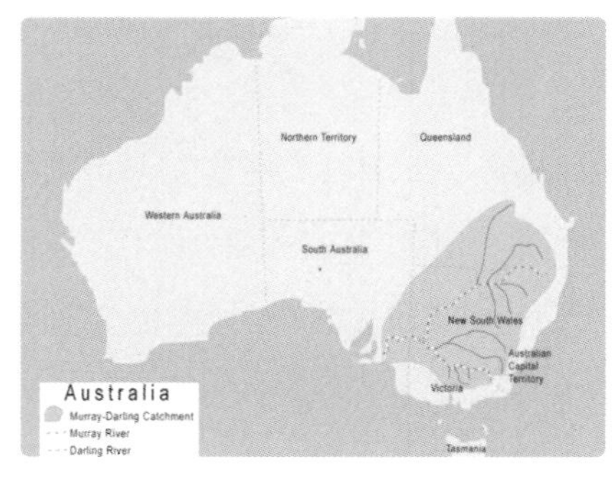

- 유역면적 : 106만㎢(호주 국토의 1/7)
- 하천길이 : 달링강 2,740㎞
  머레이강 2,530㎞
  머럼비지강 1,690㎞
- 연평균강수량 : 480㎜
- 유역내 인구 : 약 220만명(전국의 약 12%)
- 유역내의 주 및 특별지구 :
  뉴사우스웨일즈(NSW)주(75%)
  빅토리아(VIC)주(60%)
  퀸즈랜드(QLD)주(15%)
  사우스오스트레일리아(SA)주(7%)
  수도권 특별지역(ACT)(100%)

〈그림 1〉 호주의 머레이-달링강 유역 및 현황

이 유역은 머레이강(약 2,530㎞), 달링강(약 2,740㎞), 머럼비지강(약 1,690㎞) 및 이들 강의 지류와 작은 샛강으로 구성되어 있다. 이곳은 퀸즐랜드주, 뉴사우스웨일즈주, 빅토리아주, 사우스 오스트레일리아주, 그리고 수도권 특별지역Australian Capital Territory을 지나는 하천유역이다.

호주는 세계에서 가장 건조한 대륙 중 하나로 연평균 강우량이 600㎜ 미만이다. 그런데 이 수역의 연평균강우량은 480㎜로 적고, 유역의 수자원도 제한적이다. 땅도 건조하고 강우의 6% 정도만 하천에 흘러 들어간다. 건조한 땅에서의 농업에 의한 물 수요는 왕성하여, 결국 머레이강 하구까지 도달하는 물의 양은 강수량의 2%에 불과하다. 따라서 이러한 물부족을 극복하기 위해서는 머레이-달링강 유역에서의 수자원 관리와 효율적인 배분제도가 필요하였다.

2. 연방수법 제정 전 수자원 관리

호주에서는 2007년 연방수법이 제정되기까지 관습법에 의한 물이용과 각 주의 권한 주장 등에 의해 수자원 관리에 진통을 겪어 왔다. 따라서 1990년대부터 2007년까지 여러 가지 정책을 추진해 왔고 그 결과물이 2007년 연방수법이라 해도 과언이 아니다. 호주의 연방수법과 관련 제도의 추진 배경에 대해서는 국내에 거의 소개된 바가 없어, 여기에서는 먼저 연방수법 제정 전 상황을 검토해 보겠다.

1) 커먼로Common Law에 의한 전통적 입장

1770년 영국의 제임스 쿡[2] 선장에 의해 호주 동해안을 영국 영유Crown Land로 한 이후, 호주의 모든 수자원은 국왕이 가지고 있고 누구의 소유에도 귀속하지 않지만, 국왕이 토지를 양여하면 물도 그 토지에 부수한다고 하는 영국 커먼로의 고려방법이 채택되었다. 그리고 이것은 판례에 의해서도 확인되어 왔다.[3]

즉, 호주에서 물은 공유자원이면서 토지와 일체하고, 물에 대한 권리는 용익권으로서 관습법에 따라 관리되는 것이 원칙이었다. 토지를 개간해

2) James Cook(1728-1779)

3) Newstead v. Flannery(1887), 8 ALT178 (Victoria Country Court); Lyons v. Winter(1899), 25 VLR 464;Nagle v. Miller(1904), 29 VLR 765; 26 ALT 6; 10 ALR 119(Victoria Supreme Court FC); Springboard v. McMerriman(1910), 4 QCLLR 161(Queensland Supreme Court); Marshall v. Cullen(N0 2), 1914, 16 WAR 92; Moore v. Corrigan(1949), Tas SR 34 at 46 per Clark J(Tasmania Supreme Court).

가는 과정에서 물권적인 배타적 독점권을 인정하지는 않았지만 사실상 물의 이용에 대한 독점이라는 문제가 있었다. 특히 하천수의 사용과 관련한 판례에서 하안의 토지 소유자가 하천 유수에 자유롭게 접근하고 장애없는 물의 흐름에 대해 인접한 토지 소유자에게 요구할 수 있는 권리를 인정하였고, 수리권을 토지 소유권 자체는 아니지만 토지 소유권에서 파생하는 배타성이 강한 권리로 판단해 왔다.[4] 또한, 하안 토지의 소유권자 이외의 자는 하안 토지 소유권자의 허락 없이 하천수를 사용할 수 없으며, 하천에 접하지 않으면 하안 소유권은 성립하지 않기 때문에 하천수의 이용도 할 수 없었다.[5]

그러나 호주는 매우 건조한 기후로 관개용수의 만성적 부족이 발생해 왔으므로, 특히 농업을 하는 사람들로부터 하천수 이용을 하안 소유자에게 독점적으로 인정하는 것에 대한 불만이 고조되었다. 이에 하안의 토지 소유권자가 하천수 사용에 대해 행사할 수 있는 권리에 어떤 제약을 가해야 한다는 요구가 높아졌다. 그런 상황에서 하안의 토지 소유자가 독점적으로 하천수를 사용할 수 있는 것은 하류 하안 소유자가 없는 경우에 한정되고, 나아가 하안 소유자의 권리를 방해하지 않는 한도 내에서 하천수의 사용을 자유롭게 인정해야 한다는 판결도 나왔다.[6] 이처럼 하안 소유자가 하천수의 사용에 대하여 가지는 배타적 권리는 서서히 제한을 받게 되었지만, 물이 가진 공익성에 주목하여 토지 소유권에서 분리, 독립시키려는 방안은 커먼로

4) Chasemore v. Richards(1843-60), All ER 77, 82; Stockport Waterworks Company v. potter(1864), 159 ER 545 per Pollock CB; McCartney v. Londonderry and Lough Swillie Railway Company(1904), AC 301 at 306 per Lord M' Naghten; Hill v. O' Brien (1938), 61 CLR 96 at 110 per Dixon J.

5) Moore v. Corrigan(1949), Tas SR 34(Tasmania Supreme Court); Jones v. Kingborough(1950), 82, CLR 282; Re Special Lease No.30455(Amoco Australian Brisbane District(1977), 4 QLCR 141(Queensland Land Appeal Court).

6) Jones v. Kingborough(1950), 82 CLR 282 at 345 per Fullager J, at 301 per Latham CJ.

상에서는 도출되지 않았다. 호주법의 기초인 커먼로의 발상국 영국은 19세기에 이미 산업혁명을 거쳐 농업이 후퇴하고 있던 시기였기 때문에 특별한 노력을 기울이지 않았다는 지적도 있다.[7] 결국 커먼로는 원칙적으로 하천수에 대한 독점적이고 배타적인 소유권을 부정했지만, 일정한 조건에서 하안 소유자가 가지는 토지소유권에 하천수의 사용을 포섭시켜 실질적으로 물에 관한 권리를 토지 소유권과 일체화시키는 문제점이 있었다.

2) 하안 토지 소유권과 물에 관한 권리를 분리하기 위한 노력

영국과 달리 호주처럼 건조한 국가에서 관습법을 중심으로 하는 커먼로는 물관리 시스템 구축에 적합하지 않은 법제였다. 따라서 공공의 이익에 따라 물이 공공기관에 의해 관리되는 입법적 해결이 필요해졌다.

빅토리아주에서는 일찍이 1886년에 「관개법Irrigation Act」을 마련하였는데, 이 법은 물관리 및 유지에 관련된 권한과 책임을 주정부에 부여하고, 하안 소유자의 권리에 의한 모든 영향을 부정하였다. 그리고 1896년 뉴사우스웨일즈주가 「물권리법Water Rights Act」을 제정하였는데, 이 법은 호주에서 처음으로 제정된 물관리를 위한 입법이다. 이 법은 재산권이나 소유권에 대한 언급없이, "모든 하천 및 호수의 물을 사용하고, 배수하고 관리하는 권리를 포괄하는 권리가 국왕으로부터 양여된다"고 규정하고 있다(제1조 제1항). 이것은 물을 자원으로 받아들이고, 그 권리화보다도 행사 목적이나 방법에 중점을 둔 입법[8]으로 평가받고 있다. 다만 하안 소유자의 사권이 소멸했다고 하는 인식은 입법 시에는 없었다.

한편, 사우스오스트레일리아주는 1919년에 「물통제법Control of Water

7) Alex Gardner(2009)

8) S. Clark 외 1인(1970)

Act」을 제정하였지만, 1990년에 「수자원법Water Resources Act」으로 개정되기까지 물에 관한 소유권의 성립을 인정하는 규정을 가지고 있었다. 참고로 테즈메니아주는 1929년에 「수력발전위원회법The hydro-Electric Commission Act」을 제정했지만, 여기에는 하안 소유자의 물에 관한 권리를 인정하는 규정을 두고 있었고, 이 규정은 1957년 「수법The Water Act」에도 계승되었다.

이와 같이 호주에서 물은 전통적으로 토지소유권에 부수하는 것에 가까운 개념으로서 당해 토지소유자에 의한 자유이용이 인정되었지만, 각 주는 입법을 통해 물을 토지로부터 분리하고 토지와 동일하게 국왕의 기초 권원에 근거하여 양여 제도를 적용하려고 해왔다. 이러한 노력에 의해 사우스 오스트레일리아주를 제외한 모든 주에서 국왕의 기초 권원에 의하지 않은 다른 방법, 예를 들어 행정상 허가나 민법의 물권과 같은 형식으로의 물에 관한 권리 행사가 부정되었다. 그 의미에서는 물에 관한 커먼로 상의 권리가 법으로 대체되어 규율되어 왔다고도 할 수 있을 것이다. 그러나 하안 소유자의 소유권이나 자유이용이 완전히 부정되지도 않는 애매한 상황이었고, 각 주마다 체계가 미묘하게 다른 차이점도 있어 체계적인 물관리와는 거리가 있었다.

이러한 문제점 때문에 호주 전역에서 물의 절대량이 압도적으로 부족하였지만, 1980년대 이후 환경문제에 대한 의식 고조로 새로운 댐 건설에 대한 비판도 높아져 추가적인 관개용수 배분을 위한 수자원 개발마저 어려워졌다. 일례로 테즈메니아주에서는 발전용 댐 건설을 둘러싸고 환경에의 악영향이 쟁점으로 되어 최종적으로 건설 중지를 결정한 판결[9]도 나왔다. 따라서 이 상태로는 더욱 심각한 수자원 부족현상이 나타날 것이

9) Commonwealth v. Tasmania(1983), 158 CLR 1, 146 ALR 625.

우려되어 그 대책이 급선무가 되었다. 특히 농업 관개용수뿐만 아니라 상수도나 공업용수 등 다른 물이용을 포괄하는 효율적인 물이용 체계를 구축하기 위해서는, 기존의 권리양여 형식과 같은 방식으로는 경쟁과 독점 상태에 따른 분쟁이 발생하기 때문에 불가능하다고 판단되었다. 따라서 1980년대에 들어와서는 물 거래 제도가 검토되기 시작하였다.

3) 원주민의 관습법상 토지에 관한 권리

여기에 물관리를 더욱 어렵게 하는 계기가 된 것이 호주 원주민에 대한 관습상 물에 관한 권리의 인정이다. 이 점을 이해하기 위해서는 먼저 호주 원주민들에게 토지를 반환한다고 명시한 1993년 호주 원주민 토지보호법Native Title Act의 제정배경을 먼저 살펴보는 것이 필요하다.

원주민 토지보호법의 제정은, 1992년 6월 3일 연방대법원에서 내린 호주 토지법의 역사를 근본적으로 뒤집는 획기적인 판결에 기초한다. 소위 '마보Mabo 판결'[10]로 불리는 이 판결은 호주 원주민Aborigine의 전통적 토지 지배가 법적 점유possession이며, 호주의 영토 자체가 원주민 고유의 땅을 찬탈함으로써 취득된 것이라고 판시하였다. 이것은 그동안 전통적 이론이었던 "호주는 무주지에의 이주에 의한 식민지이다"라는 이론을 포기하는 선언을 한 것으로 평가받고 있다.[11] 이 판결은 그것이 초래할 경제적·정치적 결과에 얽매이지 않고 기존의 부족법이 침략 문화를 지닌 기본법보다 상위에 있다는 것을 공식적으로 인정했다는 점에서 세계 역사상 극히 드문 사례로서 중요성을 인정받고 있다.

10) Mabo v. The State of Queensland, No.2(1992),175 CLRI, 66 ALJ, 408.

11) 平松紘 외 3인(2005)

이 판결에서는 여러 가지 중요한 내용을 담고 있으나 마보 판결의 골자는 원주민의 토지에 대한 권리, 즉 선점권을 인정한 것이다. 이 판결에 영향을 받아 1993년에 원주민 토지보호법이 제정되었다. 동법은 원주민 선점권을 토지 또는 물에 관한 원주민의 공동체적, 집단적 또는 개인적 권리로 정의하고, 그 권리는 관습법에 의해 인정된 것으로서, 원주민은 이 법이나 관습에 의해 토지 또는 물에 대해 권리를 가지는 것으로 규정하고 있다.[12) 그리고 이 법에서 말하는 '물'은 바다, 하천, 만, 지하수뿐만 아니라 물밑, 유역 및 수위 변화의 영향을 받는 육지나 모든 수면상의 공간을 가리킨다.[13) 따라서 이 법에 의해 원주민들은 물에 관한 권리에 대한 선점권을 가지는 것으로 인정되어 기존 점유자와의 충돌이 격화되기에 이르렀다.

12) 법 제223조 제1항 a 내지 c

13) 법 제253조

Ⅲ. 2007년 호주 〈연방수법〉의 제정 경위 및 내용

1. 연방수법의 제정 경위

2007년 연방수법이 제정된 배경은 머레이-달링강 유역 관리와 깊은 관련이 있다. 법 제정에 이르기까지 여러 가지 사회적 배경이 있었는데 이를 살펴보면 다음과 같다.

1) 1994년 COAG협정[14)]과 취수량 상한

통합 물관리를 위해서는 각 주가 실시하고 있는 양여제도의 개편이 필요하였다. 그러나 기존 권리자가 가진 권리를 완전히 부정할 수 없기 때문에 우리나라의 하천법에서 사용하고 있는 수리허가제도와는 다른 제도의 구축이 검토되었다. 2004년 연방수법의 제정을 통해 머레이-달링강 유역의 통합적 관리가 이루어지게 된 직접적 배경은, 1992년의 머레이-달링강 유역 협정Murray-Darling Basin Agreement에 이어 제정된 1993년의 머레이-달링강 유역법Murray-Darling Basin Act으로 거슬러 올라간다. 이 법은 유역의 자연과 환경 자원의 관리에 대해서도 규정함과 함께, 머레이-달링강 유역 각료 협의회Murray-Darling Basin Ministerial Council와 그 집행 기관인 머레이-달링강 유역위원회Murray-Darling Basin Commission의 설치 근거가 되었다.

한편 1994년 COAG협정을 통해, 지속 가능한 발전이라는 관점에서 연방 차원에서의 수자원 관리에 대한 노력이 본격화되었다. 이 협정에서 수자원 개혁 체제Water Reform Framework가 작성되었는데, 이 체제는 그 후 호주 물관리의 근간으로 평가받고 있다. 그 주요 내용은 다음과 같다.[15)]

---

14) Council of Australian Governments Agreement

15) Crase(2000)

- 요금설정 : 수자원의 요금에 그 공급에 필요한 모든 비용을 반영시키고 사용량에 따른 요금을 부과한다.
- 수자원의 배분 및 수자원 거래 : 자연환경을 위한 수자원을 확보한다. 또한 토지소유권과 수자원에 대한 권리를 분리한다. 수자원 거래를 위한 제도를 창설한다.
- 수자원 관련 부문의 재편 : 수자원 관련 부문은 규제자, 서비스 운영자, 수자원 관리자로 나누어 각각 독립된 주체가 하는 것으로 재편한다.
- 2부 요금제 : 도시에서의 상하수도 요금에 대해 2부 요금제를 채용한다.
- 수자원 부문에 대한 투자기준 : 수자원 부문에 대한 투자는 경제적 실현가능성 및 환경면에서의 지속가능성이라는 2가지 기준이 갖추어진 경우에만 실시한다.

COAG협정에 의해, 수리권을 토지 소유권과 분리시키고 수리권water access entitlement과 물 배분water allocation을 공개 시장에서 거래되는 재산권으로 규정하는 방향성이 정해졌다. 이 협정에 의해 '호주 연방·주 물 개혁 태스크 포스The Task Force on COAG Water Reform'가 설치되었는데, 여기에서는 지역 사회의 이익을 위해 한정된 수자원을 가장 가치 있게 이용하려면 수자원을 토지의 권리로부터 분리, 독립시켜 물 배분과 수리권을 일체화시킨 제도를 구축해야 한다고 제안하였다. 그리고 머레이-달링강 유역의 1993~1994년도의 물 사용량을 물이용 상한으로 정하고 수리권의 총량을 고정하여, 그 총량의 범위 내에서 물 거래를 실시하는 것 등이 제안되었다.[16)]

연방수법의 제정 전 시책 중 주목할 만한 것은 1997년에 취수량 상한diversion cap을 실시한 것이었다. 이 상한은 1993~1994년에 인정되고 있던

16) Task Force on COAG Water Reform(1995)

취수량까지 취수량을 제한하도록 한 것이었다.[17] 이 시책은 관개 등을 위한 물 수요의 확대에 따라 취수량이 증가하는 경향을 고려하여, 과잉 배분되어 있던 수자원의 적정 배분과 재배치에 대한 방향을 제시했다는 점에서 머레이-달링강 유역 수자원 관리 정책의 분기점이 되었다.

2) 수리권 개념 정립을 위한 「국가 물헌장」[18]

2004년에는 「국가 물 헌장National Water Initiative」이 제정되었는데, 수리권 거래의 전제로 되는 각종 제도와 용어를 정의함과 함께, 수리권 시장의 확대와 수리권 과잉 부여 문제의 해소를 목표로 하고 있다. '국가 물 헌장'에 따르면, 물에 대한 접근 및 물 사용은 주 정부에 의한 법으로 정해진 광의의 수리권water rights에 의해 관리된다. 광의의 수리권은 '거래 가능한 수리권tradable water rights'과 거래 불가능한 '원주민 선점권'으로 나뉘고, '거래 가능한 수리권'은 또한 '협의의 수리권water access entitlements', '물 배분water allocation', '하안 수리권riparian rights', '가축·가정 수리권stock and domestic rights', '송수권water delivery rights' 및 '관개권irrigation rights'으로 분류된다.

협의의 수리권은 '특정한 수원consumptive pool에서 일정 비율을 독점적으로 사용할 수 있는 영구적 또는 지속적인 물에 관한 권리'로 정의되어 있다. 만약 물관리구역 내에서 이용 가능한 수량이 변경된 경우에는 수리권으로 이용가능한 양이 달라질 수 있다. 이것은 기후 변화 및 기타 환경 요인에 의해 발생할 수 있으며, 이러한 경우에 물의 과잉 배분이 일어나지 않도록 배려하고 있다. 또한 협의의 수리권에는 '물 증서water instrument'가 발행되는 경우도

17) MDB Commission(1998)

18) Intergovernmental Agreement on a National Water Initiative

있고, 법률의 규정에 따라 토지와 함께 또는 토지와 별도로 거래가 가능하다.

'물 배분'은 '어떤 주어진 시기 동안 수리권에 주어진 특정 수량'으로 정의된다. 물 배분은 수리권을 가지는 각 권리자에게 나누어지고, 물 배분 비율은 수자원에 어느 정도 사용 가능한 물이 있는지 여부에 따라 관할하는 주정부 또는 관할하는 주정부가 대리인으로 지명하는 물 관련 기관에 의해 발표된다. 또한 물 배분 거래도 협의의 수리권과 동일하다.

'하안 수리권'은 하안 지역에서 농장을 소유하는 토지 소유권자가 농장이나 가정에서의 이용을 목적으로 소유하는 수리권으로 정의된다. 하안 수리권은 물에 인접하고 있는 토지 소유자가 음용수나 가정에서의 사용 및 낚시 등 목적으로 그 물을 합리적으로 사용하는 것을 인정하는 것이다. 또한 하안 수리권은 일반적으로 토지와 함께 거래 가능하고, 토지와 별도로 거래되는 것은 아니다. 다만 토지가 매각된 때에는 권리가 폐지되는 경우도 있다.

'가축·가정 수리권'은 가정과 농장에서의 이용을 목적으로, 농장의 토지 소유자에 의해 소유되는 수리권이다. 가축 및 가정이란, 가정 내 또는 애완동물 가축, 텃밭의 관개 등에 대한 물 사용을 의미한다. 여기에는 낙농장, 양돈장, 사육장, 양계장 기타 집약적 또는 상업적 사용은 포함되지 않는다. 수리권 거래 가능성에 대해서는 하안 수리권과 같다.

'송수권'은 관개 인프라 운영자IIO, irrigation infrastructure operator의 물 인프라 네트워크를 통해 송수를 요청할 수 있는 관개 농가가 가지는 권리로 정의된다. 관개 농가의 대부분은 관개권 이외에, IIO 네트워크를 통해 물 공급 및 배수 서비스를 받을 수 있는 송수권을 가지고 있다. 송수권은 송수되는 시스템 내에서 거래가 가능하다.

'관개권'은 IIO에서 물을 받을 수 있는 권리로 정의되고, 수리권 및 송수권과는 그 성질이 다르다. 특히 뉴사우스 웨일즈주와 사우스 오스트레일리아주의 관개 농가의 대부분은 협의의 수리권을 가지고 있지 않은 경우가 있는데, 그 대체 조치로서 IIO가 IIO의 멤버인 관개 농가를 대리하여 협의의 수리권을 소유하고, 개별 관개 농가는 IIO에서 물을 수취하는 것을 내용으로 하는 계약상의 권리를 가지며, 관개 구역 내에서 거래 가능한 경우가 존재한다.

마지막으로 '선점권'은 1993년 원주민 토지보호법의 규정에 의해 형성된 권리로서, 물에 대한 선점권을 가지는 모든 자는 개인, 가정 및 비상업적 목적으로 취수 및 물을 사용할 수 있다. 또한 특정 사람과 지정된 장소·집단에 부여된 권리로 정의되며, 선점권의 거래는 할 수 없다.

광의의 수리권은 물증서, 재산 소유권 또는 IIO와의 계약서 등 문서에 의해 관리된다. 협의의 수리권은 물증서에 의해 행사되고, 가축·가정 수리권 및 하안 수리권은 소유권을 통해 행사되고, 관개수리권 및 송수권은 수리권자인 IIO와의 사이에서 체결된 계약을 통해 행사된다.

국가 물헌장은 수리권 등의 법적 성격을 명확히 하고, 역사적으로 이루어져 온 수자원의 과잉 배분에 대한 시정을 요구했다. 또한 수리권 등이 법령에 따라 배분되어야 함을 강조하였다. 나아가 환경 보전 용수environmental water의 필요성을 인식하면서 지속 가능성의 실현을 위해 계획적으로 상황에 따라 유연하게 관리되어야 할 것을 요구하였다.

3) 통합적인 유역관리를 위한 「국가 물 안전 계획」[19)]

특히 호주의 머레이-달링강 유역은 과거 100년 이상에 걸쳐 이 유역에 관계된 각 주간 상호 권익 다툼을 반복하면서 각 주정부 등에 의해 관리되어 왔다. 물론 종전에도 '머레이-달링강 유역위원회'를 통해 각 주정부 간의 합의에 기초하여 서로 협조하면서 관리하는 구조를 취하고 있었다. 그리고 국가 물 헌장을 통해 어느 정도 각 주들의 통합적 관리에 대한 묵시적 합의가 있었다고도 볼 수 있다. 그런데 이렇게 관계된 각 주정부 등의 합의에 기초하여 협조, 관리하는 종래 구조에서는 다음과 같이 인프라 구축의 지체, 수리권의 과잉 부여와 물이용 상한의 무시 등이 반복되는 문제점이 있었다.

물부족의 지속을 극복하기 위해 물이용 상한을 도입하였지만, 퀸즈랜드 주와 수도권특별지역, 뉴사우스웨일즈주는 이를 준수하지 않았다. 나아가 위원회 차원에서는 물이용 상한 제한에 대한 기준을 표류수 뿐만 아니라 지하수에 대해서도 적용할 필요가 있다고 보았으나, 그것이 전혀 실행되지 않았다. 그리고 일부 주의 문제 행위가 제재를 받지 않았고, 종합적인 관리체제 없이 자원이 무분별하게 재분배되었다.

그리고 의사결정 방식에 있어서도 문제점이 많았다. 머레이-달링강 유역위원회는 여러 주들의 이해관계가 걸려 있기 때문에 만장일치 방식을 채택하였지만, 이 방식에 의한 의사결정은 곤란한 의사결정이 종종 회피되거나 지연되는 결과로 이어졌다. 또한 유역관리의 책임이 광범위하게 분산됨으로써, 주 특별지역 정부에 의한 비효율 책임전가 및 자금공급 부족 문제에 직면하였다. 유역 단위의 정보도 결여되어 있었기 때문에 체계적인 유역 관리 및 의사결정에 있어 효율성이 떨어졌다. 예를 들어, 수리권 관리를

19) National Water Security Plan

위해 국가 물헌장이 제정되었음에도 유역 단위의 수리권 등록과 종합 데이터 시스템은 국축되지 못했다. 결국 효율적인 물거래, 수리권의 과잉부여 방지 및 요금설정을 위해 마련된 국가 물헌장과의 정합성은 요원한 상황이었다.

이에 호주에서는 2007년 1월 25일 하워드 수상이 '국가 물 안전계획'을 발표하였다. 이 계획은 ① 관개시설을 효율적으로 변화 시킴으로써 관개농업의 지속가능성을 향상시키고, ② 머레이-달링강 유역관리청을 설치하여 해당 유역을 통합적으로 관리하며, ③ 수자원정보의 갱신을 통하여 수자원에 대한 국민들의 이해를 향상시킴으로써 국민의 의사형성을 위한 기초를 확보하며, ④ 국가 물헌장의 실시를 촉구하는 것을 주요 골자로 하고 있다.[20]

그런데 이 계획에는 물에 관한 주정부 권한이 연방정부에 위양되는 내용이 있었기 때문에 이 점을 둘러싸고 연방과 관련 주정부간 대립이 있었다. 특히 머레이-달링강 유역의 관리에 관한 주정부 권한의 대폭적인 연방정부에의 위양에 대해서는 빅토리아주 정부가 합의하지 않았다. 이에 연방정부는 헌법상 부여된 연방권한을 근거로 법제화를 추진하였는데, 그 근거로 한 것은 외교, 주(洲)·국제 간 무역과 상업, 법인, 정보·통계의 수집을 연방정부의 권한으로 하는 조항이다. 여기서 외교는 연방정부가 생물다양성조약과 람사르 조약 등의 실행 책임을 가진다고 하는 해석에 기초한다.

이후 내용 조정을 거쳐 특히 머레이-달링강 유역의 관리 권한을 부분적으로 연방정부기관에 위양하는 2007년 연방수법이 제정되었다. 유역관리가 각 주정부 등의 권한으로 되어 있던 호주에서 처음으로 부분적이지만 연방정부기관이 수자원관리를 하는 구조가 된 것이다. 그리고 이 법의

20) 연세대학교 산학협력단(2012)

제정으로 인해 국가 물 헌장에서 제시한 계획을 실시하는 데 필요한 최소한의 법적 환경이 정비되었다. 특히 국가 물 헌장 및 2007년 연방수법에 기초하여, 수리권이 일반적으로 널리 거래될 수 있는 대상이고, 토지에 관한 권한에 부수하지 않는다는 것이 명확해졌다.

2. 호주 연방수법의 개요

1) 의의

2007년 연방수법은 2007년 1월 25일에 호주 수상에 의해 발표된 100.5억 달러 규모의 국가 물안전 계획의 주요 내용에 효력을 부여하기 위해 마련되었다. 이 법은 머레이-달링강 유역에 있어서의 수자원을 국익 관점에서 관리하고, 환경, 경제, 사회적 성과를 최적화하는 것에 초점이 맞춰져 있다. 물론 2007년 연방수법의 모든 내용이 국가 물안전 계획에 의한 100.5억 달러의 자금투입을 정당화하는 데에만 있는 것은 아니지만, ① 호주의 관개 인프라의 근대화, ② 머레이-달링강 유역에서의 수리권 과잉부여에 대한 대책 마련, ③ 머레이-달링강 유역의 유역관리 개혁, ④ 수자원 정보를 위한 신규투자 등을 목표로 하고 있는 것을 보면 위 자금투입의 근거 및 목표달성에 상당부분 초점이 맞춰져 있음을 알 수 있다.

이 법은 모두 연방헌법에 규정된 연방권한에 근거하고 있다. 연방정부는 당초보다 광범위한 과제에 대한 대책을 수립하고 일괄적으로 해결하기 위해 관련된 권한을 관계 주 정부로부터 위양받는 것을 의도하였지만, 모든 대책을 실시하기 위해 필요한 권한 위양에 대해서는 여전히 빅토리아주와 합의에 이르지 못하여 일부 권한을 위양받는 것에 그쳤다. 다만, 연방정부는 이들 주 정부에 향후 10년간의 재정지원을 약속하는 대신, 일부이지만 가장 중요한 주정부의 유역관리 및 계획에 관한 권한을 양도받음으로써 연방정부의 권한을 강화하게 되었다.

2007년 연방수법은 연방정부에서 제정한 최초의 수자원 관리에 관한 기본법으로, 주 정부와 합의를 필요로 하지 않고 하천 유역 및 수자원 관리에 관한 일관성 있는 정책을 수립·집행하는 것을 그 목적으로 하고 있다. 핵심 내용은 ① 경제적·사회적·환경적으로 이익이 되는 수자원 이용 및 관리, ② 환경적으로 악영향을 미치지 않는 용수량 결정, ③ 유역 생태·환경의 보전 및 복원, ④ 수자원 이용의 경제적 효과 극대화, ⑤ 안정적 용수 공급, ⑥ 수집된 정보 및 자료의 분석 결과 공유 등이다.

이 법은 유역별로 하천 및 수자원 관리 계획을 수립하는 등 물관리기반을 정비·강화하고 있는데, 이를 위해, ① 각 주정부와 합의를 통한 연방정부 중심의 하천관리를 위한 법적 기반 마련, ② 합리적 물이용·관리를 위한 유역별 하천·수자원 관리계획 수립, ③ 머레이-달링강 유역의 하천관리를 위한 전담기구(유역관리청 등) 기능 확충 등의 근거를 마련하였다.

2) 머레이-달링강 유역관리청

2007년 연방수법의 주요 내용 중 하나는 머레이-달링강 유역관리청을 설치하는 것인데, 이 법에 따라 그동안 전혀 없던 기관이 새로 생긴 것이 아니다. 앞에서도 언급한 1993년의 머레이-달링강 유역협정에 따른 머레이-달링강 유역위원회MDBC, Murray-Darling Basin Commission가 보다 조직적인 활동을 위해 머레이-달링강 유역관리청MDBA, Murray-Darling Basin Authority으로 개편된 것이고, 종래의 업무에 유역계획Basin Plan 업무가 추가되었다. 그리고 이 머레이-달링강 유역관리청은 독립기관으로서, 머레이-달링강 유역의 수자원을 종합적이고 지속가능한 방법으로 관리하기 위해 필요한 기능과 권한을 가진다. 머레이-달링강 유역관리청의 주요 기능은 다음과 같다.

- 유역계획을 작성하고 주무장관의 인가를 받는다. 이 계획에는 전유역에 걸쳐 표류수와 지하수의 지속가능한 취수가능한도를 설정하는 것이 포함된다.
- 각 주정부의 수자원계획에 대한 승인에 관하여 주무장관에게 조언을 한다.
- 머레이-달링강 유역 내의 물거래를 촉진하는 수리권 정보 서비스를 제공한다.
- 머레이-달링강 유역 내의 수자원에 대한 측정과 감시를 한다.
- 정보를 수집하고 연구를 한다.
- 머레이-달링강 유역의 수자원관리를 위해 지역 커뮤니티와 연계한다.

머레이-달링강 유역관리청 이외에 전국 단위의 국가물관리위원회도 존재한다. 이 위원회는 상위기관인 호주 정부 협의회 하에서 천연자원관리 담당각료 협의회와 조정하고, 연방정부, 주정부 등의 수자원 관리 관계 기관과의 연대를 도모하면서 연방 환경, 물 등의 업무를 수행하는 독립 기관이다. 주된 역할은 ① 2004년에 책정된 국가 물헌장의 수행, ② 2007년 연방수법에 의한 주에서 연방으로의 권한 위양의 추진, ③ 수자원 관리의 분산화로부터 중앙집권화의 추진 등이다. 이를 위하여 주된 업무는 다음과 같다.

- 11개의 물 개혁 목표의 추진결과에 대한 호주 정부 협의회에 보고
- 수자원에 관한 데이터의 평가, 수자원 평가 보고서 등을 발행
- 머레이-달링강 유역청에 대한 국가 물헌장 추진상황의 확인
- 물 개혁의 추진을 위한 연방정부 예산을 평가

3) 유역계획

머레이-달링강 유역관리청은, 머레이-달링강 유역 내의 종합적이고 지속가능한 수자원관리를 위한 전략적 계획으로 유역계획을 작성한다. 유역계획에서 규정해야 하는 내용은 다음과 같다.

· 머레이-달링강 유역에서 지속가능하게 취수할 수 있는 수량 한도[21]

· 머레이-달링강 유역의 수자원에 대한 기후변화 등 리스크 특정 및 관리 전략

· 연방수법에 기초하여 승인되는 수자원계획에 필요한 사항

· 환경용수계획[22]

· 수질 염분농도 관리 계획

· 유역의 수자원 관련 수리권 거래에 관한 규칙 책정

이 계획에 따라 각 관계 주는 유역계획을 보완하는 수자원계획을 개별적으로 작성하고, 연방장관의 승인을 받는다. 머레이-달링강 유역관리청은 위 수자원계획을 승인할지 여부에 대하여 주무장관에게 조언을 한다. 수자원계획은 유역계획과 정합하지 않으면 승인받을 수 없다(장기 평균 지속가능형 취수한도 포함).

유역계획은 물의 이용 가능량을 정할 뿐만 아니라 이수 안전도 변화에 따른 위기 관리의 책임 부여와 관련해서도 중요한 내용을 담고 있다. 장기 평균 지속가능형 취수한도의 삭감에 관하여, 유역계획은 연방정부의 책임범위 내에서 삭감률을 인정한다. 이 삭감률은 연방수법에 기술된 리스크의 공유·조정에 근거하는 것으로, 2004년 국가 물헌장을 통하여 합의된 것을

21) 장기 평균 지속가능형 취수한도(long-term average sustainable diversion limits). 유역 전체의 수자원과 개별 수자원에 대하여 한도 설정

22) 용수의 우선순위, 목표 설정 등 동유역의 환경을 최적화하기 위한 계획

기초로 한다. 유역계획은 관계 주정부 및 커뮤니티와 협의를 통해 작성한다. 유역계획은 머레이-달링강 유역관리청의 설립 후 2년 이내에 책정하는 것으로 정하였다. 물론 기존의 수자원계획에 의한 물배분을 존중하는 것으로 규정하고 있다.

2010년 10월 머레이-달링강 유역계획안이 나왔고 2012년 11월에 확정되었다. 유역계획의 목적은 건전하고 생산적인 유역을 회복하는 것이다. 연방정부 및 주정부는 유역의 하천수에 의존하는 생태계를 보전하는 데에 우선순위를 두고, 환경보전용수의 확보를 위한 수자원 개발과 물이용의 효율화, 수리권 매입 등을 통해 이 목표를 실현해야 한다. 유역계획은 환경보전용수계획environmental watering plan 및 유역 전체 환경보전 물 전략Basin-wide environmental watering strategy을 책정하고[23] 이에 따라 행동하는 것을 요구하고 있다.[24]

4) 기타 주요기관

연방환경용수 관리자Commonwealth Environmental Water Holder라는 독립적인 기관을 설치하였다. 이 관리자는 머레이-달링강 유역에서 뿐만 아니라 연방이 물을 소유하는 동유역 외에서 환경자산 보호·보전을 위해 연방환경용수를 보유하고 관리할 권한을 가진다.

유역의 환경 관리라는 목적 실현을 위해, 이 관리자는 환경보전용수계획environmental watering plan에 따라 수리권 등의 거래를 한다. 이로 인해 생태계와 환경 보전 시설의 유지에 필요한 수자원을 확보 또는 제공한다.

23) Basin-wide environmental watering strategy(2014) (https://www.mdba.gov.au/sites/default/files/ pubs/Final-BWS-Nov14_0816.pdf).

24) Basin plan 8. 03.

여기서 눈여겨봐야 할 것은, 환경보전용수 확보도 기존의 수리권 등을 매수하는 형태로 이루어지므로 농업인이나 관개 사업자의 재산권 보호를 배려한 형식을 갖추고 있다. 또한 수리권을 매입하는 방법이 규정되어 있기 때문에, 수리권 등의 자유로운 거래를 위한 제도와 시장의 정비가 필요하게 되었다. 여기서 환경보전용수의 확보 목표도 지속 가능한 취수 한계량을 기초로 하고 있다.[25)]

한편 연방의 다른 기관들도 연방수법에 의해 수자원 관리 권한을 부여받고 있다. 먼저, 경쟁·소비자보호위원회ACCC, Australian Competition and Consumer Commission는 국가 물헌장에서 합의된 바에 따라 물요금과 물시장의 규칙을 책정·시행한다. 물시장이 주의 경계를 넘어 자유롭게 운용될 수 있도록 경쟁을 촉진하고, 일관성없는 물요금 징수에 의한 상이한 결과에 의해 소비자가 피해를 입는 것을 막는 기능을 담당하고 있다.

기상청Bureau of Meteorology도 1955년 기상청법에 기초한 현행 기능에, 수자원 정보에 관한 기능이 추가되었다. 기상청은 질 높은 수자원 정보를 수집·공표하는 권한을 가지고, 전국 물수지 이외에 수자원 이용과 사용 가능량에 관한 계절별 보고서 등을 작성·공표한다. 기상청에는 수자원 정보의 전국 기준의 설정·실시 권한도 부여하였다. 기상청 업무의 주요 성과는 수자원 정보의 투명성, 신뢰성, 이해를 높이는 것에 있다.[26)]

25) Water Act 2007 part 6

26) 한국환경정책평가연구원(2018)

Ⅳ. 머레이-달링강 유역 통합 물관리의 주요 내용

1. 취수량 관리 및 수리권 거래제도

1) 취수한계량Cap 정책

호주에서 물을 둘러싼 자원·환경문제의 중대한 원인은, 수자원과 관개농업 개발 속에서 지속적 이용의 한계를 넘어 수리권이 과잉 허가되는 제도운용이라고 판단되었다. 따라서 하천취수에 대한 양적 제한 계획이 1977년 부터 지금까지 이어져 오고 있다.

머레이-달링강 유역 계획은 2019년부터 실시된 지속가능한 취수한계량 SDL, sustainable diversion limit에 의한 취수 제한을 통해 하천 유량의 회복을 목표로 하고 있다. 유수량 회복에 관한 초기의 목표치는 연간 2,750기가 리터로 이는 취수량의 약 20%에 해당하는 양이다. 이 목표의 달성은 보다 효율적인 관개 시설에 대한 투자와 시장에서의 수리권 매입 등을 통해 실현하는 것으로 되어 있다. 수리권의 매입에 의한 회복은 최대 1,500기가 리터까지 정해져 있다. 이 제한은 2015년에 도입된 것으로 수리권 등을 과다 매입하며 관개에 의존하고 있는 지역에서 잠재적인 사회적·경제적 악영향이 발생할 수 있다는 관계자의 우려에 대응한 것이었다.[27)]

이 유역 전체에서의 취수한계량은 북부 유역에서의 취수한계량 재검토 및 조정 매커니즘에 의해 변경될 수 있는 것으로 되어 있다. 이 취수한계량 조정 메커니즘SDL adjustment mechanism은 공급 프로젝트와 효율화 프로젝트 등에 기초하고 있다. 공급 프로젝트는 하천 시설 개선과 물 공급 효율화를

27) Report by the MDBMC(2017)

통해 취수량을 절감하며, 효율화 프로젝트는 관개·배수 시설 개선 등 물 사용 절감을 통해 취수량을 절감한다.[28)]

2) 수리권 거래제도

(1) 의의

연방수법에서는 각 주의 경계에 구애받지 않고 유역 전체에 걸쳐 수리권이 거래될 수 있도록 하였다. 수리권 거래제도는 본래 연방수법 제정 전부터 각 주에서 실시되어 왔다. 예컨대 빅토리아주에서는 수리권의 영구적 거래를 용인하는 내용으로 수법Water Act이 개정되어 일시적 뿐만 아니라 영구적 권리의 거래도 1991년부터 시행되었다. 처음에는 일시적으로 물 이용권을 양도하고 이용기간이 끝나면 반환하는 것이었지만, 점점 영구적으로 수리권을 양도하는 것도 사회적으로 이루어졌고 이를 법에서 규정하였다. 수리권 거래의 형태에는 2가지가 있다. 수리권 자체의 소유권을 이전하는 '수리권 매매permanent trade'와 수리권은 이전하지 않은 채 당해 연도의 수리용만을 양도하는 '일시적 물 양도temporary trade'가 있다.[29)] 관개 농장에 있어 물의 관개이용으로 얻을 수 있는 수익보다도 거래를 통해 얻는 이익이 크다면 수리권을 거래하게 되는 동기가 된다.

이렇게 수리권이 양도되기 위해서는 이론적으로 토지 소유권으로부터 물의 취수권을 분리하고, 이를 재산권으로 정의하는 것이 전제되어야 한다. 호주에서는 2007년 연방수법에 의해 수리권의 매매자격을 얻기 위해 하안을 비롯한 토지를 소유할 필요가 없게 되었다. 다만 정책적 배려에 의해 물이용의

28) Basin Plan chapter 5 & 7

29) https://www.mdba.gov.au/managing-water/water-markets-and-trade (2020. 6. 29. 방문)

상한을 결정하고, 각각 등록된 이용자에게 처음 이용가능량을 정한 수리권을 배분하는 것이 선행되어야 한다. 등록된 이용자는 라이센스를 가진 자로서 관개농가 중심이지만, 환경단체나 지자체도 거래의 주체가 될 수 있다. 각 이용자는 물거래를 매개하는 제3의 기관을 경유하여 물의 매매를 자유롭게 하고, 실제로 시장도 형성되어 있다. 수리권 거래는 CO_2 배출권 거래와는 좀 다른데, 거래의 범위는 일정한 수로에서 직접적으로 취수할 수 있는 공간적 범위에 사실상 한정된다.[30]

(2) 거래 구조

수리권 거래를 시작하기 위해서는 다음 단계가 필요하다.

- 토지 소유자는 토지 소유권에서 수리권을 분리하고, 재산권으로서 주의 등기부에 등록해야 한다. 등록에는 ① 수량, ② 신뢰성, ③ 이전 가능성, 그리고 ④ 품질을 보여줄 필요가 있다.
- 주 정부는 등록자에 대해 이용가능량을 표시한 수리권을 결정하고, 수리권 허가증을 발급해 준다.
- 수리권 허가증을 가진 각 수리권자(관개 농가가 중심)는 물 거래를 매개하는 제3의 기관을 통해 수리권의 매매(영구적 거래, 일시적 거래)를 한다. 특히 호주의 수리권에는 최대취수량을 표시하는 영구적 수리권(영구적 거래의 대상)과 매년 유황을 보고 결정되는 취수 가능량(일시적 거래의 대상)이 있다.
- 매매에 있어서 지나치게 자본주의 논리가 적용되지 않도록 주정부가 관리한다.
- 수리권 거래의 성립에는 최종적으로 주정부의 승인이 필요하다.

30) 近藤學(2006)

연방수법은 자유로운 수리권 거래를 목표로 했음에도 불구하고 물거래의 범위는 사실상 수로에 직접적으로 연계된 범위에 거의 한정되어 있다.

(3) 물 거래 현황

수리권 거래시장의 의의는, 한계수입이 다른 생산자 간의 자주적 거래에 의해 시장을 통해 자원제약 하에서 최대한의 경제적 편익을 창출하는 데에 있다. 그리고 종래와 같은 공적기관의 관여는 필요로 하지 않는 것이 원칙이다. 물론 문제점이 없는 것은 아니다. 수리권 시장 형성단계부터 다음과 같은 문제점이 지적되었다.[31] 즉, 물의 소비지를 변경하는 것에 의한 문제(지역 외로 수리권이 양도되어, 자연적 상황과 달리 종래보다 많은 물이 별도의 지역에 투입되는 경우 지하수위 상승으로 인한 염해 발생 등), 하천수가 가진 공유 재산으로서의 기능(하천 주변의 환경유지 및 정화기능 등)의 유지를 위한 물 수요 확보와 비용 부담 배분의 문제, 주마다 다른 수자원 관리정책의 차이점, 초기 배분의 공평성, 이용 상한의 설정, 시장 참가자의 제한, 수리권 시장의 관리비용 문제 등이 있다.

그럼에도 불구하고 머레이-달링강 유역관리청에 의해 제공된 데이터 베이스를 바탕으로 2019년 보고된 자료에 따르면[32], 머레이-달링강 하류 지역의 수리권 거래는 일시적 수리권뿐만 아니라 영구적 수리권도 꾸준히 증가되어 왔다. 특히 연방수법 시행 이후에는 더욱 크게 증가한 경향이 있음을 알 수 있다.

2007년 연방수법에 의해 각 주정부는 수리권자가 다른 물 이용자에게 일정 기간 동안 수리권을 임대하는 것을 인정하고 있다. 수리권 임대차는

31) Brennan(1999)

32) Tim Goesch 외 2인(2019)

일반적으로 분배 거래allocation trade라 불리는데, 수리권을 일정기간 대차하는 방법으로서, 어느 한 계절에만 일시적으로 대차하는 방법이 행해지고 있다. 말하자면 물권적 거래 요소가 강한 협의의 수리권 거래와는 달리, 수리권 대차는 계약에 기초한 채권적 요소가 강한 거래이다. 물 거래 시장이 활성화됨에 따라 개개의 사정에 합치한 유연하고 다양한 수리권 거래를 하는 것이 가능하게 되어 있다. 예를 들어, 사업을 시작하는 경우 사업자는 장기적인 물이용을 할 전망이 있을 때까지 어느 정도의 기간에만 한시적으로 수리권을 임차하는 계약을 체결하는 것이 간편하다.

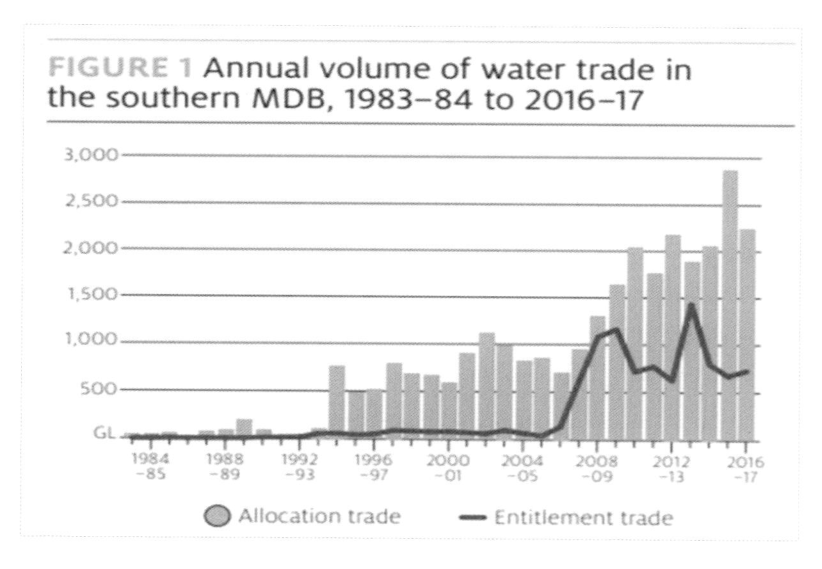

〈그림 2〉 머레이-달링강 하류의 수리권 거래 규모

이러한 데이터를 볼 때, 호주에서는 나름대로 수리권 거래 시장이 활성화되어가고 있고, 초기의 우려와는 달리 꽤 성공하고 있는 것으로 보인다.

주에서는 거래를 위해 인터넷을 통한 시장도 형성되어 있고[33], 나아가 주 내에서 뿐만 아니라 주의 경계를 넘어 거래가 확대되고 있다.

2. 이해관계자들의 의견을 반영한 집수관리

1) 통합 집수관리

성공적인 유역관리를 위해서는 특히 물이용의 원천이자 다양한 이해관계가 집결될 수밖에 없는 집수관리가 중요하다. 현재 머레이-달링강 유역의 집수관리 시스템이 갖추어진 역사는 머레이-달링강 유역관리청의 전신이라 할 수 있는 머레이-달링강 유역위원회까지 거슬러 올라간다.

이 유역위원회는 1999년에 획기적인 통합적 집수구역 계획인 통합 집수관리 체제[34]를 공표했다. 이 문서의 정식 명칭은 'Integrated Catchment Management in the Murray-Darling Basin 2001-2010:delivering a sustainable future'로, 머레이-달링강 유역이 공유재산이라는 점을 인정하고 이를 보전하기 위한 공동체적 구조 및 통합적 집수관리의 중요성을 명확하게 하고 있다. 이 문서는 '장래의 머레이-달링강 유역의 자연 자원 관리를 위해 커뮤니티와 정부 기관이 협력하여 작성한 초안'이라고 한다.[35] 물론 이러한 통합적 집수구역 관리 외에도 머레이-달링강 유역위원회는 여러 가지 면에서 수자원 관리를 위해 대처하였다.

그 중 중점적으로 대처한 영역으로서 삼림 벌채의 억제, 토지 이용 관리, 환경 유량, 염해 대책Salinity Credits Trading, 취수상한CAP 관리, 주간 수리권

---

33) 인터넷을 통한 거래시장의 예시, https://www.waterexchange.com.au

34) Integrated Catchment Management Framework

35) Crabb(2003)

거래 관리, 기후 변화 리스크에 대한 대응, 주민 참여와 계발 등도 무시할 수 없다. 특히 염해 문제는 향후 몇 백 년에 걸쳐 머레이-달링강 유역의 사활이 걸린 문제로 여겨지고 있는데, 이는 2050년까지 해당 유역의 토지 약 20%가 염해로 인해 관개 농업 생산에 부적합하게 될 우려가 있기 때문이다.[36)]

집수관리는 어느 집수 구역의 일정한 경계 내 영역에서의 물과 토지에 대한 공동적 관리로, 사회, 환경, 경제의 여러 문제를 통합적으로 관리하려고 하는 것이다.[37)] 지역 수준에서는 집수관리기관CMAs이 각 주의 법적 근거에 기초하여 설치되고, 수로 관리, 홍수 관리, 수질 관리, 물 및 토지 관리에 대해 책임을 지고 있다. 예를 들어 빅토리아주에서는 집수관리지역으로 10개의 관리지구[38)]가 있다.[39)]

이 중 머레이-달링강 유역에 관련된 CMAs는 ① Mallee, ② Wimmera ③ North Central, ④ Goulburn Broken, ⑤ North East 5개이다.[40)] 이 곳은 집수계획에 의해 관리된다.

36) Smith(2003)

37) Turner(2005)

38) Mallee, Wimmera, Glenelg-Hopkins, Corangamite, Port Phillip and Westernport, West Gippsland, East Gippsland, North East, Goulburn Broken, North Central

39) https://www.water.vic.gov.au/waterways-and-catchments/our-catchments/catchment-management-framework

40) https://www.water.vic.gov.au/__data/assets/pdf_file/0018/120177/Victorias-BSM2030-Biennial-Report-15-17.pdf

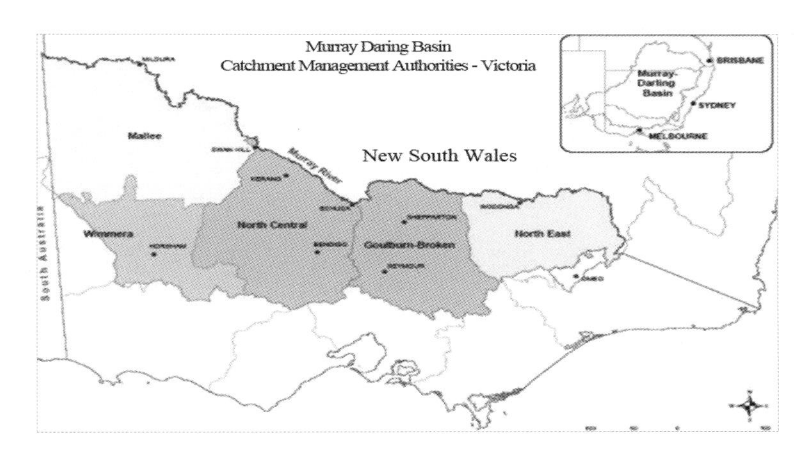

〈그림 3〉 빅토리아주의 집수관리지역

2) 상향식 의사결정 시스템

유역 관리 및 계획에 주민의 의견을 반영해야만 한다는 문제의식은 1970년대에는 제도적으로 존재하지 않았다고 할 수 있다.[41] 예를 들어, 미국에서는 유역관리에 주민을 참여시키는 것은 "많은 의사 결정 기관이 모든 참견을 한다고 하면 그것은 불필요한 논의만 계속하게 될 것"이라고 받아들이고 있었다.[42] 그러나 지금까지 정책 입안자, 전문 기술자 및 과학자를 중심으로 한 하향식 의사결정에 의한 수자원 관리 체제가 환경에 악영향을 미쳤다고 주민들에 의해 비판을 받기 시작하면서, 각국에서 새로운 움직임이 일어났다.

호주에서도 당시 이러한 각국의 변화에 따르게 되었는데, 당시 수자원 관리와 관련해서 미국에서는 Watershed Planning, 영국에서는 River Basin

41) Turner(2005)

42) Heathcote(1998)

Planning,[43] 유럽에서는 Landscape Planning[44] 등의 개념이 확대되어 주민 참여가 이루어지게 되었다.

국제적 흐름뿐만 아니라 호주 국내적으로도 1980년대 중반 들어 기존의 하향식 접근 방식에 중요한 변화가 일어나게 된 계기가 있었는데, 여러 환경 관련 소송이 제기되었기 때문이었다. 예를 들어 빅토리아주에서 일어난 소송사건을 예로 들면 다음과 같다.

빅토리아강 하천·수도위원회SR&WSC는 1980년대 초 기존의 Tutchewop 호의 염수 증발 지역의 동쪽에 미네랄 보류지 증발 지역 사업을 계획하였다. 하천·수도위원회는 필요한 토지를 취득하고 염분을 포함한 물이 미네랄 보류지 증발 지역으로 들어가도록 운하 건설용 교량 및 지하수로의 건설을 실시했다. 그러나 이 계획 지역에 인접한 토지의 소유자들은 염해의 영향으로 토지의 가치가 훼손되는 것을 우려하여 이 건설에 반대하였고 결국 소송까지 이어졌다. 결과적으로 빅토리아주 대법원에서 주민들은 패소했지만, 빅토리아주 정부는 이 소송에서 유역관리에 주민의 목소리를 반영해야 한다는 것을 깨닫고, 결국 이 미네랄 보류지 증발 지역 사업을 포기하게 되었다.[45]

유역관리나 집수구역 계획에는 특히 주민 참여와 의견 반영이 중요하다는 것이 점차 인식되어, 상향식 방식의 물관리 시스템이 점차 제도적으로 정비되어 갔다. 특히 집수관리에는 그 성격상 상향식 의사결정이 중요한데, 천연자원 관리를 비교해 보면 이 점이 명확히 드러난다. 양자는 많은 부분에서

43) Hennessy(1995)

44) Luz(2000)

45) Wilkinson(1993)

겹치는 부분도 있지만, 천연자원 관리는 전문 관리자가 주민의 목소리와는 관계없이 주어진 과제에 대해 가장 효율적인 방안을 결정하는 반면(예를 들어 댐을 건설할 것인지 여부, 어떤 종류 또는 어떤 규모의 댐인지 등), 집수관리는 천연자원에 대한 인간 활동의 영향(예를 들어, 삼림 벌채 및 광물 자원의 채취 등)을 관리하고 다면적인 이익 조정과 보다 장기적인 이익 향상을 도모하고자 한다. 따라서 집수관리는 정보의 공개와 공유, 이해 관계자의 합의나 조정, 제로 옵션을 포함한 다른 선택지의 제시와 검토, 다목적이고 포괄적인 자원 이용에 관한 의사 결정, 생태계 보전, 주민 참여, 환경 교육 등이 중요한 과제가 되고 특색이 된다. 또한 집수관리는 종래의 하향식 성과 중시 정책 입안 과정과는 반대로, 문제나 과제를 되묻고자 하는 방법론적(철학적 또는 사상적) 측면을 가지고 있는 반면, 천연자원 관리는 구체적인 문제에 대한 실천적(토목공학적) 해답을 제시하고자 하는 측면을 가진 것으로 이해할 수 있다.

물론 이러한 의사결정방식은 단점도 분명히 가지고 있다. 유역 관리는 정책 수단의 다양성과 많은 재원을 필요로 하는데, 이해관계자가 많을수록 일반적으로 조정 비용은 높아진다. 또한 연방, 주, 지역 등의 다단계 의사 결정시스템에서는 집수계획을 정합적으로 구축하는 것이 곤란할 수 있다. 관련된 부처의 수가 많을수록 조정은 더욱 복잡하게 되고, 주민 참여가 이러한 부담에 견뎌낼지도 문제로 될 것이다. 그러나 이러한 어려움에도 불구하고 호주에서는 통합적(환경적, 경제적, 사회적) 집수관리가 원칙으로 되어 왔으며, 주민의 참여를 통한 여러 계획의 책정을 이끌어내면서 나름대로 성공적으로 정착하고 있다.[46)]

46) Turner(2005)

3) 환경용수를 위한 수리권 매입사업

연방수법이 제정되자마자 2007~2009년도 환경용수의 증가를 도모하기 위해 정부가 기득수리권을 매입하는 사업Water Buy-Back Scheme을 추진한 것이 사회적으로 주목되었다. 입찰 등 시장 거래적 방법에 의해 관개농장 등으로부터 수리권을 매입하고 연방환경용수 관리자가 환경용수로서 관리하여 특정 지역의 하천과 습지대의 수자원 환경 개선을 도모하고 있다.

실제로 다양한 정부, 기관이 사업주체로 되어 각각 유사한 수리권 매입사업을 전개해 왔다. 머레이-달링강 유역관리청이 머레이강 환경용수 매입 실천사업으로서 2007년의 목표량을 2000만㎥으로 하고 매입하였으며, 연방정부는 2008년도부터 '머레이-달링강 유역 균형회복 프로그램'으로서 10년간에 걸쳐 31억 달러의 예산을 들여 환경용수를 매입하였다.

뉴사우스웨일즈주정부도 연방정부와 함께 하천환경회복 프로그램으로서 1억 7330만 달러를 들인 바 있다.

Ⅴ. 결론 및 우리 법 · 제도의 개선방안

이상 물부족에 시달리는 호주에서, 연방수법 및 머레이-달링강 유역계획을 통하여 관개 등을 위한 하천수의 과도한 취수와 배분을 시정하고 하천의 유량을 확보하여 유역의 생태계를 회복·보전하려고 해온 법·제도적 노력을 살펴보았다. 그 가운데 수리권 등을 토지 소유권에서 분리하여 거래 가능한 재산권으로 하고, 정부가 수리권 등을 시장을 통해 매입함으로써 시장질서를 지키면서도 환경을 위한 유수량을 보전하려고 하는 구조를 취하고 있다는 점이 꽤 인상적이라고 생각한다. 특히 유역관리 또는 집수관리에 있어서는 다양한 이해관계가 충돌하므로, 가능하면 상향식 의사결정 구조를 취해 저항이 덜한 정책을 취하려고 하고 있는 점도 많은 시사점을 준다. 이러한 호주에서의 수리개혁은 지금까지 나름대로 성공하고 있다고 평가받고 있다.[47)]

호주는 우리보다도 훨씬 물이 부족한데다 주 정부, 원주민 등이 관습상 권리를 주장하는 매우 복잡한 상황에 있었다. 많은 판례를 볼 때 상당한 분쟁이 있어 왔음을 알 수 있다. 그런데 이를 극복하면서 이제는 연방정부, 주정부 모두가 각 주와 지자체에 관련된 수자원을 보호하고, 제정법을 커먼로의 구조와 조화시켜 그 정책과 제도, 그리고 법적 환경을 한층 강하게 통합해 나가고 있다. 또한 수자원의 용도에 따라 각각의 이해 관계자에 대한 배분 계획 등을 투명하고 신속하게 알리고 있다. 이제는 유역을 통해 각 주를 연결하는 네트워크가 구축되어 수리권 거래는 더욱 쉽게 이루어지게 되었고, 수리권 시장도 안정을 찾은 것으로 보인다.

호주와 우리나라가 처한 환경이 다르므로 호주의 제도를 그대로 우리나라에 도입하기에는 무리가 있지만 다음의 점은 우리 법·제도의 개선 방안에

47) Michael Hanemann 외 1인(2020)

참고가 된다고 생각한다.

첫째, 우리의 하천 및 지하수를 통합적으로 고려하여 환경을 최적화하기 위한 용수가 얼마가 필요한지 최근 수년간의 데이터를 종합하여 정할 필요가 있다. 이 상한선은 용수를 충분히 확보하는 선에서 정해야 하며 이 한도를 엄격하게 준수하기 위한 수리권 관련 정책을 펴야 할 것으로 보인다. 물관리 기본법에서는 제16조에서 “물을 사용하려는 자는 관련 법률에 따라 허가 등을 받아야 한다”라고만 규정하고 수리권을 정리하지 않은 점은 매우 큰 아쉬움으로 남는다. 그렇지만 물관리기본계획에서는 유역관리 차원에서 호주와 같이 수리권 문제를 정리할 필요가 있다. 필요하면 유역 환경 보호를 위해 수리권을 매입하는 조치도 필요하다.

둘째, 오래된 판례이기는 하지만 아직까지 우리 판례[48]에서 나타나듯이, 공유하천용수권 등 수리권을 지역권 또는 상린관계의 일종으로 보고 있는 것이 전통적 입장이다. 그렇지만 이제는 물을 토지와 관련 없는 독립된 객체로 파악하고 정책을 펴나가야 할 것이다. 필요 시 수리권의 채권적 거래 등의 방법도 적극적으로 도입할 필요도 있다.

셋째, 물관리 정책에 있어 어떤 계획인지에 따라 상향식 의사결정 방식과 하향식 의사결정 방식을 적절히 접목하는 것이 필요하다. 특히 유역관리 또는 집수관리에는 다양한 이해의 충돌이 있으므로 이를 신속하게 해결하기 위해 하향식 의사결정 방식을 취하기보다는 시간을 갖고 정책을 결정해 나가는 상향식 의사결정 방식을 취하는 것이 필요하다. 이것은 특히 주민 참여와 소통, 확산을 위해서도 중요하다고 생각한다. 최근 우리는 원자력 등과 관련하여 공론화위원회를 통해 문제를 해결한 경험을 가지고 있다.

48) 대법원 1968. 2. 20. 선고 67도1677 판결 등

호주의 제도가 모두 성공적인 것만은 아닐 것이다. 특히 유역계획 중 가장 주목되는 환경용수 회복 조치는 금후 기후변화에 대비기 위해 나온 것이지만, 기후변화에 대한 과학적인 실증과 예측에는 불확실한 요인도 포함되어 있어, 막대한 예산을 들인 이 정책이 과연 긍정적 결과를 가져올지 아직까지전혀 알 수가 없다. 기후변화가 현저하고 극도의 물 부족 상태에 있는 호주에서 지금까지의 수리 개혁이 성과를 거두기 위해서는 꽤 많은 시간을 필요로 할지도 모른다. 그렇지만 적어도 관행에 의존하는 바가 컸던 물관리에 대해 통합적인 법제도화를 이루어 내고 꾸준히 관련 정책을 펴나가고 있다는 점은 우리에게도 시사하는 바가 크다고 생각한다.

참고문헌

김종천, 2012. 글로벌한 사회에서 수자원 관리에 관한 법제 연구, 글로벌법제전략 연구, 한국법제연구원.

연세대학교 산학협력단, 2012. 기후변화 대응을 위한 지속가능한 물관리 법제에 관한 연구, 법제처.

한국환경정책평가연구원, 2018. 지속가능한 통합 물관리에 대비한 기상청의 역할정립 및 발전방안 연구, 기상청.

近藤學, 2006. オ-ストラリアの水改革-その概設, 자하대학환경總合研究 センタ-研究年報 Vol. 3.

平松紘, 金城秀樹, 久保茂樹, 江泉芳信, 2005. 現代オ-ストラリア法, 敬文堂.

Alex Gardner, 2009. Richard Bartlett & Janice Gray, WATER RESOURCES LAW, 2009. LexisNexis Butterworths, Australia.

Crabb, P., 2003. 'Straddling Boundaries: Inter-governmental Arrangements for Managing Natural Resources', In: Dovers, S, and Wild River, S, (eds), Managing Australia's Environmnet, Sydney: The Federation Press.

Crase, et al., 2000. Water markets as a vehicle for water reform: the case of New South Wales, The Au stralian Journal of Agricultural and Resource Economics 44:2.

Heathcote, I. W., 1998. Integrated Watershed Management, New York: John D. Wiley and Sons, Inc.

Hennessy, J., Widgery, N., 1995. River Basin Development-the holictic approach', International Water Power and Dam Construction, 47 (5).

Luz, F., 2000. 'Participatory Landscape Ecology - A basis for acceptance and implementation', Landscape and Urban Planning, 50.

McKay, 2005. Water in stitutional reforms in Australia, Water Policy 7.

MDB Commission, 1998. MURRAY-DARLING BASIN CAP ON DIVERSIONS - WATER YEAR 1997/98 (https://www.mdba.gov.au/sites/default/files/archived/cap/Striking_the_Balance_ Report_97_98.pdf#search=%271997+murray+diversion+cap%27)

Michael Hanemann, Michael Young, 2020. Water rights reform and water marketing: Australia vs the US West, Oxford Review of Economic Policy, Volume 36, Issue 1.

Report by the Murray-Darling Basin Ministerial Council to the Council of Australian Governments, 2017. IMPLEMENTING THE BASIN PLAN (https://www.mdba.gov.au/sites/default/files/mr/Report-by-Minco-implementing-the-Basin-Plan.pdf#search=%27SDL+1%2C500GL+murraydarling+basin%27).

S. Clark and I. Renard., 1970. 'The Riparian Doctrine and Australian Legislation', Melbourne University Law Review, Vol. 7.

Smith, D. I., 2003. 'Water Resources Management', In: Dovers, S., and Wild River, S., (eds), Managing Australia's Environmnet, Sydney: The Federation Press.

Task Force on COAG Water Reform, 1995. Property Rights in Water, ARMCANZ.

Tim Goesch, Manannan Donoghoe and Neal Hughes, 2019. Australian Water Markets, ABAREA Insights.

Turner, G. T., 2005. The Need for Effective Community Participation in Catchment Planning in Australia, unpublished Doctor of Technology thesis, Deakin University, Warrnambool.

Wilkinson, R., Barr, N., 1993. Community Involvement in Catchment Management - An Evaluation of Community Planning and Consultation in the Victorian Salinity Program, Department of Agriculture (Victoria), Melbourne.

물의 공공가치와 전문기관의 역할

김 철 회 (한남대학교 행정학과 교수)

초록

그동안 물의 가치는 병물, 상수도와 같은 경제재, 또는 가격이 부여되지 않는 자유재 관점에서 강조되었다. 그러나 최근 UN은 물의 인권적 가치를 강조하고, 세계적으로 물이 지닌 공공가치(환경적, 사회·문화적, 보존적 가치)에 대한 관심이 높아지고 있다. 본고는 물의 재화적 속성을 사적 재화와 공공재로, 물이 지닌 공공가치를 경제적, 환경적, 사회·문화적, 보존적 가치로 구분하여 검토하였다.

또한 UN, US Water Alliance, Value of Water Campaign 등 해외기관들이 물의 공공가치를 높이기 위해 어떤 역할을 하고 있는지 조사하였다. 이러한 논의에 기초할 때, 환경부 및 물 전문기관은 물의 공공가치를 높이기 위해 다음과 같은 역할을 강화할 필요가 있다.

첫째, 기존에 중시되지 않았던 인권, 환경, 사회·문화, 보존적 물의 가치를 증진하기 위한 활동을 강화해야 한다.

둘째, 일반 국민 또는 정치인, 그리고 전문가(물사업자) 사이의 물의 가치 인식 격차를 줄이기 위한 전문조직을 형성할 필요가 있다.

셋째, 물의 공공가치에 관심을 지닌 사업자와 개인들과의 쌍방향 소통을 통해, 물의 가치 홍보를 위한 수단toolkit을 개발하여 제공할 필요가 있다.

마지막으로 물의 공공가치에 대한 설문조사를 시행하고 조사결과를 국민과 정부에 제공함으로써, 물의 공공가치 증진을 위한 사업을 개발하고 관련된 재정투자를 증가시킬 필요가 있다.

Ⅰ. 서론

가치(價値, value)란 무엇일까? 국어사전에서는 가치(價値)를 '사물이 지닌 쓸모'로 정의한다.[1)]

영어사전을 보면, 가치value를 상대적으로 경제적 개념을 강조하여 'the monetary worth of something'으로 정의한다.[2)] 철학이나 윤리학적 관점에서 가치는 '인간의 욕구나 관심의 대상 또는 목표가 되는 진, 선, 미 따위를 통틀어 이르는 말'로 정의된다.[3)] 그리스의 철학자이자, 최초의 소피스트로 알려진 프로타고라스는 '인간은 만물의 척도다'라는 표현을 통해, 가치평가valuation의 주체가 인간이라고 주장하였다.

물의 가치는 무엇이며, 얼마나 되는 것일까? 이는 기본적으로 인간이 물에 대해 부여하는 쓸모, 필요라 할 수 있다. 철학 또는 윤리학적으로는 인간이 물을 통해 충족받는 진, 선, 미, 성 등 인간의 욕구라 할 수 있다. 인간의 생존에 가장 필요한 것들은 무엇일까? 가장 중요한 것은 공기(산소)로, 인간이 공기 없이 생존할 수 있는 시간은 3분 정도라 한다. 다음으로 중요한 것은 물로, 인간이 물 없이 생존할 수 있는 시간은 3일 정도라 한다. Business Insider에 따르면, 인간이 공기 없이 지낸 최장 기간은 11분 5초이고, 물 없이 지낸 최장

1) 네이버 표준대국어사전 '가치' 검색 시 1번 정의.

2) https://www.merriam-webster.com/dictionary/value 'value' 검색 시 1번 정의.

3) 네이버 표준대국어사전 '가치' 검색 시 3번 정의. 철학 또는 윤리학에서는 가치에 진(truth), 선(goodness), 미(beauty) 이외에 성(holiness)을 포함하기도 함.

시간은 18일이며, 음식 없이 지낸 최장 시간은 74일이라고 한다.[4] 지구상에 존재하는 물질 중에서 물은 인간의 생존에 두 번째로 소중한 물질이다. 물이 지닌 생물학적 소중함과 함께, 물이 주는 진, 선, 미, 성 등의 철학적 가치를 고려하면 물의 가치는 대단히 크다고 볼 수 있다. 그러나 인간들이 실제 물을 대하는 것을 보면, 그렇게 소중한 존재로 여기지 않은 것 같다. 왜 그럴까? 바로 희소성scarcity 때문이다. 인간의 생명에 치명적이지만 주변에서 흔히 공급받을 수 있기에, 물의 가치를 낮게 평가하는 것이다.

본고는 물이 인간에게 주는 가치를 사적 가치private value와 공공가치public value로 구분하고, UN, US Water Alliance 등 해외기관과 국내 물 전문기관이 물의 공공가치 측정과 인식 제고를 위해 어떤 역할을 수행하고 있는지 조사하여 개선 방향을 제안해 보고자 한다.

4) https://www.businessinsider.com/longest-survival-records

Ⅱ. 물의 가치 측정과 공급(관리) 주체

1. 물의 가치의 분류와 공공가치 측정

1) 물의 가치의 분류 기준

기존의 연구들을 보면, Muhammad et al.(2009)은 물을 사회적social, 경제적economic, 환경적environmental 관점으로 구분하고, EU(2015)는 물의 경제적 총가치total economic values를 사용가치use values와 비사용가치non-use values로, Jack et al.(2003)은 시장가치market values와 비시장가치non-market values로 구분하여 검토하고 있다. 물이 인간에게 주는 효용은 사용가치를 중심으로 시장에서 쉽게 측정될 수 있는 부분도 있지만, 자유, 인권, 가족, 문화 등과 같이 추상적인 비사용가치 부분은 시장에서 측정될 수 없다. 시장가치는 시장가격을 중심으로 소비자잉여consumer surplus와 생산자잉여producer surplus의 합으로 도출될 수 있다. 그러나 비시장가치는 시장가격이 없으므로, 투표나 정치적 행동을 통해 표출되는 선호를 통해 파악할 수 있다. 주지하다시피 정치적 과정을 통해 표출되는 선호 또는 효용은 매우 주관적이며, 상황에 따라 달라질 수 있기에 객관적 가치를 측정하기 어렵다.[5)]

지구상에는 빗물, 바닷물, 강물, 빙하, 지하수, 생수, 수돗물, 구름 등 다양한 형태로 물이 존재한다. 물의 가치를 어떻게 구분할 것인가는 다양한 형태로 존재하는 물이 지닌 고유한 특성을 검토해봄으로써 구체화할 수 있다. 경제학적 관점에서 인간에게 효용을 주는 재화와 서비스는 사적

---

5) 공익이론에 따르면, 실체설은 사익을 초월하는 공익이 존재한다고 보는 반면, 과정설에서는 공익은 사익의 합에 지나지 않으며, 사익을 초월한 공익은 존재한다고 보지 않음. 물의 공공가치는 과정설 보다는 실체설의 관점에서 좀 더 폭넓게 파악될 수 있을 것임.

재화private goods와 공적 재화public goods로 구분된다. 이 둘을 구분하는 기준은 경합성rivalry과 배제가능성excludability이다. 먼저 경합성 관점에서 생수, 수돗물 등은 경합적 소비가 일어난다. 전형적인 사적 재화의 속성을 지닌다. 내가 생수를 마시는 만큼 다른 사람을 생수를 마실 수 없다. 그러나 강물, 지하수의 경우 양이 풍부할 경우에는 경합적 소비가 일어나지 않지만, 수요가 많아지면 점차 경합적 소비가 일어나는 공유재common goods의 속성을 지닌다. 구름은 어떨까? 향후 과학기술이 발달하여 구름을 제어하게 된다면, 구름에 대해서도 경합성이 논의될 수도 있을 것이다. 다음으로 배제가능성 관점에서 생수, 수돗물은 그 소유자 또는 권리자가 타인의 소비를 배제할 수 있다. 그러나 강물, 지하수, 바닷물의 경우 사실상 타인의 사용을 배제하기 불가능하거나, 가능하더라도 막대한 비용이 필요하다. 구름은 더욱 배제가능성이 떨어진다고 볼 수 있다. 결국, 통상적으로 우리가 물이라고 부르지만, 물의 다양한 존재 형태에 따라 사적 재화의 속성과 공적 재화의 속성을 지닐 수 있으므로, 단순히 물을 사적 재화 또는 공적 재화로 분류하는 것은 옳지 않다고 볼 수 있다. 이러한 속성이 물의 가치를 사용가치와 비사용가치, 시장가치와 비시장가치로 구분하여 검토해야 하는 이유라 할 수 있다.

여기에 물의 가치를 논의하면서 추가로 고려해야 할 요소가 있는데 이는 공공성publicity의 문제이다. 물은 인간이 생존하는데 필수적인 물질이다. 따라서 누군가 돈이 없다고 해서 물을 제공하지 않는다면, 철학적, 윤리적 관점에서 인권에 반하는 것이다. 우리나라 헌법도 환경권을 보장하고 있는데, 국가는 국민에게 돈의 유무를 떠나, 보편적 서비스universal service로서 모든 국민에게 깨끗하고 안전한 물을 제공할 의무가 있으며, 국민은 국가에 그것을

제공해 달라고 요청할 권리가 있음을 천명한 것이라 할 수 있다.[6]

물의 공공가치는 재화가 지닌 경합성과 배제가능성 이외에, 공공성을 고려할 때 더욱 의미가 커진다고 볼 수 있다. 사적 재화의 속성을 지니고 있음에도, 사회적으로 공공성을 지닌 재화와 서비스에 대해서는, 생산과 소비를 시장의 수요와 공급에 맡기지 않고, 공공부문이 직접 또는 간접적으로 개입하여 생산, 규제를 통해 영향을 미칠 논리적 근거를 확보하게 되기 때문이다.[7]

〈표 1〉 물의 가치의 분류 기준

관 점	구분 내용	예 시
경제학적 관점	- 경합성/비경합성 - 배제가능성 / 배제 불가능성	- 사적 재화(private goods) : 생수, 상수도 - 순수공공재(pure public goods) : 구름 - 공유재(common pooled resources) : 강물, 바닷물 - 클럽재(club goods) : 회원제 수영장
철학/윤리/법적 관점	- 인권과 보편적 서비스 - 환경권과 국가의 의무	- 공공부문에 의한 사적 재화(상수도) 공급 - 조세를 통한 물의 공공가치(사회적 가치) 증대

2) 물의 가치의 분류와 측정

이상에서 검토한 경제학적, 철학·윤리·법적 관점에 기초하여, 본고는 물의 가치를 크게 사적 재화로서의 가치와 공공재로서의 가치로 구분하고, 각각의 가치를 어떻게 다시 상세하게 분류하고, 측정할 수 있는지 검토하고자 한다.

6) 한국 헌법 제35조 "모든 국민은 건강하고 쾌적한 환경에서 생활할 권리를 가지며, 국가와 국민은 환경보전을 위하여 노력하여야 한다."

7) 이는 국가적으로 소위 사회계약과정을 통해, 헌법과 법률을 제정하여, 공공부문과 사적 부문의 역할 범위를 어떻게 설정할 것인가에 따라 달라질 수 있음. 예를 들어, 상수도에 대해 영국은 민영화를 통해 사적 부분의 역할을 강조하는 반면, 우리나라는 지방정부의 책임으로 하여 공공부문의 역할을 강조하고 있음.

(1) 사적 재화로서 물의 가치와 측정

사적 재화로서 특정한 존재 형태의 물은 경제학적 개념인 경합성과 배제가능성을 지닌다. 이러한 물은 특정한 사람 또는 법인에 의해 소유권이 확보될 수 있으며, 소유권을 지닌 자는 타인의 사용을 통제할 수 있다. 생수, 가정용 정수, 상수도, 하수도, 생활용수, 공업용수, 농업용수 등이 여기에 해당한다.

사적 재화로서 물의 가치는 수요와 공급의 원리에 따라 측정될 수 있다. 물의 수요에는 물을 얻는 대신에 포기할 용의가 있는 지불의사WTP, willingness to pay가 반영된다.

물의 공급에는 생산원가, 판매 및 관리비 등 비용이 반영된다. 사적 재화로서 물의 시장가격은 이론적으로 수요과 공급이 일치하는 수준에서 형성되며, 물의 시장가치는 시장가격과 생산량(소비량)의 곱으로 도출될 수 있다.[8] 생수와 같이 민간기업이 생산하고, 시장에서 거래되는 물의 가치는 위와 같이 측정될 수 있다.

그러나 사적 재화일지라도 철학, 윤리, 법적 관점에서 공공성이 있는 것으로 인정될 경우, 법률을 통해 생산과 공급을 공공부문이 담당하도록 할 수 있다. 우리나라의 경우 상수도와 하수도는 법률을 통해 민간기업이 공급할 수 없으며, 지방자치단체가 공급하도록 의무화하고 있다. 물론 지방자치단체가 공급을 전문공기업 또는 민간기업에 위탁할 수 있도록 하고 있지만, 본질적인 공급의 권한과 책임은 지방자치단체에 부여되어 있다. 생수와는 달리 상수도 및 하수도의 가격은 수요와 공급이 일치하는 수준에서 형성되지 않는다. 소위

8) 시장을 통해 물이 거래됨으로써 발생하는 사회 전체의 잉여는 소비자잉여와 생산자잉여의 합으로 도출될 수 있음.

공공요금제도에 따라 시장이 아닌 공공부문의 가격 결정 기구에 의해 요금 수준이 결정된다. 실제 우리나라에서 상수도와 하수도 요금은 생산원가에도 못 미치는 가격에 설정되고 있다.[9)]

요금이 현실화되지 않은 상황에서 상수도 및 하수도 요금에, 시장에서 거래되는 재화와 같이, 생산량(공급량)을 곱하여 물의 가치를 측정하는 것은 문제가 있다. 오히려 생산원가에 생산량을 곱하여 물의 가치를 측정하는 것이 올바른 방법이라 할 수 있다. 이렇게 사적 재화의 특성을 고려하여, 생산량(공급량)에 가격(시장가격, 공공요금)을 곱하여 물의 가치를 측정하는 것은 상대적으로 쉽다고 볼 수 있다. 그러나 생산원가(비용)를 중심으로 물의 사적 가치를 추정하는 경우, 이론적으로 소비자 잉여consumer's surplus를 반영하지 못하기 때문에, 진정한 사회적 가치보다 과소 추정될 우려가 있다.

(2) 공공재로서 물의 가치와 측정

① 경제학적 관점에서 물의 공공재적 특성

물은 생수와 같이 사적 재화의 속성도 지니고 있으나, 비경합성 또는 배제불가능성의 속성을 지니기도 한다. 강물이나 바닷물의 경우, 사용자가 적을 때에는 순수공공재의 특성을 보이다가, 사용자가 늘어남에 따라 경합성이 작용한다. 그러나 특정한 사용자가 타인의 사용을 배제하기는 쉽지 않다. 이러한 속성을 지닌 재화를 공공재 중에서 공유재CPR, common pooled resources로 분류한다. 공유재로서 물은 일반 시민들에게 다양한 가치를 창출한다. 직접 어부들에게는 어장을 제공하고, 농부들에게는 농업

9) 공공요금의 생산원가 대비 비율을 요금현실화율이라고 부름. 상수도통계(환경부, 2019)에 따르면, 2018년 전국 상수도 평균요금은 736.9원, 평균생산원가는 914.9원으로 현실화율은 80.6%. 하수도통계(환경부, 2018)에 따르면, 2017년 전국 하수도 평균요금은 521.3원, 생산원가(하수처리 총괄원가)는 1,134.7원으로 현실화율은 45.9%.

용수를, 시민들에게는 상수도의 원수를, 제조업자들에게는 공업용수를, 강태공들에게는 낚시터를, 관광객들에게는 여행과 레저를 위한 기회를 제공한다. 간접적으로 강물의 관리는 홍수와 가뭄을 예방하고, 미래 세대를 위한 유산으로서 가치를 지닌다. 그러므로 공유재로서 물의 가치를 잘 파악하고, 관리할 필요가 있다. 그러나 물이 지닌 비경합성과 배제불가능성의 속성 때문에 시민들은 물을 관리하는데 필요한 비용을 기꺼이 지불하려 하지 않는다. 경제학에서 상정하는 이기적인 합리적 인간이라면, 비용은 지불하지 않으면서, 편익만 누리려는 무임승차free-riding의 행태를 나타내기 쉽다. 그러나 모두가 이런 행태를 보인다면 소위 공유지의 비극tragedy of commons[10] 문제가 발생한다. 결국 공유재를 사회적 수준에서 적절히 관리 하려면 공동체의 자발적 참여를 통한 공동관리가 이루어지거나, 강제력을 지닌 정부에 의해 관리될 필요가 있다.[11]

이외에도 물의 속성과 중요한 이슈로 외부성externality 문제에 주목할 필요가 있다. 강물의 상류에 거하는 주민들은 깨끗한 물을 사용한다. 이기적인 합리적 인간으로서 하류 주민들을 위해 깨끗한 물을 하류로 흘려보낼 유인이 없다. 반면 하류의 주민들은 상류 주민들이 강물을 더럽히면 손해를 입게 된다. 더러운 물을 깨끗한 물로 전환하는 정수비용이 필요하게 된다. 이렇게 상류 주민이 물을 오염시키는 행태는 의도와 관계없이 하류 주민들에게 피해를 주는데 이를 부(-)의 외부효과라 한다. 이러한 외부효과를 해결하는 방안으로 자발적 협상과 강제성을 지닌 정부의 개입 등이 있을 수 있다. 먼저 상·하류 주민들이 자발적 협상을 통해, 하류 주민이 깨끗한 물을 내려보내는

10) tragedy of commons은 Garrett Hardin(1968)이 처음 도입한 개념으로 배제불가능성을 지니나, 일부 제한적인 비경합성을 지니는 공유재를 둘러싼 문제를 설명하는 데 유용하게 활용되고 있음.

11) 이러한 공유재로서 물관리 문제를 연구한 학자로 노벨상을 수상한 E. Ostrom가 있음.

대가를 상류 주민에게 지불함으로써 문제를 해결할 수 있다. 다음으로 강제력을 지닌 정부가 상류 주민의 오염유발 행위를 직접 규제하거나, 부담금을 부과하는 등 간접적으로 규제할 수 있다.[12)]

물이 창출하는 외부성 문제는 사적 가치와 사회적 가치의 괴리를 발생시킨다. 시장 속에 있는 인간은 사적 가치만 생각하고 행동한다. 그러나 오염 문제와 같은 외부성은 추가적인 사회적 비용을 창출한다. 결국, 사회적 수준에서 편익과 비용을 일치시키기 위해서는 부(-)의 외부성에 대해서는 추가적인 비용을, 정(+)의 외부성에 대해서는 추가적인 편익을 부과하는 시스템이 확보되어야 한다.

② 환경적, 사회· 문화적 관점에서 물의 가치

물은 경제학적 관점 이외에도, 돈으로 환산하기 어렵지만, 사회적, 문화적, 역사적 관점에서 가치를 지니고 있다.[13)] 이러한 가치들은 서로 중복되기도 하지만, 물이 지닌 공공가치를 이해하는 데 도움을 준다. 건강한 물 환경은 생태계에 깨끗한 물을 유지하게 하고, 수많은 생명에게 서식지를 제공한다. 인간은 그 환경 속에 살아가는 존재로, 건강한 물 환경이 없다면 심각한 생명의 위험에 직면하게 될 것이다. 본고는 서로 중복될 수는 있으나, 경제학적 관점에서 관찰되기 어려운 물의 공공가치를 환경적, 사회 · 문화적 관점에서 검토해보고자 한다.

먼저 물의 환경적 가치는 경제학적 방법을 통해 돈으로 환산되기도 한다. 그러나 돈으로 환산되기 어려운 환경적 가치도 상당하다. 물

12) 현재 4대강에 부과되고 있는 물이용부담금제도는 상·하류 주민 사이에 자발적 협상을 정부가 제도화한 사례라 할 수 있으나 정부가 개입하여 물이용부담금을 관리하고 있다는 점에서 자발적 협상과는 거리가 먼 제도로 평가됨.

13) Rosalind Bark et al.(2011)

환경체계는 폐수를 처리하여 깨끗한 수질을 유지하도록 하며, 생물학적 다양성biodiversity을 제공해준다. 생물학적 다양성은 인류뿐만 아니라 지구상의 모든 생명체에게 본질적으로 가치를 지닌다. 만일 국가적으로 폐수에 대한 관리가 적절히 이루어지지 않는다면, 사회 전체는 막대한 손실을 보게 될 것이다.[14)]

국경을 넘어 흘러가는 물을 고려할 때, 국제적으로 수질관리에 대한 협력이 이루어지지 않는다면, 전 지구적인 위험을 겪게 될 것이다.[15)] 환경적으로 지속 가능한 개발이 이루어지지 않는다면, 미래 세대는 환경오염 문제로 막대한 비용을 지불하게 될 것이다.

다음으로 물의 사회·문화적 가치는 주관적일 수 있지만, 개별 공동체 또는 개개인의 관점에서는 매우 중요할 수 있다. 오랜 시간 동안 강물을 중심으로 생활해온 공동체는 강물을 신성하게 생각하기도 하며, 정신적으로 의존하기도 한다. 깨끗한 물 환경은 미래 세대에 줄 유산적 가치도 지닌다. 사회 구성원 전체가 깨끗한 물 환경에 동등하게 접근할 수 있도록 제도화하는 것은 매우 중요한 사회적 가치를 지닌다.

③ 공공재로서 물의 가치 측정과 한계

공공재 또는 외부성을 유발하는 물의 특성에 따른 사회적 수준의 관리 문제는 별개로 하더라도, 공공재로서 물의 가치를 어떻게 측정할 수 있을까? 기존의 경제학 연구들은 시장기반 접근market-based approaches, 현시선호 기법revealed preference techniques, 언명된 선호 접근stated preference approaches

---

14) 우리나라는 1991년 낙동강 페놀오염사태로 수질 오염이 사회적으로 미치는 영향을 경험함.

15) 2011년 일본 후쿠시마 원전 사고로 바닷물이 오염된 사건은 북해를 넘어 태평양까지 영향을 미침.

등을 활용하여 공공재적 특성이 있는 물의 가치를 측정하고 있다.

첫째, 시장기반 접근은 시장가격, 비용, 생산함수 등에 기초하여 물의 생태적 가치 등을 측정하고자 한다. 그러나 시장이 존재하지 않거나 시장이 왜곡된 경우 동 접근방법은 활용할 수 없는 한계를 지닌다. 둘째, 현시선호 기법은 기존의 시장에서 간접적으로 파악할 수 있는 개인의 선택에 기초하여 물의 가치를 측정하고자 한다. 물의 생태적 가치에 대한 여행비용접근법travel cost method 또는 환경적 조망이 좋은 집과 좋지 않은 집의 가격을 비교하는 헤도닉 가격설정법hedonic pricing 등이 여기에 해당한다. 셋째, 언명된 선호 접근은 물의 필요에 대한 설문조사를 통해 가치를 추정하는 방법이다. 생태적 환경 조성을 위해 창출되는 편익을 위해 얼마나 지불할 의사willingness to pay가 있는지, 또는 손해에 대해 얼마를 받을 의향willingness to accept이 있는지를 설문조사하는 조건부가치측정법contingent valuation method이 여기에 해당한다.

그러나 물의 가치 측정은 누구의 관점에서,[16] 어떤 가치에 초점을 맞추어, 누가[17] 측정하느냐에 따라 달라질 수 있어서 매우 주관적일 수밖에 없다. 또한, 물이 지닌 경제적, 환경적, 사회·문화적 가치는 중복적인 경우가 많아 객관적인 경제적 가치를 측정하기 어렵다. 실제 공공재로서의 물의 가치는 정치적 과정을 통해 측정된다고 볼 수 있다. 정당별로 공공재인 물에 대한 정책과 예산안을 제시하고, 국민 또는 국민의 대표자들이 선거, 투표 등의 정치적 행위를 통해 정책의 추진 여부를 결정하는 것이다. 물론 큰 규모의 예산이 수반되는 정책에 대해서는 소위 비용편익분석이 포함되는

16) 물의 가치는 물 사업자(공급자), 소비자, 규제자 등 다양한 이해관계자에 따라 다르게 측정될 수 있음.

17) 측정자가 개발론자의 경우 개발 가치를, 보전론자의 경우 보전가치를 중요시 할 것임.

예비타당성제도[18)]가 운영되고 있으나, 편익과 비용을 누구의 관점에서, 누가 측정하느냐에 따라 비용편익비율BCR, benefit cost ratio이 달라지는 것이 현실이다.[19)]

이러한 어려움을 고려하여, The Valuing Water Initiative(2020)는 객관적인 물의 가치 측정방법이 아닌, 과정적 측면에서 3단계로 나누어, 5가지 원칙을 제안하고 있다. 3단계는 ① 누구의 가치가 중요한가를 구분하고, ② 어떤 가치에 초점을 맞출 것인가를 결정하고, ③ 상충적이고 중복적인 다양한 가치를 조정하는 것으로 구성된다.

이러한 과정에 적용되어야 할 중요한 5가지 원칙을 제안하고 있다. 첫째, 물에 영향을 미치는 모든 결정에 인간적 필요, 사회경제적 행복, 정신적 신념, 생태계의 생존력 등 다양한 가치를 고려해야 한다. 둘째, 물의 가치를 측정하는 모든 과정에서 다양한 가치들의 가중치(비중)를 공정하고, 투명하고, 포괄적으로 조화시켜야 한다. 셋째, 유역, 강물, 대수층aquifer, 물 환경체계, 미래 세대 등을 고려하되, 모든 물의 원천을 보호해야 한다. 넷째, 물의 본원적 가치와 생명에 미치는 치명적 역할에 대한 일반 국민의 인식을 높이고, 교육을 강화해야 한다. 다섯째, 물을 통해 창출되는 다양한 편익을 실현하기 위한 제도, 인프라, 정보, 혁신에 대한 적절한 투자가 이루어져야 한다는 점을 강조해야 한다.

18) 예비타당성조사제도는 1999년부터 도입되었으며, 현행 '국가재정법' 시행령 제13조는 총사업비 500억 원 이상이고 국가의 재정 지원 규모가 300억 원 이상인 사업에 대해 실시하도록 규정하고 있음.

19) 이명박정부에서 시행한 4대강 사업에 대한 비용편익분석은 분석자에 따라 비용편익비율(BCR)이 1보다 작게 또는 크게 나타남.

〈표 2〉 물의 속성과 가치 측정

관 점	구분 내용	예 시
사적 재화	- 경합성+배제가능성 - 사적 이익 - 사례 : 생수	- 총가치 = 시장가격 * 생산량(소비량) - 사회적 잉여 = 소비자 잉여 + 생산자 잉여
	- 경합성+배제가능성 - 공공성(보편적 서비스, 인권) - 사례 : 상수도, 하수도	- 총가치 = 생산원가 * 생산량(소비량)
공공재	- 경제적 속성 (비경합성, 비배제성)	- 시장기반접근(market-based approaches) : 시장가격, 비용, 생산함수 활용 - 현시선호 기법(revealed preference techniques) : 여행비용, 헤도닉가격설정 - 언명된 선호 접근(stated preference approaches) : 조건부가치측정법
	- 환경적 속성 - 사회·문화적 속성	- 돈으로 환산되기 어려움 - 상충적, 중복적 가치의 조화 필요 - 누구의 관점에서, 어떤 가치에 초점을 맞추냐에 따라 달라질 수 있음

2. 물의 가치와 공급(관리) 주체

1) 사회적 문제와 해결 주체

인간은 사회적 문제를 해결하기 위한 기제로서 조직학적 측면에서 시장market, 정부government, 시민사회civil society를 고안하였다. 물 문제는 개인적 문제일 수도 있지만, 기본적으로 사회 구성원 전체에 영향을 미치는 사회적 문제인 경우가 많다. 사회적 문제를 해결하기 위해 시장, 정부, 시민사회가 어떠한 역할을 하는지 살펴보면 다음과 같다.

첫째, 시장market은 물이 수요와 공급의 원리에 따라 형성된 가격을 기초로 사회구성원들이 자율적으로 선택하도록 함으로써 자원 배분의 문제를 해결한다. 시장 속에서 소비자는 최소의 비용으로 최대의 효용을, 생산자는 최소의 비용으로 최대의 이윤을 추구하는 경쟁을 수행한다. 이러한 경쟁을 통해 사회적 수준에서 가장 효율적인 자원 배분이 이루어진다. 그러나 시장은 소위 시장실패market failure로 명명되는 공공재, 외부효과, 자연독점, 정보의 비대칭성, 분배의 불평등 등 사회문제를 해결하는 데에는 매우 미흡하다.

둘째, 정부government는 정치적 과정을 통해 형성되며, 법률을 통해 부여받은 강제력을 기초로 국민에게 병역, 납세의 의무를 부과하고, 국민을 위한 다양한 정책을 결정하고 집행한다. 정부는 공공재 공급, 외부효과 문제의 시정, 자연독점의 해결, 소득 불평등 문제 시정 등 시장이 해결하지 못한 사회적 문제를 해결할 수 있다. 그러나 정부가 지닌 강제력으로 인해 국민은 신체의 자유, 소유권 등 일정한 기본권에 제한을 받을 수 있다. 또한, 강제력을 지닌 정부가 능력이 없거나, 부패할 경우 정부실패government failure에 직면할 수 있다.

셋째, 시민사회civil society는 시민들이 사회적 문제를 해결하기 위하여 자발적으로 조직한 결사체를 말한다.[20] 시민사회는 기업과 같이 이윤을 추구하지 않으며, 정부과 같은 강제력도 보유하고 있지 않다. 그러나 일반 시민으로서 시장(기업)을 불법, 부정한 행위를 감시하고, 정부에 대해 사회적으로 바람직한 정책을 제안하고, 정책결정과정에 참여하기도

20) 시민사회 조직은 NGO(Non-Government Organization) 또는 NPO(Non-Profit Organization)의 형태를 띠며, 상세하게는 BINGO(business-friendly international NGO, 예: Red Cross), ENGO(environment NGO, 예: Greenpeace), GONGO(government-organized NGO, 예: International Union for Conservation of Nature), QUANGO(quasi-autonomous NGO, 예: International Organization for Standardization. ISO) 등으로 구분됨.

한다. 시민사회 조직은 시민들이 자발적으로 결성한 민주적이고 독립적인 조직이지만 공식적인 권한과 책임을 부여받지 못하였고, 전체 국민을 대표하지 못한다는 한계를 지닌다.

2) 물의 가치와 공급(관리) 주체

물은 사적 재화 및 공공재의 특성을 동시에 지닌다. 사적 재화일지라도 모든 국민의 생존에 필수적인 보편적 서비스라는 공공적 특성 때문에, 정부부문이 개입하여 시장을 규제하거나 직접 생산하여 공급하기도 한다. 공공재의 특성은 당연히 시장실패 영역이기 때문에 정부가 개입한다. 그러나 정부실패가 발생할 수 있기에, 정부의 개입이 반드시 자원배분의 효율성을 높이는 것은 아니다. 자발적으로 결성된 시민사회 조직들은 사적 재화 및 공공재로서의 물의 공급과 관리에 참여하여 사회적 문제를 해결하기 위해 노력한다. 이를 물의 재화적 특성의 관점에서 자세히 검토해보면 다음과 같다.

첫째, 생수와 같이 순수한 사적 재화에 해당하는 물은 일차적으로 민간기업의 경쟁을 통해 공급된다. 정부는 사회적 수준에서 생수의 수질 등 식품안전과 민간기업의 담합 등 공정거래와 관련된 규제를 통해 물의 공급과정에 개입한다. 시민사회는 소비자로서 시장과 정부를 감시함으로써 물의 공급과정에 관여한다.

둘째, 상하수도와 같이, 사적 재화이지만 보편적 서비스로서 공공성을 지닌 물의 공급은, 법률에 기초하여 정부가 담당한다. 우리나라의 경우 중앙정부[21](환경부)는 전국적인 상하수도 정책을 입안하여 추진하며, 공기업 및 공공기관(K-water, 한국환경공단 등)은 환경부의 정책을 집행하는 기능을

21) 학술적 관점에서 단방제 국가의 정부는 중앙정부와 지방정부로 구분됨. 반면 법률적 관점에서 중앙정부는 국가, 지방정부는 지방자치단체로 구분됨.

수행한다. 지방자치법에서 상하수도의 공급은 지방자치단체의 고유업무로 하고 있다. 이에 따라 지방정부(지방자치단체)는 자체적으로 상하수도 공급을 위한 조직을 보유하고 있으며, 사용자에게 요금을 부과하여 재원을 확보하고 있다. 민간기업은 법률이 허용하는 범위 내에서 상하수도 공급사업에 위탁사업자로 참여하고 있다. 시민사회는 지방정부 및 중앙정부가 수행하는 상하수도 정책에 대한 의견을 제시함으로써 영향을 미친다.

셋째, 물이 지닌 환경적, 문화적, 보존적 가치 등 전적으로 공공재적 특성이 있는 가치를 관리하기 위한 역할은 일차적으로 정부부문(중앙정부, 지방정부)이 담당한다고 볼 수 있다.[22] 중앙정부(환경부)는 조세를 통해 확보한 예산을 기초로 전국적 수준의 물환경정책을 결정하고 집행한다. 공기업 및 공공기관(K-water, 한국환경공단 등)은 주무부처인 환경부의 정책의 집행을 구체적으로 뒷받침하고 실행하는 역할을 수행한다. 지방정부는 지역적 관점에서 물환경정책을 집행한다. 민간기업은 법률이 허용하는 범위 내에서 물환경정책의 위탁을 맡아 수행함으로써 정책에 참여한다. 시민사회는 시민적 관점에서 토론회, 시위 등을 통해 정책과정에 참여한다.

22) 2018년 물관리기본법이 제정됨에 따라, 국가적 수준의 물관리정책은 국가물관리위원회, 유역수준의 물관리정책은 유역물관리위원회를 중심으로 추진될 예정임.

〈표 3〉 물의 공공가치와 공급(관리) 주체

관 점	구분 내용	예 시
사적 재화	- 경합성+배제가능성 - 순수한 사적 가치 - 사례 : 생수	- 시장 : 민간기업을 통해 경쟁적으로 공급 - 정부 : 수질 등 식품안전을 위한 규제, 공정거래 규제 - 시민사회 : 소비자 행동을 통한 시장 및 정부 감시
	- 경합성+배제가능성 - 공공성을 지닌 사적 가치 - 사례 : 상수도, 하수도	- 중앙정부(국가공기업) : 전국적인 관점에서 상하수도 정책 추진 - 지방정부(지방공기업) : 상하수도 공급(관리)의 권한과 책임 - 시장 : 법률이 허용하는 범위에서 민간기업이 위탁 사업자로 참여 - 시민사회 : 소비자 행동을 통한 정부 및 시장 감시
공공재	- 경제적 속성 (비경합성, 비배제성) - 환경적 속성 : 생물 다양성 - 사회·문화적 속성	- 중앙정부(국가공기업) : 전국적인 관점에서 물환경 정책 결정 및 집행 - 지방정부(지방공기업) : 지역적 관점에서 물환경 정책 집행 - 시장 : 법률이 허용하는 범위에서 협회 등을 통해 물환경정책에 참여 - 시민사회 : 시민적 관점에서 정책공동체로서 정책 과정에 참여

Ⅲ. 해외사례 분석

1. UN의 물의 가치 인식과 역할

1) 지속가능 발전을 위한 목표 6[23)]

UN(2018)은 전 지구적 관점에서 물의 공공가치를 추구하고 있다. UN은 참여국들이 물에 대한 인권human rights을 인식하고, 깨끗하고 안전한 물을 국민에게 제공할 것을 권면하고 있다. 이러한 UN의 입장은 2015년에 2030년까지 실현해야 할 "지속가능 발전 목표SDGs"에 잘 나타난다. UN은 지속가능 발전을 위한 목표로 빈곤 퇴치no poverty, 기아 문제해결zero hunger, 건강과 행복good health and well-being 등 17개의 목표를 설정하였다. 이 중 물은 6번째 목표인 "깨끗한 물과 위생clean water and sanitation"에 포함되었다.[24)] UN은 인간개발과 관련하여, 회원국들이 전 지구적으로 충분한 수량과 수질의 담수fresh water를 확보하는 것이 지속 가능한 발전에 필수적이라고 보고 있다. 즉 물은 식품안전, 건강증진, 빈곤퇴치 등 인간개발과 농업, 산업, 에너지 부문의 지속적인 경제성장, 건강한 생태환경의 유지에 필수적인 요소로 보고 있다. 깨끗하고 안전한 담수의 부족에 따른 물 스트레스water stress는 빈곤, 식품안전과 직결되는 문제이기 때문이다.

2) SDGs 6의 실행 목표

UN은 2018년에 2030년까지 "깨끗한 물과 위생" 목표를 실현하기 위한 구체적인 8가지 목표를 설정하였다. 이 중 물 관련 목표가 7가지인데[25)]

23) SDGs 6, Sustainable Development Goal 6

24) UN은 물(water) 위생(sanitation and hygiene)을 합하여, "WASH"라는 약어를 사용.

25) 나머지 하나는 위생(sanitation and hygiene)에 대한 접근성을 강화하는 것임.

간략히 검토해보면 다음과 같다. 첫째, 안전하고 적절한 음용수drinking water에 대한 접근성을 확대하는 것이다. 지구의 인구 중 기본적인 음용수를 사용하는 인구 비중은 2000년 81%에서 2015년 89%로 커졌다. 그러나 UN은 전체 국가 중 20%가 음용수 접근성이 95% 미만이며, 학교, 보건시설 등에 대한 깨끗하고 안전한 음용수 공급을 확대해야 한다고 주장한다.

둘째, 폐수 관리를 통해 수질을 개선하는 것이다. UN은 회원국들이 물의 오염을 방지하고, 수질 개선을 위해 가정 및 산업에서 생산되는 폐수wastewater의 수거, 처리, 재활용 역량을 증진해야 한다고 본다. 특히 물이 지니는 전 지구적 외부성을 고려할 때, 담수의 수질 개선을 위한 정치적 협력이 필요하다.

셋째, 물 사용의 효율성을 높이고, 담수 공급 능력을 증대하는 것이다. UN은 지구상 인구 중 20억 명 이상이 물 스트레스를 겪고 있으며, 이를 극복하기 위해서는 전체 담수의 70%를 사용하고 있는 농업부문에서 물 사용의 효율성을 높일 필요가 있다고 본다. 또한, 폐수의 재활용, 빗물 사용, 해수담수화 등을 통해 담수 공급 능력을 확대해야 한다고 본다.

넷째, 통합물관리IWRM, integrated water resource management를 실현하는 것이다. 통합물관리는 전 지구적 관점에서 정치, 사회, 환경, 경제적 상황을 고려하여 효율적이고 지속가능하게 이루어져야 하며, 특히 국경을 넘어가는 강물에 대해서는 국제적인 협력이 필요하다.

다섯째, 물 환경체계의 보호와 복원이 필요하다. 그동안 인류의 역사는 개발중심의 역사로, 자연환경을 파괴하는 개발 중심으로 전개되었다. 그러나 지속 가능한 발전을 위해서는 환경체계를 보전하는 것이 중요하다. 식품, 에너지, 생물다양성을 확보하고, 토양 및 해양을 안전하게 관리하기 위해서는

물 환경체계의 보호와 복원이 필수적이라 할 수 있다

여섯째, 물 분야에 대한 국제협력이 증진되어야 한다. 세계 ODA[26]규모는 2011년 74억 달러에서 2016년 90억 달러로 증가하였다. 그러나 전체 ODA 중 물 분야 비중은 5%에 지나지 않고 있다. 물 분야에 대한 국제협력과 재정투입이 확대되어야 한다.

일곱째, 물관리에 이해관계자들의 참여를 증대시키는 것이다. 그동안 국가적 차원의 물관리는 중앙정부를 중심으로 하향식top-down으로 이루어졌다. 그러나 효과적이고 지속 가능한 물관리를 위해서는 물 서비스의 사용자 및 지역공동체의 참여를 보장하는 상향식bottom-up 물관리의 필요성이 증대되고 있다.

UN은 물 관련 정책의 기획과정에 사용자 참여율은 도시지역 79%, 시골지역 85%이지만, 참여율을 더 높여야 하며, 기획과정 뿐만 아니라 사용자가 집행과정에 대한 모니터링에 참여할 수 있도록 물 정책 거버넌스를 개선할 필요가 있다.

2. 미국의 US Water Alliance와 "Value of Water Campaign"

1) 미국 물 연합체의 물의 가치 인식 제고 활동

미국의 물 연합체US Water Alliance는 2008년 미국 내 물과 관련된 다양한 기관들이 연합으로 설립한 비영리조직이다. 물 연합체의 회원[27]들은 공공부문 물공급자public utilities/agencies, 민간기업private companies, 비영리조직,

26) Official Development Assistance

27) 회원들에 대한 연간 회원비는 급수인구, 매출액, 예산 등에 따라 1,050달러에서 23,000 달러까지 차등하여 부과함.

노동조합, 대학연구소 등으로 구분된다. 물 연합체는 물과 관련된 모든 이해관계자가 참여하고 있으며, 물 문제에 대한 통합적인 해결책을 마련하는 유일한 조직이라 할 수 있다. 미국 물 연합체US Water Alliance는 물의 가치 교육education, 통합물관리 촉진acceleration, 우수 사례 전파celebration 등의 활동을 통해 물의 공공가치를 증진하고 있다.

첫째, US Water Alliance는 일반 국민을 대상으로 물의 가치와 물에 대한 투자 필요성에 대해 교육을 한다. 미국은 물 인프라에 대한 투자가 매우 절실한 실정이다. 이에 대해 US Water Alliance는 향후 20년 동안 미국의 상하수도 시설의 현대화를 위해 4.8조 달러(5,000조 원)를 투자할 필요가 있는 것으로 추정하고 있다. 그러나 일반 국민과 정치인들은 물의 공공가치와 인프라에 대한 투자 필요성을 충분히 인식하고 있지 못한 것이 현실이다.

이에 따라 특히 공공부문에서 물 관련 인프라에 대한 적정한 투자가 이루어지지 못하고 있다. US Water Alliance가 추진하는 교육의 일차적 목표는 일반 국민이 가지고 있는 사고방식mindset을 변화시켜, 물의 진정한 가치를 이해하도록 하고, 물 인프라에 대한 투자 필요성을 알리는 것이다. 이러한 인식 격차recognition gap 문제를 해소하기 위해 US Water Alliance는 대표적인 사업으로 추진하고 있는 "물의 가치 캠페인the Value of Water Campaign"을 포함한 전략적 의사소통, 미디어, 저작물 등을 통한 교육을 추진하고 있다.

둘째, US Water Alliance는 물관리의 효율성과 지속 가능성을 높이기 위해 통합물관리를 촉진하는 활동을 수행하고 있다. 모든 물은 가치를 지니고 있으며, 하나의 물로서 통합적으로 관리될 때 국민에게 깨끗하고 안전한 필수재로서 제공되고, 튼튼한 경제, 활기찬 공동체, 건강한 환경을 형성할 수 있다. US Water Alliance는 "물은 하나다One Water movement" 사업을 통해 통합물관리를 촉진하는 활동을 수행하고 있다.[28] 이를 위해 물관리와 관련된 다양한 이해관계자들의 대표와 리더들이 참여하는 "One Water Council"을 운영하고 있다. 동 위원회는 물환경 인프라, 자원회복, 물 재사용, 유역물관리 계획과 복원, 물관리 효율성 제고 등 다양한 물관리 전략에 대한 이해관계자들의 의견을 통합하는 기능을 한다. 물 관련 리더들은 협력적 플랫폼인 "One Water Council"을 통해 서로 대화하며, 물 문제에 대한 통합된 대안을 마련하여 정부 등에 제안한다.

셋째, US Water Alliance는 물 문제를 해결하기 위한 혁신적 대안들을 "US Water Prize"로 선정하고, 확산시키기 위해 노력한다. 이를 통해 물 문제를 해결하는데 획기적으로 기여한 프로젝트(기술), 정책, 프로그램 등이 스토리텔링, 카탈로그 등을 통해 모범적 사례best practices로 선정되어 널리 알려진다.

넷째, US Water Alliance는 공공부문 물 사업자들의 연합체인 NBRC National Blue Ribbon Commission를 구성하여 운영에 참여하고 있다. 2016년 US Water Alliance와 SFPUC San Francisco Public Utilities Commission은 물의 재사용 촉진과 대안 마련을 위해 위원회 조직인 NBRC를 출범시켰다. 이후

〈그림 1〉 NBRC(National Blue Ribbon Commission)의 상징

28) US Water Alliance(2017)는 물 정책에 대한 대안으로 지역물관리의 협력 강화, 수질 개선을 위한 농업과 상하수도의 파트너십 강화 등 7가지 대안을 포함한 "One Water for America Policy Framework"을 발간함.

물 연구재단WRF, Water Research Foundation이 재정후원과 연구기관으로 동참하였고, 현재 32개의 공공부문 상하수도 조직이 참여하여 서로 협력하고 있다.

2) 물의 가치 증진을 위한 캠페인Value of Water Campaign

"물의 가치 캠페인"은 미국 전체에 대한 물의 가치 제고를 위해 2015년에 출범하였다. US Water Alliance가 사업을 주관하고 있으며, American Water, American Water Works Association 등 물 산업에 종사하는 다양한 그룹의 리더들이 후원하고 있다. 동 캠페인은 전국적으로 물이 얼마나 필수적이며, 귀중하며, 투자할 필요가 있는가를 교육하고 알리기 위해 시작되었다. 궁극적으로는 미국의 물 인프라 투자를 증대하기 위한 공공 및 정치적 의지를 강화하는 데 목표를 두고 있다. 이를 위해 동 캠페인은 이해관계자stakeholders, 정책조직policy organizations, 선출직 공무원elected officials, 기업 및 노동자 그룹business and labor groups 등과 적극적으로 협력하고 있다. "물의 가치 캠페인"이 물의 가치에 대한 인식을 높이기 위해 수행 중인 활동을 소개하면 다음과 같다.

첫째, "물의 가치 캠페인"은 물의 가치를 높이는 데 사용할 수 있는 메시지 묶음, 커피, 소방차, 버스정류장, 기타 물 사업자들이 사용할 수 있는 광고용 로고, 입간판, 현수막 등 물의 가치 홍보 도구toolkit를 제공한다. 물 관련 사업자들은 이러한 도구를 일정한 지침[29]을 준수하는 가운데 무료로 사용할 수 있다.

둘째, "물의 가치 캠페인"은 홈페이지를 통해 물의 가치를 높이는 데

29) US Water Alliance(2019)은 물 관련 정책을 입안하는 정치인, 행정인을 위한 7가지 주요 이슈와 정책 방향을 제시하는 "One Water for America State Policymakers' Toolkit"도 제공하고 있음.

필요한 물의 가치 정보를 제공한다. 우리나라에 적용되기에 유용할 것으로 보이는 대표적인 정보들을 검토해보면 다음과 같다. 미국인은 생활과 관련하여 1년에 평균 64,240갤런의 물을 사용하며, 40%의 물은 음식과 음용수를 만드는 데 사용된다.

가정에서 사용되는 물은 평균적으로 27%는 화장실, 22%는 세탁, 17%는 샤워에 사용된다. 물 환경과 관련하여, 미국에서 매일 3.5천억 갤런의 물이 취수되며, 이 중 41%는 수력발전에, 37%는 관개irrigation에 사용된다. 경제와 관련하여, 깨끗하고 안전한 물이 없으면 미국 경제의 20%가 멈추게 되고, 전체 물 사용량의 46%는 제조과정에 투입되며, 물 분야의 1개의 일자리는 미국 전체 경제에 3.68개의 일자리를 더 만들어내는 데 기여한다. 공동체와 관련, 학교는 매일 평균 22,284갤런의 물을 사용하며, 미국인의 61%는 음용수의 원천으로 호수, 강, 하천물을, 39%는 지하수를 사용한다. 이러한 정보들은 구체적으로 물의 가치가 실제 생활에 미치는 영향을 인식하는 데 도움을 줄 것으로 보인다.

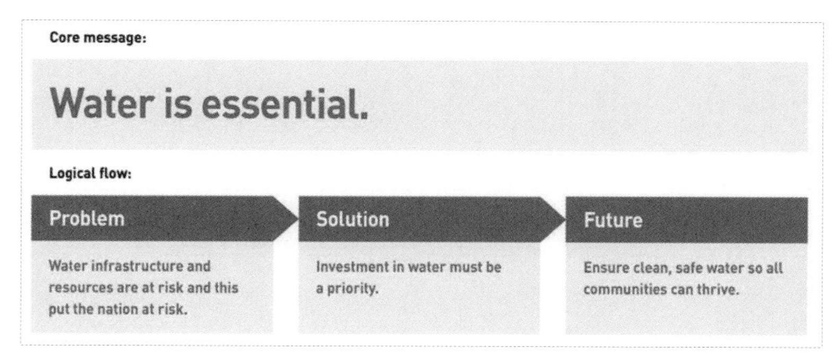

자료: 물의 가치 캠페인 홈페이지(http://thevalueofwater. org/mediakit).

〈그림 2〉 "물의 가치" 메시지 묶음(message deck)

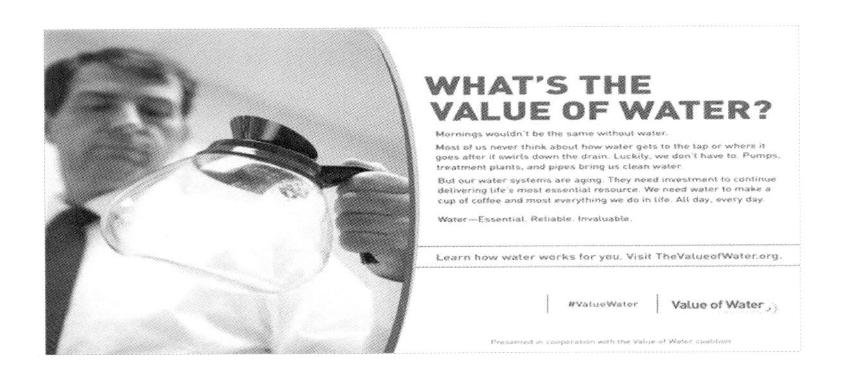

자료: 물의 가치 캠페인 홈페이지(http://thevalueofwater.org/mediakit).

〈그림 3〉 커피에 사용할 수 있는 광고(ads) 사례

〈그림 4〉 소셜 미디어에 사용할 수 있는 도구(toolkit) 사례

국가적 수준에서 물 인프라에 대한 투자가 좋은 상태good condition인가에 대한 설문에 대해 49%가 좋다고 응답한 반면, 37%는 나쁘다고 응답하였다.[30) 투표자들의 70%는 물 인프라에 대한 투자가 바로 이루어져야 하며, 84%는 연방정부가 물 인프라에 대한 투자를 수행해야 한다는 데 동의하였다. 이러한 설문조사 결과는 물의 가치와 투자에 대한 투표자의 의지를 개념적, 추상적으로 설명하는 것이 아니라, 구체적인 숫자를 통해 설명함으로써, 정치과정에 적극적으로 활용될 수 있다고 본다.

30) 이는 2016년 각각 59%, 34%에 비하여 좋다는 응답은 10% 포인트 감소한 반면, 나쁘다는 응답은 3% 포인트 증가함.

이밖에 "물의 가치 캠페인"은 물의 가치와 관련하여 일반 국민이 궁금해하는 내용을 멀티미디어 동영상으로 제작하여 홈페이지에 올리고 있다. 대표적인 영상은 "물 없는 하루 상상하기Imagine a day without water", "물값은 무엇인가?water: What you pay for?", "하수관 그 이상Beyond drain" 등으로 youtube에 연결되어 제공된다.

3) 해외 사례의 시사점

UN과 US Water Alliance에 대한 사례분석을 통해, 물의 공공가치와 전문기관의 역할에 관해 얻을 수 있는 시사점은 다음과 같다. 첫째, UN은 물의 가장 우선적인 가치를 인권human right의 관점에서 파악하고 있다는 점이다. 물은 경제학적으로 사적 재화와 공공재의 특성을 동시에 지니고 있다. 그러나 물의 가치는 경제학적 효용성에 앞서 인간의 생존에 절대적으로 필요한 재화이며, 수요와 공급의 시장원리에 앞서 인간의 생존권이라는 관점에서 검토될 필요가 있다.

특히 공공기관은 물의 가치를 사적 가치보다는 사회적 가치의 관점에서 파악하고, 모든 국민이 깨끗하고 안전한 물을 사용할 수 있도록 하는 역할에 초점을 맞출 필요가 있다. 이와 함께 물 인권의 측면에서 사각지대가 없는지 검토하고, 사각지대를 해소하기 위한 목표를 설정하여 관리할 필요가 있다.

둘째, 물이 지닌 가치에 대하여 일반 국민 및 정치인, 전문가 사이에 큰 인식 격차recognition gap가 존재하며, 이 격차를 줄이는 임무를 수행하는 전문기관이 필요하다는 점이다. 물 인프라, 환경 및 사회·문화적 가치에 대한 인정과 투자는 정치적 과정을 통해 이루어진다. 일반 국민이 물의 공공가치를 인정하고, 정치인들이 이를 정치적 의제agenda로 설정하고, 정부가 물의 공공가치를 높이기 위한 예산을 확대할 때, 궁극적으로 물의 공공가치에 대한 투자가 증가할 수 있다.

US Water Alliance는 물의 공공가치를 충분히 인식하고 있는 전문 조직으로서 일반 국민과 정치인들을 대상으로 인식 격차를 해소하기 위한 다양한 활동을 펼치고 있다. 특히 US Water Alliance가 주축이 되어 만든 Value of Water Campaign은 물의 공공가치 제고를 위해 매우 중요한 임무를 수행하고 있다.

셋째, Value of Water Campaign이 수행하고 있는 물의 공공가치에 대한 인식 격차를 해소하기 위한 다양한 도구toolkit를 벤치마킹할 필요가 있다. 일반 국민이 실제 생활에서 물의 공공가치를 피부로 인식할 수 있도록 핵심 메시지를 마련하고, 커피, 소방차, 버스정류장 등에서 활용할 수 있는 홍보 도구를 마련하여 제공하는 것은 매우 의미가 크다. 또한, 물의 공공가치를 수치로 나타내 주는 다양한 통계를 개발하여 일반 국민에게 제공하는 것도 물의 공공가치에 대한 인식을 높이는 데 매우 유용할 것으로 보인다.

넷째, Value of Water Campaign이 수행하고 있는 투표자의 물의 가치 인식에 대한 설문조사national poll를 매년 시행할 필요가 있다. 물에 대한 공공부문의 투자는 투표와 예산 등 정치적 행위를 통해 이루어진다. 일반 국민보다는 실질적인 투표자의 의지가 정치인에게 영향을 미치고, 정당이 의제로 설정한 정책에 따라 정부의 예산 규모가 달라진다. 결국, 물 인프라, 물 환경, 사회·문화적 가치 등 공공가치에 대한 투자를 증대하기 위해서는 투표자의 의지가 중요하다. 이러한 의지를 정확히 파악하여 정치인과 정부에 전달하는 것은 매우 중요하다.

우리나라도 Value of Water Campaign과 같은 전문조직을 구성하여, 매년 설문조사를 시행하고, 그 결과를 일반 국민에게 제공할 필요가 있다.

V. 물 공공가치 제고를 위한 물 전문기관의 역할과 개선 방향

본고는 물의 공공가치를 높이는 전문기관의 역할을 물의 공공가치 생산(공급)[31] 보전을 위한 기능과 인식 격차recognition gap를 해소하는 기능으로 구분하여, 가장 대표적인 물 공기업인 K-water를 중심으로 검토해 보고자 한다.

1. K-water의 물 공공가치 관련 역할과 한계

1) 물의 공공가치를 생산(공급) 및 보전하는 역할

K-water의 설립 목적은 수자원을 종합적으로 개발 · 관리하여 생활용수 등의 공급을 원활하게 하고, 수질을 개선함으로써 공공복리의 증진하는 데 있다.[32] 국가가 물관리를 위해 설립한 물 전문기관으로서, 수량과 수질의 관리를 통해 공공의 이익을 증대하는 것이다. 이에 따라 K-water는 비전을 "모두가 누리는 건강한 물순환 파트너"로, 전략 방향을 ① 안전하고 깨끗한 유역관리, ② 부족함 없이 나누는 맑은 물, ③ 물-에너지-도시 융합서비스 확대, ④ 공공성 중심의 기능혁신 등을 설정하고 있다.

구체적인 주요 사업으로는 다목적 댐, 하구둑 등 수자원개발시설의 건설 및 운영·관리, 광역상수도 시설의 건설 및 유지·관리,[33] 다목적 댐 및 그 상류의 수질 조사와 댐 상류의 하수도 운영 · 관리, 비점오염(非點汚染) 저감사업 등

31) 본 연구에서는 물의 공공가치와 전문기관의 역할 중, 생산자 및 보존자의 역할은 간략히 검토하고, 기존에 미흡했던 공공가치에 대한 인식 격차 해소 역할에 초점을 맞추어 서술하고자 함.

32) 제1조(목적) 이 법은 한국수자원공사를 설립하여 수자원을 종합적으로 개발 · 관리하여 생활용수 등의 공급을 원활하게 하고 수질을 개선함으로써 국민생활의 향상과 공공복리의 증진에 이바지함을 목적으로 함.

33) 일반수도 중 지방상수도 및 마을상수도는 지방자치단체로부터 위탁받은 사업에 한정함.

물환경 관리 사업 등을 수행한다. 이 중에서 댐, 하구둑, 광역상수도 시설의 건설 및 관리 사업은 물의 공공가치를 생산(공급)하는 역할이라 할 수 있으며, 댐 및 그 상류의 수질을 유지하고 개선하는 사업은 물의 공공가치를 보전하는 역할이라고 볼 수 있다.

2) 물의 가치 인식 격차를 해소하는 역할

물 관련 사업종사자와 전문가들은 물의 공공가치를 충분히 인식하고 있다. 그러나 일반 국민은 물을 자연적으로 주어진 것으로 인식하거나 관심이 있는 경우에는 다목적 댐을 통한 홍수와 가뭄 예방, 상수도를 통한 수돗물 공급, 하수도를 통한 수질 개선 정도의 가치를 인정한다. 그러나 물이 지닌 환경적 가치, 사회·문화적 가치, 유산(보존)으로서의 가치까지 인식하고 있는 경우는 드물다. 즉 물 관련 사업종사자·전문가와 일반 국민 사이에 물의 공공가치에 대한 매우 큰 정보 비대칭성이 존재한다.

K-water는 국가를 대표하는 물 전문기업으로서 홈페이지와 물 관련 통합정보 포털인 "MyWater"[34]를 통해 일반 국민에게 물 정보를 제공하고 있다.

(1) K-water 홈페이지

K-water 홈페이지https://www.kwater.or.kr에서는 ① 열린 경영, ② 국민소통, ③ 새소식, ④ 대국민서비스 영역에서 물의 가치를 간접적으로 알리고 있다.

첫째, "열린 경영" 부문에서 사회적 가치 실현[35]을 위한 다양한 활동을

34) https://www.water.or.kr

35) 2017년 박광온의원이 대표발의한 '공공기관의 사회적 가치 실현에 관한 기본법(안)'은 공공기관이 수행할 사회적 가치를 13개로 구분하여 제시하고 있음. 그러나 동법(안)에서 제시하는 사회적 가치는 공공기관의 활동을 중심으로 검토한 것으로, 본고에서 물의 특성을 중심으로 검토한 사회·문화적 가치와 구분됨.

소개하고 있다. K-water는 사회적 가치 실현 영역의 비전을 "모두가 누리는 물복지 실현으로 국민 삶의 품격 향상"으로 설정하고, 안전, 일자리, 인권보호, 지역발전 등 사회적 가치로 분류되는 다양한 활동을 수행하고 있다.

둘째, "국민소통" 부문에서 고객헌장을 제시하고, 민원, 고객참여, 옴부즈만제도 등을 통해 고객의 의견을 수렴하고, 물산업, 수질검사, 수도설비 기술지원, 댐주변지역지원사업 등을 통해 고객을 지원하고 있다. 또한 댐용수, 광역상수도, 지방상수도 등의 요금 제도와 요금 현황을 소개하고 있다.

셋째, "새소식" 부문에서 홍보광장을 통해 국가공기업인 K-water에 대한 홍보 동영상 및 자료를 제공하고, 물사랑 공모전에서 입상한 동영상, 사진, 그림일기, 인쇄광고 분야, 캐릭터 분야 등으로 구분하여 게시하고 있다.

넷째, "대국민 서비스" 부문에서 K-water가 수행하는 역할을 물안심, 물나눔, 물융합 서비스로 구분하여 제시하고 있다. 물안심 서비스에는 안전하고 깨끗한 유역관리와 통합물관리가 포함된다. 물나눔 서비스에는 부족 없이 나누는 맑은 물공급, 고품질 수돗물서비스, 스마트워터시티, 지방상수도 위탁경영, 하수도 운영 등이 포함된다.

물융합 서비스에는 물/에너지/도시 융합 서비스 확대하기 위한 물에너지, 수변도시, 물산업 육성(중소기업, 국제협력, 해외사업) 등이 포함된다.

(2) 물 통합정보 포털 "MyWater"

K-water는 2016년 K-water가 보유한 물 관련 공공데이터를 개방하고, 누구나 쉽게 물 관련 정보를 확인할 수 있도록 "MyWater"를 구축하여 일반 국민에게 공개하였다. "MyWater"에 접속하면 우리나라 어느 곳에 거주하든 우리 집 수돗물의 수원지와 생산된 정수장, 흘러온 경로와 구간별 수질 등

다양한 물 관련 정보를 쉽게 확인할 수 있다. 이전에는 물관리[36]가 분야별로 여러 기관에 분산되어 있고, 물 관련 정보 또한 기관별로 수집·관리되고 있어 확인하고 싶어도 쉽게 접근하기 어려웠다.

K-water는 여러 기관에 산재한 물 관련 정보를 한군데로 모아 전문가는 물론, 비전문가인 일반 시민이 쉽게 확인하고, 활용할 수 있게 하였다. 대표적으로 일반 국민의 관심 사항인 수돗물과 관련한 기초 정보인 수자원, 지하수, 상하수도, 관측소 등의 실시간 데이터를 확보하여, 거주하는 지역의 수돗물이 어디에서 오는지를 수질과 함께 지도로 한눈에 보여주는 "나의 물정보"와 수도요금, 급수인구, 1인당 물사용량, 유수율 등을 다른 지역과 비교할 수 있도록 하였다.

"물과 통계" 메뉴는 데이터가 입력된 연도부터 현재까지 댐용수 공급량, 상수도 사용량 등과 세계 물 관련 통계를 제공하여 댐 저수용량, 상수도보급률 및 사용량, 누수율, 지역별 통계 등 70여 가지 통계항목을 제공하고 있다. "물과 생활"에서는 물 섭취가 다이어트에 도움이 되는 이유 등 물 관련 생활상식, 물 관련 지명의 유래, 물과 가까운 여행지, 자전거 코스 등을 제공하고 있다.

3) 물의 공공가치 제고를 위한 K-water 역할의 한계

위에서 살펴본 바와 같이, K-water는 국가를 대표하는 물 공기업으로서, 다양한 활동을 통해 물의 가치를 높이기 위해 노력하고 있다. 특히 그동안 다목적 댐의 관리, 댐용수 공급, 광역상수도 공급 등 물의 가치의 생산(공급) 측면에서 탁월한 역량을 발휘했던 것으로 평가된다. 그러나 검토한 해외

36) 2018년 물관리기본법의 제정으로 국토부의 수량과 관련된 물 정책 기능이 환경부로 이관되었으나, 여전히 하천관리, 농업용수, 수력발전, 재난관리 등의 기능은 통합되지 못한 실정임.

사례와 비교할 때, 물의 공공가치와 관련하여 K-water가 수행하고 있는 역할에는 다음과 같은 한계가 있다.

첫째, 물의 공공가치 중에서 환경적 가치, 사회·문화적 가치, 보전적 가치 등을 높이기 위한 역할은 미흡한 것으로 보인다. 역사적으로 우리나라의 물관리 정책은 1990년대 이전에는 국토부를 중심으로 개발 가치를 중시해 오다가, 이후에는 환경부를 중심으로 수질과 보전 가치를 중시하고 있다. 특히 2018년 물관리기본법의 제정으로 국토부의 수량관리 기능이 환경부로 이전되고, K-water의 소관 부처도 환경부로 변경되었다. 이러한 맥락을 고려할 때, 국가 전체의 통합물관리를 수행하는 K-water의 기능도 개발과 보전 가치를 균형 있게 수행하는 방향으로 재설계될 필요가 있다.

둘째, 일반 국민과 전문가·물사업자 사이에 존재하는 물의 공공가치에 대한 인식 격차를 해소하기 위한 노력은 매우 미흡한 것으로 평가된다. K-water는 홈페이지를 통해 기업의 다양한 활동을 홍보하고, 물 통합정보 포털인 “MyWater”에서 물 관련 통계를 제공하고 있다. 그러나 UN에서 강조 하고 있는 인권human right 측면에서 파악되는 물의 가치 관련 정보[37]를 일반 국민의 피부에 와닿는 숫자로 전환한 정보제공은 매우 미흡한 것으로 평가된다.

셋째, 물의 공공가치에 관심이 있는 사업자들, 시민단체, 개인이 활용할 수 있는 다양한 물의 가치 홍보 수단toolkit이 제공되지 못하고 있다. 이는 K-water가 물의 공공가치를 높이기 위한 활동을 하향식top-down으로 접근하고 있음을 의미한다. 일반 국민과 사업자들의 요구로 생산되고, 이들이 적극적으로 활용할 수 있는 다양한 홍보수단들이 제공될 필요가 있다.

37) US Water Alliance와 Value of Water Campaign에서 제공하고 있는 물의 가치 등

넷째, 현실적으로 물의 공공가치를 인정하는 정치과정에 사용될 정보의 생산이 미흡하다. Value of Water Campaign은 매년 전국의 투표자를 대상으로 물 인프라의 현황 및 투자 필요성에 대한 설문조사를 시행하여 공표하고 있다. 투표자의 의견은 선거와 투표과정을 통해 정치인에게 영향을 미치고, 정부정책과 예산에 반영된다. 물의 공공가치에 합당한 재정투자를 끌어내기 위해서는 투표자들의 물의 공공가치에 대한 의지를 객관화하는 설문조사를 시행하여 공표할 필요가 있다.

2. 물의 공공가치 제고를 위한 공공기관의 역할 개선 방향

1) 물의 환경적, 사회·문화적, 보존적 공공가치 측정 및 제고

우리나라는 2018년도에 물관리체계에 대한 개편을 단행하였다. 그동안 국토부(수량), 환경부(수질)로 이원화되었던 물관리체계를 환경부로 일원화하였다. 환경부는 통합물관리의 주체로서 물전문 공공기관(K-water, 한국환경공단 등)과 함께 물의 공공가치를 증진하기 위한 다양한 정책을 추진할 필요가 있다. 특히 K-water는 2019년 이전까지 국토부 소속으로 개발중심의 물의 가치를 생산하여 제공하기 위한 임무를 수행했지만, 현재는 환경부 소속의 물 전문기업으로서 수량과 수질을 통합한 물의 가치를 창출하고, 물이 지닌 환경적, 사회·문화적, 보전적 가치를 생산 및 유지하기 위한 활동을 강화할 필요가 있다. 또한 K-water의 연구개발조직을 활용하여 물의 공공가치를 측정하기 위한 다양한 연구를 수행할 필요가 있다.

현재까지 물의 환경적, 사회·문화적, 보전적 가치는 개념적인 수준의 논의에 머물고 있다. 그러나 정치 및 예산 과정에 물의 공공가치가 실효성 있게 반영되기 위해서는 객관성을 지닌 화폐단위로 측정될 필요가 있다.

이를 통해 물 인프라, 물 환경, 물의 사회·문화적, 보전적 가치에 대한 투자가 확대될 수 있을 것이다.

2) 일반 국민과 전문가 사이의 물 공공가치 인식 격차 해소 강화

환경부와 물전문 공공기관은 UN, US Water Alliance, Value of Water Campaign 등 해외사례에서 검토된 내용을 바탕으로 다음의 내용에 초점을 맞추어 일반 국민 또는 정치인과 물 관련 전문가(사업자) 사이에 존재하는 물의 공공가치에 대한 인식 격차를 해소하고, 물의 공공가치를 높이기 위한 재정투자가 증대될 수 있도록 노력해야 할 것이다.

첫째, 환경부와 물전문 공공기관은 물의 공공가치에 대한 인식 격차를 해소하기 위한 전문조직을 구성할 필요가 있다. US Water Alliance는 미국 내 주요 물 사업자들이 참여하는 협회로 독립적으로 물의 공공가치를 홍보하는 다양한 활동을 펼치고 있다. 우리나라에서는 상하수도협회,[38] (사)한국물학술단체연합회[39] 등의 조직이 있으나, 물의 공공가치 측정 및 홍보 관련 활동은 매우 미흡한 것으로 평가된다. 따라서 물전문 공공기관인 K-water가 주도하여 US Water Alliance와 같은 물 관련 공공부문 사업자, 민간기업, 시민단체, 전문가 등이 참여하는 조직을 형성하는 것을 적극적으로 검토해 볼 필요가 있다.

둘째, 환경부와 물전문 공공기관은 쌍방향 관점에서 물의 공공가치를 높이기 위해 활용할 수 있는 다양한 수단toolkit을 개발하여 제공할 필요가 있다. 현재 K-water에서 수행하고 있는 물의 공공가치 관련 활동은 일방향

38) 동 기관의 활동은 상하수도에 제한되고 있음.

39) 동 기관의 물의 공공가치 관련 활동은 2018년에 시행한 "물과 사회적 가치 실현"을 위한 포럼 개최 등 학술활동에 그치고 있음.

관점에서 이루어지고 있다. 홈페이지, 소셜미디어를 통해 일방적으로 정보를 제공하고 있다. 그러나 미국의 Value of Water Campaign을 벤치마킹하여, 물의 공공가치를 높이는 사업에 관심 있는 사업자, 개인들이 활용할 수 있는 포스터, 선전물 등 다양한 수단toolkit을 공동으로 개발하여 제공할 필요가 있다. K-water가 물의 공공가치를 높이는 마중물 임무를 수행할 때, 물의 공공가치 제고 캠페인이 국민운동으로 승화될 수 있을 것이다.

셋째, 환경부와 물전문 공공기관은 Value of Water Campaign에서 매년 실시하고 있는 물 공공가치 관련 설문조사를 벤치마킹할 필요가 있다. 물의 공공가치는 최종적으로 공공투자를 통해 실현되어야 한다. 더 많은 재정이 물의 인권적 가치, 환경적 가치, 사회·문화적 가치, 보전적 가치를 위해 투입되어야 한다. 이를 위해 물의 공공가치를 측정하는 작업과 함께 정치적 의지를 객관화하는 작업이 필요하다. 즉 매년 투표자들이 물의 공공가치에 대해 어떻게 인식하고 있는지에 대한 설문조사를 시행하고, 그 결과를 분석하여 여론을 형성하고, 정치인과 관료에게 제공할 필요가 있다. 이를 통해 정부 예산에 물의 공공가치를 높이기 위한 사업이 반영되고, 국회의 심의과정에서 그 가치를 인정받을 수 있기 때문이다.

마지막으로 소셜미디어social media를 통한 홍보가 대세를 형성하고 있는 흐름에 발맞추어, 환경부와 물전문 공공기관은 물의 공공가치를 facebook, youtube, twitter 등 대표적인 소셜미디어를 통해 홍보하는 활동을 강화할 필요가 있다. 특히 K-water가 중심이 되어 "K-Water channel(가칭)"을 운영하는 등, 일반 국민에게 흥미롭고 유익한 물 관련 콘텐츠를 제공하는 방안을 적극적으로 검토할 필요가 있다.

참고문헌

김석은, 홍다연, 2017. 공공기관의 미션과 사회적 책임의 전략적 연계, 한국행정학보, 51(2), 97-122.

김성수, 2009. 기업의 사회적 가치(CSR)의 이론적 변천사에 관한 연구, 기업경영연구, 16(1), 1-25.

김성준, 2015. 물의 가치평가. 물 정책·경제 제25호 pp. 5~14.

라준영, 김수진, 정소민, 박성훈, 2017. "사회성과인센티브 사회성과 측정 매뉴얼", 사회성과인센티브 추진단.

라영재, 2012. 공공기관의 사회적 책임과 공정사회, 한국조세연구원 재정포럼, 1, 8-28.

문경호, 2018. 사회적 가치 수준 진단을 위한 방법론-K-water 사회적 가치 연구 소개. 물 정책·경제 제31호 pp. 61~76.

박두호, 2009. 물의 가치를 알아야 하는 이유, 한국수자원학회지 42권 10호, pp. 23-29

박임수, 안이슬, 2019. 사회적 가치 분류체계 연구 : 공기업(K-water)을 중심으로. 기업경영리뷰 제10권 제2호, pp. 333-350.

송용한, 2014. 사회적 가치지표 고찰: 사회적 가치와 측정 지표의 괴리, 사회적 가치와 사회적 가치지표 고찰 세미나 자료, 1월 10일, 제주: 김녕 어울림 센터.

조영복, 류정란 옮김, 2013. "사회적 가치 창출의 평가와 측정", 사회적기업연구원,시그마 프레스.

최현선, 2018. "사회가치를 반영한 공공기관 평가제도 혁신", 한국조세재정연구원.

한국수자원공사(K-water), 2016. "K-water, 빅데이터 기반 물정보포털『My water』오픈". K-water 보도자료.

환경부, 2019. 상수도 통계.

______, 2018. 하수도 통계.

Agathe Euzen & Barbara Morehouse, 2011. Special issue introduction Water: What values?, Policy and Society, 30:4, 237-247.

Bowen, H. R., and Johnson, F. E., 1953. "Social responsibility of the businessman." New York, Harper.

Bruce Mitchell, 1984. The Value of Water as a Commodity , Canadian Water Resources Journal, 9:2, 30-37

Canadian Council of Ministers of the Environment, 2010. Water Valuation Guidance Document.

Carroll, A, B., 1979. "A three-dimensional conceptual model of corporate performance," Academy of Management Review, 4(4), 497-505.

Cecilia Tortajada & Asit K. Biswas, 2017. Water as a human right, International Journal of Water Resources Development, 33:4, 509-511.

EU, 2015. ASSESSING THE ENVIRONMENTAL AND ECONOMIC VALUE OF WATER: REVIEW OF EXISTING APPROACHES AND APPLICATION TO THE ARMENIAN CONTEXT.

JACK MOSS, GARY WOLFF, GRAHAM GLADDEN, ERIC GUTTIERIEZ, 2003. VALUING WATER FOR BETTER GOVERNANCE: HOW TO PROMOTE DIALOGUE TO BALANCE SOCIAL, ENVIRONMENTAL, AND ECONOMIC VALUES?

Michael E. Porter and Mark R. Kramer, 2011. "The Big Idea: Creating Shared Value", Harvard Business Review 89, 2011.1-2

Motilewa, B., Worlu, R, Mayowa, A and Gberevbie, M., 2016. "Creating Shared Value: A Paradigm Shift from Coporate Social Responsibility to Creating Shared Value" Inernational Journal of Social, Behavioral, Educational, Economic, Business and Industrial Engineering, Vol:10, 2419-2424.

Muhammad Shatanawi and Sawsan Naber., 2009. Valuing water from social, economic and environmental perspective.

Rosalind Bark, Darla Hatton MacDonald, Jeff Connor, Neville Crossman, and Sue Jackson, 2011. Water values.

The Valuing Water Initiative, 2020. Valuing Water: A Conceptual Framework for Making Better Decisions Impacting Water.

UN, 2018. Sustainable Development Goal 6: Synthesis Report on Water and Sanitation.

US Water Alliance, 2017. One Water for America Policy Framework: Executive Summary.

US Water Alliance and WRF, 2019. National Blue Ribbon Commission for Onsite Non-portable Water System: Highlights and Accomplishments March 2016 - April 2019

______, 2019. One Water for America State Policymakers' Toolkit.

Value of Water Campaign, 2019. Fourth Annual Value of Water Index.

______, 2020. Voter Support for Investment in Water Infrastructure.

〈기타〉

한국수자원공사법.

한국수자원공사 홈페이지(https://www.kwater.or.kr).

물 정보 포털 "MyWater" 홈페이지(https://www.water.or.kr).

US Water Alliance 홈페이지(http://uswateralliance.org).

Value of Water Campaign 홈페이지(http://thevalueofwater.org).

Business Insider(https://www.businessinsider.com/longest-survival-records).

Merriam-webster(https://www.merriam-webster.com/dictionary/value).

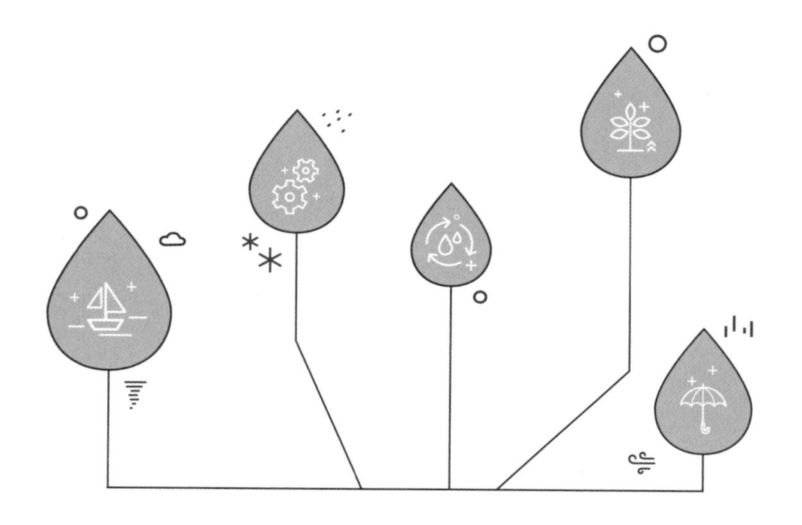

김 진 영

소　　속 : 강원대학교 일반사회교육과 교수

최종 학력 : 미국 인디아나대학원 경제학 박사

학위 논문 : Optimal Environmental Policy in the Presence of Capital Mobility

최근 논문 : 실증연구를 통한 감사원의 부패예방효과에 대한 질적 분석

김 정 인

소　　속 : 중앙대학교 경제학부 교수

최종 학력 : 미국 미네소타대학교 응용경제학, 환경경제학 박사

학위 논문 : Environmental Accounting in a Social Accounting Matrix Framework : The Case of Mexico

최근 논문 : 공유 경제의 사회적 가치와 시사점(물과 사회적 가치, 피어나, 2018)

최 종 석

소　　속 : 한국환경정책·평가연구원 연구원

조 성 경

소　　속 : 명지대학교 방목기초대학 교수

최종 학력 : 고려대학교 언론학, 아주대학교 에너지공학 박사

학위 논문 : 에너지믹스 이해관계자의 스키마 유형 연구

최근 논문 : Development of the nuclear safety trust indicator (Nuclear Engineering and Technology Volume 50, Issue 7, 2018)

임 동 순

소　　속 : 동의대학교 경제학과 교수

최종 학력 : 미국 펜실베니아주립대 경제학 박사

학위 논문 : The Economic Impacts of the Global Warming Policies on the Chinese Economy

최근 논문 : 다오염물질 상황에서의 최적가용기법 기준의 경제적 효율성에 관한 연구 (환경영향평가, 28권 2호, 2019)

김 창 희

소　　속 : 인천대학교 경영학부 교수

최종 학력 : 서울대학교 경영학 박사

학위 논문 : A Study on the Polarization of the Service Industry caused by the Global Financial Crisis and Growth of the Sharing Economy

최근 논문 : Measuring Customer Satisfaction and Hotel Efficiency Analysis: An Approach Based on Data Envelopment Analysis. (Cornell Hospitality Quarterly, 1938965520944914, Kim, C. & Chung, K, 2020)

김 영 준

소　　속 : 인천대학교 경영학과 석사과정

김 이 형

소　　속 : 공주대학교 건설환경공학부 교수

최종 학력 : 미국 UCLA 토목환경공학 박사

학위 논문 : Monitoring and Modeling of Pollutant Mass in Urban Runoff: Washoff, Buildup and Litter

최근 논문 : Evaluation of the factors influencing the treatment performance of a livestock constructed wetland (Ecological Engineering, 149, 1-11, 김이형 외, 2020)

윤 태 영

소　　속 : 아주대학교 법학전문대학원 교수

최종 학력 : 중앙대학교 대학원 법학 박사

학위 논문 : 영업이익의 침해로 인한 불법행위책임의 연구

최근 논문 : 익명·가명정보의 활용과 인격권 보호를 위한 민법상 과제, 2020

김 철 회

소　　속 : 한남대학교 행정학과 교수

최종 학력 : 서울대학교 행정대학원 행정학 박사

학위 논문 : 정부지출변동의 패턴과 결정요인에 관한 연구

최근 논문 : 2018년 물관리체계 개편, 변화와 유지의 영향요인은 무엇인가?: 옹호연합모형(ACF)와 정책창도자모형(PEM)의 통합모형을 중심으로

물과 가치

초　　판 1쇄 발행 2020년 12월
지 은 이 김진영·김정인·조성경·임동순·김창희·김이형·윤태영·김철희
기　　획 K-water 물정책연구소
펴 낸 이 오름디자인기획
펴 낸 곳 오름디자인기획
디 자 인 오름디자인기획 박혜원
출판등록 오름디자인기획 2015년 02월 13일
주　　소 34138 대전광역시 유성구 대학로 155(1층, 궁동)
전　　화 042-825-6157~8
I S B N 979-11-86405-05-5

이 도서의 국립중앙도서관 출판예정도서목록(CIP)은 서지정보유통지원시스템 홈페이지(http://seoji.nl.go.kr)와 국가자료종합목록 구축시스템(http://kolis-net.nl.go.kr)에서 이용하실 수 있습니다. (CIP제어번호 : CIP2020053456)